CONSTRUINDO UMA VIDA QUE VALE A PENA SER VIVIDA

A Artmed é a editora oficial da FBTC

L742c   Linehan, Marsha M.
           Construindo uma vida que vale a pena ser vivida : memórias / Marsha M. Linehan ; tradução: Pedro Augusto Machado Fernandes ; revisão técnica: Vinicius Guimarães Dornelles. – Porto Alegre : Artmed, 2025.
           xxv, 331 p. : il. ; 23 cm.

           ISBN 978-65-5882-322-3

           1. Psicologia. 2. Biografia. I. Título.

                                                 CDU 159.9(092)

Catalogação na publicação: Karin Lorien Menoncin – CRB 10/2147

MARSHA M. LINEHAN

CONSTRUINDO UMA VIDA QUE VALE A PENA SER VIVIDA
Memórias

Tradução
Pedro Augusto Machado Fernandes

Revisão técnica
Vinicius Guimarães Dornelles

Psicólogo. Mestre em Psicologia: Cognição Humana pela Pontifícia Universidade Católica do Rio Grande do Sul (PUCRS). Treinador de Terapia Comportamental Dialética oficialmente reconhecido pelo Behavioral Tech nativo de língua portuguesa. Dialectical Behavior Therapy: Intensive Training (Behavioral Tech e The Linehan Institute, Estados Unidos). Formación Terapia Dialéctico Conductual (Universidad de Luján, Argentina). Formação em tratamentos baseados em evidência para o transtorno da personalidade borderline (Fundación Foro, Argentina). Coordenador local do Dialectical Behavior Therapy: Intensive Training Brazil, membro da diretoria da World DBT Association e sócio-diretor da DBT Brasil.

Porto Alegre
2025

Obra originalmente publicada sob o título *Building a Life Worth Living: A Memoir*, 1st Edition
ISBN 9780812994612

Original English language edition published in the United States by Random House, an imprint and division of Penguin Random House LLC, New York. Copyright © 2020. All Rights Reserved.

Gerente editorial
Alberto Schwanke

Coordenadora editorial
Cláudia Bittencourt

Capa
Paola Manica | Brand&Book

Preparação de original
Adriana Lehmann Haubert

Leitura final
Caroline Castilhos Melo

Editoração
AGE – Assessoria Gráfica Editorial Ltda.

Reservados todos os direitos de publicação, em língua portuguesa, ao GA EDUCAÇÃO LTDA.
(Artmed é um selo editorial do GA EDUCAÇÃO LTDA.)
Rua Ernesto Alves, 150 – Bairro Floresta
90220-190 – Porto Alegre – RS
Fone: (51) 3027-7000

SAC 0800 703 3444 – www.grupoa.com.br

É proibida a duplicação ou reprodução deste volume, no todo ou em parte, sob quaisquer formas ou por quaisquer meios (eletrônico, mecânico, gravação, fotocópia, distribuição na Web e outros), sem permissão expressa da Editora.

IMPRESSO NO BRASIL
PRINTED IN BRAZIL

AUTORA

Marsha M. Linehan, PhD, ABPP, é a desenvolvedora da terapia comportamental dialética (DBT). É professora de Psicologia, professora adjunta de Psiquiatria e Ciências do Comportamento e diretora do Behavioral Research and Therapy Clinics da University of Washington. Seu principal interesse de pesquisa é o desenvolvimento e a avaliação de tratamentos baseados em evidências para populações com alto risco de suicídio e múltiplos transtornos mentais graves.

As contribuições da Dra. Linehan para a pesquisa sobre suicídio e psicologia clínica foram amplamente reconhecidas, tendo recebido inúmeros prêmios, incluindo o Prêmio Gold Medal por Conquistas na Aplicação da Psicologia, concedida pela American Psychological Foundation, o Prêmio Scientific Research da National Alliance on Mental Illness (NAMI), o Prêmio Career/Lifetime Achievement da Association for Behavioral and Cognitive Therapies (ABCT) e o Prêmio Grawemeyer em Psicologia. Em 2018, a Dra. Linehan foi destacada em uma edição especial da *Time* intitulada "Great Scientists: The Geniuses and Visionaries Who Transformed Our World" (Grandes cientistas: os gênios e visionários que transformaram nosso mundo).

Para meu irmão Earl, minha irmã, Aline, e minha filha, Geraldine.

Para meus pacientes — carrego vocês em meu coração e desejo a todos que desenvolvam habilidades.

Se eu dou conta, você dá conta.

AGRADECIMENTOS

Como muitas pessoas sabem, ter uma filha pode ser a melhor parte da vida de alguém, e minha filha, Geraldine, tem sido isso para mim. Quero agradecer a ela por caminhar comigo enquanto compartilho minha história de vida. De todas as pessoas que ajudaram a tornar este livro possível, Geri foi o elo que nos manteve unidos.

Também gostaria de agradecer à minha incrível e fabulosa família: minha irmã, Aline, e meus irmãos, John, Earl, Marston e Michael. Em particular, você encontrará neste livro tudo o que há para saber sobre meu irmão Earl, que me salvou tanto quanto minha filha. E sempre que pensei que não conseguiria, ligava para minha irmã, Aline, que acreditou na minha capacidade de escrever esta obra.

Meu genro, Nate, tem sido meu amigo e companheiro em muitos jogos dos Huskies e compartilha comigo o amor pelo futebol americano. Agradeço a ele por ser uma alma gentil e um filho amoroso.

Agradeço ao meu mestre zen, Willigis Jäger, e ao meu mentor, Jerry Davison, por sua sabedoria e amizade ao longo dos anos, assim como aos meus amigos de longa data Sebern Fisher, Diane Perkins, Marge Anderson, Ron e Marcia Baltrusis, e aos meus primos Nancy e Ed.

Minha segunda casa, a University of Washington — e, especificamente, o Behavioral Research and Therapy Clinics —, foi onde passei a maior parte da minha vida desde 1977, conduzindo pesquisas, ensinando alunos e tratando pacientes. A University of Washington tem sido uma comunidade amorosa que ajudou a construir uma vida que vale a pena ser vivida, e por isso gostaria de agradecer a tantas pessoas. Tenho receio de esquecer algum nome, mas farei o meu melhor:

No Departamento de Psicologia, agradeço a Cheryl Kaiser, Sheri Mizumori, Ron Smith, Bob Kohlenberg e Elizabeth McCauley por sua amizade e apoio. Aos meus colegas em psicologia clínica, por apoiarem meu trabalho e minha missão de educar e treinar alunos e conduzir pesquisas, por meio das quais fui capaz de criar a terapia comportamental dialética (DBT) para salvar e melhorar vidas.

Aos funcionários do Behavioral Research and Therapy Clinics, que têm sido pilares de apoio para mim e para o nosso laboratório por muitos anos: Thao Truong, Elaine Franks, Katie Korslund, Melanie Harned, Rod Lumsden, Jeremy Eberle, Matt Tkachuck, Heather Hawley e Andrea Chiodo. Além disso, Angela Murray e Susan Bland, que foram avaliadoras de longa data em nossos estudos de pesquisa. Angela se mudou para Nova York há muitos anos, mas todo ano, no meu aniversário, ela preparava e me enviava um bolo (o delicioso bolo de cenoura da Angela). Um agradecimento especial aos nossos voluntários e alunos de graduação, que contribuíram para inúmeros projetos de pesquisa e ajudaram a sustentar o programa de treinamento em DBT.

Aos meus alunos, pós-doutorandos e colegas: Molly Adrian, Michele Berk, Yevgeny Botanov, Milton Brown, Eunice Chen, Sandee Conti, Sheila Crowell, Sona Dimidjian, Bob Gallop, Heidi Heard, Dorian Hunter, Cheryl Kempinsky, Cedar Koons, Debbie Leung, Noam Lindenboim, Beverly Long, Anita Lungu, Lynn McFarr, Marivi Navarro, Lisa Onken, David Pantalone, Joan Russo, Nick Salman, Henry Schmidt, Cory Secrist, Liz Stuntz, Julianne Torres, Amy Wagner, Chelsey Wilks, Suzanne Witterholt e Briana Woods.

Aos supervisores clínicos — nossos supervisores dedicados que passam centenas de horas como voluntários treinando e supervisionando nossos alunos de pós-graduação e pós-doutorandos no programa de treinamento em DBT. Não seríamos capazes de fornecer serviços de tratamento tão necessários aos nossos pacientes sem esses supervisores. Quero agradecer a Beatriz Aramburu, Adam Carmel, Jessica Chiu, Emily Cooney, Caroline Cozza, Angela Davis, Lizz Dexter-Mazza, Michelle Diskin, Clara Doctolero, Dan Finnegan, Andrew Fleming, Vibh Forsythe-Cox, Bob Goettle, Michael Hollander, Kelly Koerner, Janice Kuo, Liz LoTempio, Shari Manning, Annie McCall, Jared Michonski, Erin Miga, Andrea Neal, Kathryn Patrick, Adam Payne, Ronda Reitz, Sarah Reynolds, Magda Rodriguez, Jennifer Sayrs, Sara Schmidt, Trevor Schraufnagel, Stefanie Sugar, Jennifer Tininenko e Randy Wolbert pelo compromisso com nossos alunos e pacientes.

Sou muito grata aos nossos doadores por seu generoso apoio. Graças a eles, podemos continuar nossa missão de treinar cientistas-clínicos e atender pacientes com comportamento suicida e com múltiplos problemas, não importando a condição financeira de cada um.

Ao National Institutes of Health: eu não poderia ter desenvolvido a DBT sem patrocinadores de pesquisa como esses. Quero reconhecer o apoio contínuo do National Institutes of Health à minha pesquisa por várias décadas. Em especial, meu mais sincero agradecimento a Jane Pearson, por ser uma defensora da pesquisa sobre prevenção e tratamento do suicídio.

Gostaria de reconhecer os pesquisadores e clínicos da DBT que desejam expandir a disseminação e implementação da pesquisa sobre essa terapia nos Estados Unidos e no mundo. Agradeço a cada um de vocês: Martin Bohus, Alex Chapman, Kate Comtois, Linda Dimeff, Katie Dixon-Gordon, Tony DuBose, Alan Fruzzetti, Pablo Gagliesi, Melanie Harned, André Ivanoff, Sara Landes, Cesare Maffei, Shelley McMain, Lars Mehlum, Alec Miller, Andrada Neacsiu, Azucena Palacios, Shireen Rizvi, Roland Sinnaeve, Michaela Swales, Charles Swenson, Wies van den Bosch e Ursula Whiteside.

Às organizações que fundei e às pessoas que as administram: agradeço a liderança e a equipe do DBT-Linehan Board of Certification, da International Society for the Improvement and Teaching of Dialectical Behavior Therapy, da Behavioral Tech Research, da Behavioral Tech e do Linehan Institute.

Este livro foi uma longa jornada de compreensão da minha própria vida para que eu pudesse descrevê-la a vocês de maneira coerente. Gostaria de reconhecer Roger Lewin por sua habilidade de reunir fragmentos da minha história e ajudá-los a se transformar em um relato completo — minha história. Além disso, sou muito grata por ter minha editora na Random House, Kate Medina, e sua equipe, Erica Gonzalez e Anna Pitoniak, como um forte grupo de mulheres poderosas e atenciosas. Obrigada por fazerem parte deste projeto e por sempre dizerem "sim" aos muitos prazos estendidos que solicitei. Por fim, agradeço ao meu agente, Steve Ross, que desde o início reconheceu o quanto este livro era importante para mim.

Minha última esperança é que esta história ajude outras pessoas a enxergar que existe um caminho para sair do inferno e construir uma vida que vale a pena ser vivida.

APRESENTAÇÃO À EDIÇÃO BRASILEIRA

Querida leitora, querido leitor, o livro que você está prestes a iniciar é uma jornada pela vida e pela obra da Dra. Marsha Linehan. Ele é tocante, emocionante e íntimo, promovendo uma compreensão da transação entre a história pessoal e a história profissional da autora e mostrando como a terapia comportamental dialética (DBT) surge desse processo.

A Dra. Marsha Linehan é uma das mais ilustres, importantes e influentes psicólogas da história da psicologia. Sua coragem e determinação em desenvolver um tratamento efetivo para uma população de pacientes costumeiramente estigmatizada, negligenciada e/ou institucionalizada representa uma das maiores revoluções na área da psicoterapia.

Sua contribuição científica é notória e extremamente relevante no campo da ciência tanto básica quanto aplicada. Suas propostas teóricas sobre a etiologia e a manutenção da desregulação emocional global e invasiva (DEGI) são altamente parcimônicas e contam com sólida sustentação em evidências científicas, além de serem realmente de vanguarda. Marsha constrói todo um raciocínio sobre processos psicopatológicos a partir de uma lógica dimensional, envolvendo uma ampla transação entre variáveis biológicas e ambientais, postulando, assim, um modelo de déficit de habilidades como eixo central para a compreensão da DEGI e, consequentemente, do transtorno da personalidade *borderline* (TPB). Com isso, ela não só apresenta um modelo teórico robusto como oferece um olhar científico compassivo aos pacientes, o que é um rompimento brutal em relação à visão estigmatizante dos modelos vigentes até então.

Com relação à ciência aplicada, Marsha foi muito mais do que revolucionária. Ela se tornou um farol de esperança para aqueles que sofriam intensamente e não viam quaisquer perspectivas de mudança em suas vidas, muitas vezes vislumbrando a morte como única solução. Seu modelo de psicoterapia, a DBT, é uma proposta de intervenção complexa, que integra em seu escopo diversos procedimentos de mudança, oriundos da terapia comportamental e cognitiva, em um equilíbrio dialético com estratégias e habilidades de aceitação. É justamente por meio desse paradoxo – a mudança baseada na aceitação – que a DBT consegue efetivamente ajudar pessoas que vivem na miséria emocional a sair do inferno e a construir uma vida que valha a pena ser vivida.

A dedicação e a paixão de Marsha pela ciência fizeram com que a DBT fosse amplamente estudada, consolidando-se a partir de uma extensa base de evidências. Sua devoção ao desenvolvimento do conhecimento científico era tanta que, a partir das críticas que recebia de outros autores, dava andamento a novas pesquisas – por exemplo, desenvolvendo pesquisas sobre as medidas de desfecho para as quais a eficácia da DBT era questionada.

Ou seja, estamos falando de uma psicóloga que, além de modificar a compreensão científica da DEGI e, consequentemente, do TPB, impactou o tratamento direcionado para essa população. Mas não só isso, assim como as estratégias de comunicação irreverente, toda essa revolução científica vem envolta justamente em uma base compassiva de profundo amor pelos seus pacientes e pela condição humana por si só. Vendo por esse prisma, o que melhor pode sintetizar e definir a trajetória da Marsha é a ideia de que sua vida se trata de uma grande jornada de irreverência exatamente no sentido em que se entende esse grupamento de estratégias de comunicação na DBT.

Até aqui falamos do "filme" já rodando no cinema. Mas a grande questão é: como se deu a sua produção? Adentrar a história contida neste livro não significa somente compreender como a vida de Marsha, tanto em âmbito pessoal quanto profissional, fez com que ela desenvolvesse a DBT, mas sim vivenciar uma profunda história de amor, dor e determinação. Parafraseando Edmond Dantès (o conde de Monte Cristo), como vocês constatarão ao longo da leitura, Marsha dispõe das maiores virtudes que uma pessoa pode ter: perseverança e confiança.

Assim, esta obra apresenta muito mais do que um relato sobre vencer desafios pessoais e profissionais e, com isso, mudar a história de um dado campo do saber científico. Ela apresenta uma história de esperança, determinação, perseverança e, acima de tudo, redenção.

Marsha é a representação viva de seu modelo terapêutico. Sua história está presente em cada elemento que compõe a DBT. Acredito que isso se relacione com dois aspectos. O primeiro envolve o fato de ela ter vivido os dois lados do inferno: o de estar lá sofrendo, sem nenhuma perspectiva de melhora, e o de mergulhar e viver ele para, assim, conseguir ajudar alguém na difícil e sofrida caminhada para sair de lá. O segundo envolve uma profunda clareza sobre a diferença entre essas duas vivências. Parece ser extremamente simples, mas não é. Conseguir adentrar a miséria do sofrimento emocional do outro quando já se passou por algo similar e não deixar que seu sofrimento se funda ao dele de modo que você venha a acreditar que a experiência do outro é igual à sua é um desafio gigante que só evidencia ainda mais a pessoa diferenciada que Marsha Linehan é.

Particularmente, tenho profundo orgulho de trabalhar com a abordagem terapêutica desenvolvida por essa mulher forte, determinada e à frente de seu tempo. Afinal, a vida e a obra de Marsha Linehan não são um farol apenas para os pacientes, mas também para nós, profissionais. Isso graças à inspiração que ela nos oferece para buscarmos amar nossos pacientes – ainda que, em muitos momentos, isso seja difícil – e, ao mesmo tempo, sermos implacáveis na busca em ajudá-los a construir uma vida que valha a pena ser vivida.

Tive a honra de conviver, ainda que de forma mais breve do que gostaria, com Marsha e testemunhar sua genialidade, determinação, compaixão e assertividade. Lembro-me como se fosse ontem do meu primeiro contato com ela, ocorrido *on-line*, durante uma aula sobre comunicação irreverente que ministrou no primeiro treinamento intensivo de DBT realizado no Brasil. Raras vezes, em minha carreira, presenciei uma apresentação tão viva, precisa e didática de um conceito.

De todas as ocasiões em que pude estar com ela, destaco o momento em que tive a honra de lhe entregar os manuais de habilidades da DBT traduzidos para o português. Era visível sua emoção ao perceber o alcance de sua obra chegando também ao Brasil.

Tenho muito orgulho de ter desenvolvido a DBT em nosso país e me sinto grato pela oportunidade de mostrar à Marsha o trabalho consistente que vem sendo realizado aqui. Ao relembrar todas as conversas que tivemos, sob a ótica da leitura desta obra que agora vocês iniciam, sinto com ainda mais força o significado de cada palavra que ela dizia.

Ser, agora, responsável pela revisão técnica e pela apresentação brasileira de sua biografia é uma experiência inenarrável. Certamente, está entre as mais marcantes e belas da minha carreira. Serei eternamente grato à Marsha – e a todo o universo da DBT – por sua representatividade na minha vida, assim como na vida de milhões de pessoas ao redor do mundo que, graças a esse legado, podem ter esperança de sair do inferno e construir uma vida que valha a pena ser vivida.

Que a vida e a obra da Dra. Marsha Linehan sigam como exemplo da importância de cultivarmos a perseverança, a confiança e a abertura, de modo a jamais nos apaixonarmos por nossas próprias ideias, estando sempre dispostos a submetê-las à devida análise científica. Ao mesmo tempo, que sigamos lembrando que uma vida que vale a pena ser vivida pode ser devidamente construída ainda que se esteja experienciando sofrimento.

Viva Marsha Linehan! Viva a DBT!

Vinicius Guimarães Dornelles

APRESENTAÇÃO

Marsha Linehan tratou centenas de pacientes com casos extremamente difíceis, mas seu primeiro caso foi, de longe, o mais difícil. Tratava-se de uma adolescente com múltiplos problemas preocupantes, que havia estado hospitalizada por mais de dois anos, boa parte desse tempo isolada em confinamento. Sua vida tinha se resumido a um ciclo de condutas autolesivas sem intencionalidade suicida (CASIS) — queimaduras, cortes, violentas pancadas na cabeça — e comportamentos suicidas. Tentou-se realizar tratamento farmacológico com altas doses de todo tipo imaginável de medicamentos (isolados ou combinados), além de múltiplas sessões de eletroconvulsoterapia, mas nada surtia efeito. A psicoterapia parecia impossível, pois a jovem estava muito furiosa e desconfiada. Seu prontuário hospitalar refletia o quanto ela provocava desamparo, desespero, frustração e raiva na equipe da unidade. Ela era descrita como a paciente mais incurável que já tiveram por lá, e acabou sendo dispensada, sem nenhuma cerimônia, e sem cura.

Mas o desfecho foi muito diferente do que qualquer um poderia esperar. A jovem "caótica" amadureceu, tornou-se uma mulher incrivelmente bem-sucedida, psicoterapeuta e pesquisadora de terapias, e, mais tarde, inventou uma abordagem terapêutica notável, que ajudou centenas de milhares de pessoas em todo o mundo. Ela era, claro, Marsha Linehan. Marsha encontrou uma saída de seu inferno pessoal que lhe permitiu conduzir outros para fora de seus próprios infernos. Ela desenvolveu maneiras práticas de domar seus comportamentos autodestrutivos e provocativos, as quais eram fáceis de ensinar e de ampla aplicação.

Poucos conheciam o passado de Marsha antes de ela o revelar em um discurso amplamente coberto pelo *The New York Times* há alguns anos. Foi um ato de grande coragem "tornar pública" a sua história — compartilhar os momentos mais dolorosos e privados, que qualquer pessoa naturalmente preferiria esquecer e proteger. Meu respeito por Marsha, já profundo, aumentou mais ainda. Marsha nunca foi tímida em nada que fez, e esse ato ousado não foi apenas libertador para ela mesma, mas, mais importante, foi libertador para todos que sofrem de problemas semelhantes — no passado, no presente e no futuro. Sempre há esperança; pessoas aparentemente "incuráveis" se curam com frequência. Marsha viveu na prática o que ensina; ela não apenas fala sobre isso, mas vivencia. Isso serve de inspiração para que pacientes e terapeutas nunca desistam, mesmo quando o futuro parece implacavelmente sombrio e desistir parece a única opção restante.

A terapia criada por Marsha é chamada de terapia comportamental dialética (DBT, do inglês *dialectical behavior therapy*). A DBT é o tratamento mais eficaz para pessoas autodestrutivas e sob alto risco de suicídio, que costumam receber o diagnóstico de transtorno da personalidade *borderline* (TPB) — um termo terrível, mas em uso, vide o DSM-5-TR. Essas pessoas sofrem muito e causam grande sofrimento ao seu redor, para familiares, amigos e terapeutas. As taxas de mortalidade por suicídio e de comportamentos suicidas, sem o óbito como consequência, estão entre as maiores dentre todos os transtornos mentais. Esses pacientes, muitas vezes, colocam os terapeutas em "desafios terapêuticos" devido aos comportamentos complexos, imprevisíveis e, por vezes, emocional e fisicamente violentos.

Antes de Marsha desenvolver a DBT, os terapeutas desistiam de tratamentos que pareciam fúteis e estagnados, e os pacientes acabavam hospitalizados ou mortos. No entanto, essa não é mais a realidade. Nas últimas duas décadas, 10 mil terapeutas no mundo foram treinados em DBT, trazendo alívio emocional para centenas de milhares dos pacientes psiquiátricos em sofrimento inimaginável. Em 2011, os editores da revista *Time* nomearam a DBT como uma das 100 ideias científicas mais importantes de nossa época.

Nos últimos 50 anos, vimos apenas dois terapeutas propondo grandes inovações e se tornando influentes no campo da saúde mental. Um deles é Aaron "Tim" Beck, que desenvolveu a terapia cognitiva nos anos 1960, e a outra é Marsha. O fato de ela ter feito essa grande contribuição à psicologia — campo dominado por homens — é um testemunho não apenas de sua criatividade intelectual, mas também de sua determinação em superar todos os obstáculos.

E não foram poucos. Conheci Marsha no início dos anos 1980, quando eu fazia parte do comitê do National Institute of Mental Health (que decidia quais estudos de psicoterapia seriam financiados). Pesquisas sobre TPB eram difíceis de se vender porque os estudos tinham muitos erros graves em potencial, que levavam os críticos a rejeitá-los. A proposta de Marsha foi rejeitada, mas ela persistiu e continuou submetendo propostas de financiamento cada vez melhores até finalmente convencer os críticos, inclusive seus maiores opositores.

Muitas pessoas têm boas ideias, mas não possuem o que é necessário para materializá-las. Marsha tem o carisma, a energia, o compromisso e as habilidades organizacionais para transformar um sonho em realidade.

Na mitologia, heróis devem primeiro descer ao submundo, onde enfrentam uma série de desafios épicos a serem superados antes de prevalecerem em sua jornada heroica de vida. Quando têm sucesso, retornam ao seu povo trazendo algum segredo especial sobre a existência. Marsha foi lançada em uma jornada incrivelmente desafiadora de autodescoberta, longe do apoio familiar, e retornou trazendo preciosos *insights* para transformar misérias absolutas em vidas que valem a pena serem vividas.

Obrigado, Marsha, por ser quem você é, por compartilhar sua história com muita coragem e por transmitir a sabedoria obtida em sua vida de sofrimento, descoberta e amor.

Dr. Allen Frances
Professor emérito de Psiquiatria e
Ciências do Comportamento, Duke University

SUMÁRIO

Apresentação à edição brasileira xv
Vinicius Guimarães Dornelles

Apresentação xix
Allen Frances

PARTE I

1. Construindo uma vida experienciada como valendo a pena ser vivida 3
2. Descida ao inferno 13
3. Eu provarei que eles estão errados 29
4. Um ambiente invalidante traumático 45
5. Uma estranha em terra estranha 63
6. Tive de deixar Tulsa 73

PARTE II

7. A caminho de Chicago 79
8. Transformações intelectuais e espirituais 85
9. O caminho para pensar como uma cientista 93

10	Meu momento de iluminação na Capela do Cenáculo	97
11	Eu provei meu ponto!	103
12	Amor que chegou e partiu, chegou e partiu	115
13	Uma clínica de prevenção ao suicídio em Buffalo	119
14	O desenvolvimento do comportamentalismo e da terapia comportamental	125
15	Enfim, pertencimento: um peixinho em um lago grande	127
16	O que eu fiz?	133
17	Encontrando uma comunidade acolhedora	141
18	Como um peixe em um anzol	149
19	Encontrando um terapeuta, e uma reviravolta irônica	155

PARTE III

20	Um rascunho esquemático da terapia comportamental dialética (DBT)	161
21	Encontrando-me em Seattle e aprendendo a viver uma vida avessa à depressão	167
22	Minha primeira bolsa de pesquisa para a terapia comportamental e o suicídio	183
23	Ciência e espiritualidade	187
24	Minha luta pela estabilidade	197
25	O nascimento da terapia comportamental dialética (DBT)	201
26	Dialética: a tensão, ou síntese, entre opostos	213

27	Aprendendo habilidades de aceitação	221
28	Não uma simples aceitação, mas uma aceitação *radical*	233
29	Um bom conselho de Willigis: siga em frente	241
30	Tornando-me uma mestra zen	257
31	Tentando incorporar o zen na prática clínica	261
32	*Mindfulness*: todos nós temos uma mente sábia	265
33	A terapia comportamental dialética (DBT) em ensaios clínicos	273

PARTE IV

34	O ciclo se completa	293
35	Enfim, uma família	297
36	Indo a público para contar minha história: as verdadeiras origens da terapia comportamental dialética (DBT)	305
	Epílogo	313
	Apêndice	317
	Índice	321

PARTE I

1

CONSTRUINDO UMA VIDA EXPERIENCIADA COMO VALENDO A PENA SER VIVIDA

Era um belo dia de verão nos Estados Unidos, quase fim de junho de 2011. Eu estava diante de uma plateia de cerca de 200 pessoas em um grande auditório no Institute of Living (IOL) (uma renomada instituição psiquiátrica em Hartford, Connecticut).

Estava ansiosa, o que não costumava acontecer nesses cenários. Eu estava lá para contar a história de como, mais de duas décadas atrás, desenvolvi um tipo de tratamento comportamental para pessoas com alto risco de suicídio, conhecido como terapia comportamental dialética (DBT, do inglês *dialectical behavior therapy*). Foi o primeiro tratamento bem-sucedido para essa população que experimenta a vida como um verdadeiro inferno, tão miserável a ponto de a morte lhes parecer uma alternativa razoável.

Muitas pessoas compareceram ao instituto para me escutar naquele dia. Elas eram de diferentes partes do mundo, muitas eram terapeutas treinados que me conheciam ou conheciam minhas pesquisas, antigos alunos, colegas, minha família... Eu já havia palestrado sobre a DBT várias vezes. Geralmente, intitulava minhas palestras de "DBT: onde estávamos, onde estamos e para onde vamos". Nelas, descrevia como havia desenvolvido a terapia ao longo de muitos anos de pesquisa exploratória, o que envolvia tentativa e erro. Descrevia, também, seus impactos em pessoas suicidas e em outras condições para as quais ela vinha se provando benéfica e assim por diante.

Mas minha palestra naquele dia de junho seria diferente. Eu contaria às pessoas, pela primeira vez, como eu *realmente* havia chegado ao ponto de desenvolver a DBT. Não só os anos de pesquisas e testes realizados, mas também minha jornada pessoal. Iniciei dizendo: "Preparar esta palestra foi uma das coisas mais difíceis que fiz em minha vida".

EU NÃO QUERIA MORRER COMO UMA COVARDE

Já fiz muita coisa difícil na vida, sendo uma delas ter de me reconciliar com o colapso inesperado e devastador de quem *eu* era no mundo — você voltará a ler sobre isso logo mais. Como resultado desse episódio, tive de lutar para retomar o ensino médio, o que me obrigou a frequentar a escola noturna enquanto mantinha um emprego fixo para me sustentar. A fórmula se repetiu quando tentei entrar na universidade. À época, gastei bastante tempo morando em quartinhos da Young Women's Christian Association (YWCA) em diferentes cidades. Na maior parte do tempo, não tive amigos e, durante quase todos os passos do caminho, fui rejeitada várias vezes, o que poderia ter me afastado da minha jornada. Mais tarde, em minha vida profissional, tive de lutar para que minhas ideias e abordagem terapêutica radicais fossem aceitas por meus pares e pelo mundo da psiquiatria no geral, e batalhar a mais por ser uma mulher em um ambiente acadêmico dominado por homens.

Estava trabalhando nessa palestra há três meses. Muitas vezes, arrependi-me por ter aceitado o compromisso, pois tinha de comprimir minha vida no espaço de 90 minutos. Outro problema era minha amnésia praticamente total de como era minha vida antes dos 20 e até os 25 anos, por razões que explicarei. O que tenho são *flashes* de memórias, momentos vívidos de recordações espalhados por uma tela escura. É como olhar para o céu noturno da cidade, enxergando os pontos luminosos dos planetas e das estrelas aqui e acolá, ficando, porém, com a impressão final de uma escuridão inviolável. Por isso, tive de recorrer à família, aos amigos e aos colegas para me ajudarem a reconstruir minha história de vida, baseando-me nas memórias que eles tinham do meu passado. Foi um processo difícil — mais que isso, eu estava prestes a revelar publicamente, pela primeira vez, detalhes íntimos sobre minha vida, que, por décadas, guardei a sete chaves das pessoas, salvo de alguns poucos amigos e familiares muito próximos. Então, por que eu quis fazer isso?

Porque não queria morrer como uma covarde. Continuar guardando minha vida em segredo me parecia um ato de covardia.

SERÁ QUE EU CONSEGUIRIA TERMINAR A PALESTRA SEM IR AS LÁGRIMAS?

O IOL havia sido parte importante da minha vida, e, portanto, pensei que seria um local adequado para dar essa palestra. Liguei para David Tolin, diretor do Anxiety Disorders Center do instituto, e falei que gostaria de dar uma importante palestra na Costa Leste e que o IOL seria um bom lugar para fazê-lo. Ele ficou empolgado — pelo menos até eu lhe pedir que a palestra fosse em um dos maiores auditórios, pois eu sabia que atrairia grande audiência. Ele concordou, mas com a condição de lhe contar o porquê. E assim o fiz.

Agora que estava ali, em frente a centenas de pessoas, me perguntava "Onde fui me meter?". Estava com receio de não conseguir terminar a palestra sem chorar — não queria chorar em hipótese alguma.

Comecei contando ao público que, quando faço palestras sobre o desenvolvimento da DBT, geralmente digo que começou em 1980, quando recebi uma bolsa do National Institute of Mental Health (NIMH). A bolsa foi concedida para que eu conduzisse pesquisas sobre a eficácia da terapia comportamental para indivíduos diagnosticados com transtorno da personalidade *borderline* (TPB). "Mas não foi aí que começou minha paixão por resgatar as pessoas do inferno", eu disse.

Olhei para o público por alguns segundos, fixando meus olhos em pontos distintos daquele aglomerado de pessoas tão maravilhosas em minha vida — amigos, colegas, alunos e ex-alunos. Eu sabia que minha irmã, Aline, estaria lá, e queria que meus irmãos, John, Earl, Marston e Mike, estivessem também, embora não tivesse certeza de que Aline conseguiria convencê-los a ir. No entanto, lá estavam eles, sentados na primeira fileira. Logo atrás estava Geraldine, minha filha peruana, e seu marido, Nate, e era com eles que eu morava desde seu casamento. Agradeci a presença de todos. Nesse momento tão emotivo, estive à beira das lágrimas; felizmente, nenhuma rolou.

O VERDADEIRO INÍCIO DA DBT

"Na verdade, as sementes da DBT foram plantadas em 1961", continuei, "quando, aos 18 anos, dei entrada aqui, no IOL".

Eu era uma estudante do ensino médio, despreocupada, confiante e popular. Muitas vezes, era quem tomava a iniciativa nas atividades — organizar concertos, por exemplo, ou reunir um grupo para ir tomar sorvete. Sempre tomei cuidado para garantir que todos tivessem aquilo de que precisassem, que ninguém ficasse de fora das aventuras. Já fui candidata a Rainha do Mardi Gras.* Minha popularidade se estendeu para além dos muitos amigos, proporcionando candidatura e eleição em postos importantes durante esse período escolar. Eu era o tipo de garota que teria chances de ganhar o concurso de "a mais popular" ou "a que alcançará maior sucesso".

Até que, ao longo do ensino médio, essa garota confiante começou a desaparecer.

Não sabia o que havia acontecido comigo. Ninguém sabia, na verdade. Minha experiência no instituto foi uma descida ao inferno, uma imensa tortura emocional e de total angústia. Não havia escapatória. "Onde você está, meu Deus?", eu sussurrava dia após dia, sem resposta. A dor e a confusão são difíceis de descrever. Como você descreve adequadamente sua experiência de despencar direto para o inferno? Não dá. Só é possível sentir, experimentar, e eu senti e experimentei. Senti esse desespero dentro de mim, e, assim, isso finalmente se manifestou como comportamento suicida.

Mas eu sobrevivi. E, mais para o final do meu período no instituto, fiz uma promessa a Deus, um voto: eu escaparia daquele inferno e, feito isso, descobriria uma maneira de resgatar outras pessoas de lá também.

A DBT foi (e é, até hoje) meu melhor esforço para cumprir tal promessa. O voto que fiz direcionou a maior parte da minha vida. Estava determinada a encontrar uma terapia que ajudaria essas pessoas, que eram tantas vezes descartadas como "casos perdidos". E eu encontrei. Senti a dor que meus pacientes sentem durante suas batalhas contra os próprios demônios emocionais que lhes rasgam as almas. Entendi como é sentir uma dor emocional terrível, como é querer desesperadamente fugir, sejam quais forem os meios.

---

* N. de T. Carnaval que ocorre anualmente em Nova Orleans, na terça-feira antes da quarta-feira de cinzas.

UMA JORNADA REPLETA DE SURPRESAS

Quando embarquei em minha jornada para cumprir a promessa que fiz a Deus, não tinha noção de que seria tão complexa e surpreendente como veio a ser, ou que a meta (um tratamento efetivo para pessoas com alto risco para suicídio) seria tão diferente das terapias existentes. Tudo o que eu tinha no começo era a convicção inabalável de que desenvolveria uma terapia comportamental que ajudaria essas pessoas a viverem vidas que valessem a pena. Isso era tudo. E era uma grande ingenuidade, como eu estava prestes a descobrir.

Não tinha ideia, por exemplo, de que um dia eu entraria no escritório de um presidente de conselho e diria que precisava passar um tempo em um monastério zen para aprender a prática da aceitação. Bem zen, não? Pois foi isso que fiz. Não tinha ideia também que, quando estivesse plenamente desenvolvido, o programa de tratamento demandaria 12 meses completos, e não os três meses que eu esperava inicialmente. Eu não tinha sequer ouvido falar em "dialética".

Duas coisas tornam a DBT única. A primeira delas é o equilíbrio dinâmico entre a aceitação (de si próprio e de sua situação na vida) e a mudança acolhedora na direção de uma vida melhor. (É esse o significado de "dialética" aqui — equilíbrio entre opostos e uma síntese a partir deles.) A psicoterapia tradicional busca, principalmente, ajudar as pessoas a se modificarem, substituindo comportamentos negativos por positivos.

Bem cedo no desenvolvimento da DBT eu descobri que, se focasse em ajudar os pacientes a mudarem seus comportamentos (o que costuma ser o alvo da terapia comportamental), eles protestariam, dizendo algo como: "Mas como assim? Está me dizendo que eu sou o problema?". Já se eu focasse em ensiná-los a tolerarem suas vidas, isto é, aceitarem-nas, eles protestariam de novo: "Mas como assim... você não vai me ajudar então?".

A solução a que cheguei foi encontrar uma forma de equilibrar aceitação e mudança em uma dança dinâmica entre as duas. Esse equilíbrio, único da DBT, entre buscar estratégias de mudança e buscar estratégias de aceitação é uma base da DBT. Essa ênfase na aceitação como um contrapeso da mudança flui diretamente da integração da prática oriental (zen) — da maneira como eu a experimentei — e da prática psicológica ocidental.

O segundo aspecto que torna a DBT única é a inclusão da prática de *mindfulness* como uma habilidade terapêutica, inédita em psicoterapia. Isso também veio da minha experiência com a prática zen. À época (meados dos anos 1980), o *mindfulness* era um assunto tido como meio esotérico, frequentemente descartado por ser "New Age" demais para ser levado a sério, particularmente no meio acadêmico. Agora, estou certa de que se sabe que o *mindfulness* está em toda parte, não apenas na psicoterapia, mas na saúde básica, nos negócios, na educação, nos esportes e até mesmo no exército.

QUEM SE BENEFICIA DA DBT?

O objetivo de qualquer terapia comportamental é ajudar os indivíduos a mudarem comportamentos — em particular, padrões que atrapalham suas vidas em casa e no ambiente de trabalho —, substituindo-os por alternativas comportamentais mais efetivas. A DBT é um tipo de terapia comportamental; contudo, como acabei de explicar, é bastante diferente da terapia comportamental tradicional.

Desenvolvi a DBT para ajudar indivíduos sob alto risco de suicídio, que são difíceis de tratar, que apresentam vários outros problemas psicológicos e comportamentais sérios e que costumam ocupar a lista de "pacientes não aceitos" dos hospitais. O TPB tem espaço privilegiado entre essas problemáticas, por ser uma condição notadamente desafiadora de se lidar. Os critérios para um diagnóstico correto desse transtorno incluem extrema instabilidade emocional, episódios de explosões de raiva, relacionamentos impulsivos e autodestrutivos, medo de abandono e aversão a si mesmo. O transtorno é muito perturbador para o paciente, muitas vezes tornando sua vida insuportável, além de ser, também, dificílimo para aqueles que convivem com o indivíduo, como a família e os amigos. Essa condição é um grande desafio para terapeutas, que frequentemente se encontram na posição de alvos da raiva de seus pacientes. Como resultado, muitos profissionais simplesmente se recusam a tratar esses indivíduos.

AS HABILIDADES DA DBT SÃO HABILIDADES PARA A VIDA

A DBT é mais um programa de tratamento comportamental do que uma abordagem psicoterápica individual. É uma combinação de sessões individuais de psicoterapia, treinamento em grupo e *coaching* telefônico, além de ter um time de consultoria formado por terapeutas, e a oportunidade de auxiliar na mudança de situações sociais ou familiares do paciente (por exemplo, por meio de intervenções familiares). Outras formas de terapia comportamental incluem alguns desses componentes, mas não todos. Esse é outro aspecto distintivo da DBT.

Aprender habilidades é vital para a efetividade da DBT: habilidades que ajudam um paciente a encontrar formas de transformar uma vida miserável em uma vida que vale a pena ser vivida — e na qual o paciente seja efetivo. Fui privilegiada o suficiente a ponto de testemunhar essa transformação muitas e muitas vezes.

Mas essas mesmas habilidades são de grande importância para cada um de nós no cotidiano; assim sendo, você pode chamá-las de habilidades para a vida. Elas nos ajudam a navegar pelos relacionamentos que temos com aqueles que amamos, com amigos e colegas de trabalho, e pelas experiências em geral no mundo, além de nos ajudarem a gerenciar nossas emoções e superar nossos medos. São importantes em sua influência sobre o quão bem lidamos com os desafios de ordem prática, assim como para fazer um trabalho bem-feito.

Em todas essas habilidades, a ênfase está na efetividade sobre a vida do sujeito nos domínios social e prático. Algumas pessoas são mais hábeis do que outras nessas habilidades, acham mais fácil navegar pelos altos e baixos da vida, com os desafios práticos que compõem o dia a dia.

O Dalai Lama disse que todos querem ser felizes, e eu acredito. Todos os meus pacientes querem ser felizes, então meu trabalho é ajudá-los a descobrirem como podem alcançar a felicidade, ou ao menos como podem experimentar uma vida que vale a pena ser vivida. O que quero dizer com "uma vida que vale a pena ser vivida" é poder acordar pela manhã e ter diante de si experiências positivas para realizar — atividades que você aprecie, pessoas de cuja companhia você goste, passeios com seu cachorro —, de modo que você queira levantar da cama e vivê-las. Isso não significa a ausência de aspectos negativos em sua vida, pois conhecemos as situações e emoções desagradáveis que muitos de nós vivemos. Este é o caso, em particular, de meus pacientes. As habilidades que ensino os ajudam, primeiramente, a aceitarem os problemas de suas vidas para, em seguida, mudarem sua maneira de viver no mundo, para buscarem o positivo e tolerarem o negativo.

Nós, na condição de comportamentalistas, não acreditamos que uma pessoa escolha ser infeliz, e sim que seu estado de infelicidade é causado — seja por algo em sua história ou em seu ambiente. Também não acreditamos que haja alguém que não queira mudar. Consideramos que todos desejam uma vida feliz. Na terapia psicodinâmica — forma de terapia profunda que busca abrir uma janela de acesso à mente inconsciente de uma pessoa —, os terapeutas jamais dizem a seus pacientes o que devem fazer. Eu digo aos pacientes o que devem fazer o tempo todo, e esta é outra característica distintiva da DBT.

Minha postura diante de cada paciente é a seguinte: "Você sabe do que precisa na sua vida, mas não sabe como conseguir o que quer. Seu problema é que você pode até ter boas razões, mas não tem boas habilidades. Eu vou ensinar boas habilidades para você".

UMA HISTÓRIA SOBRE O PODER DA PERSISTÊNCIA E DO AMOR

Como foi o caso da palestra no IOL naquele dia de junho, este livro é a história do tempo que passei no instituto, de como cheguei ao ponto de fazer aquela promessa, de como eu mesma consegui escapar daquela situação miserável e de como consegui encontrar maneiras de ajudar outras pessoas.

Minha vida é uma espécie de mistério, já que, até hoje, não tenho ideia de como desci ao inferno tão rápida e completamente, aos 18 anos. Espero que meu sucesso traga esperança àqueles que ainda estão em péssima situação. Minha crença elementar é a de que se eu dou conta, os outros também dão conta.

Minha história segue quatro linhas firmemente costuradas umas às outras.

A primeira linha é o que sei sobre meu pior momento e sobre como esse período levou à promessa de melhorar e guiar outras pessoas.

A segunda é minha jornada espiritual — a jornada que me salvou. É a história de como, enfim, tornei-me mestre zen, um caminho que influenciou sobremaneira minha abordagem ao desenvolvimento da DBT, mais particularmente de como ela me levou a trazer o *mindfulness* para a psicoterapia.

A terceira linha é minha vida enquanto professora pesquisadora — como isso moldou minha habilidade de alcançar minha meta e as dificuldades que enfrentei durante todo o caminho para superar os erros que cometi e as várias rejeições que experimentei.

A quarta é a história do imenso poder do amor em minha vida, de como casos amorosos me levaram ao topo do mundo e, depois, causaram um dos maiores sofrimentos em minha vida. É a história do poder de aceitar a gentileza e o amor de tantas pessoas que sempre estiveram prontas para me levantar. E, em resposta, foi o poder de amar os outros o que me salvou da queda livre. Parte desta história envolve como me reaproximei de minha irmã, como alcançamos o perdão após tantos anos de distância e de dor e como me tornei mãe e, agora, vovó.

Minha história é também uma história de fé, e do quão importante a sorte pode ser. É uma história sobre nunca desistir. É uma história de fracasso seguido de fracasso, mas também de sempre se levantar (ou ser levantada) e seguir em frente. É uma história de persistência; de aceitação — uma grande parcela da DBT consiste em dizer "sim".*

---

* Você pode estar se perguntando por que não incluo histórias sobre meus pacientes enquanto conto sobre minha vida e obra. A boa pessoa que há dentro de mim acredita que contar tais histórias seria antiético e fora do que acredito ser o correto.

2
DESCIDA AO INFERNO

> *Marsha é conhecida por suas várias atividades, como a Young Christian Society (YCS) e sua disposição em ajudar os outros. Sua risada pode ser ouvida ecoando pelos corredores enquanto realiza mais uma travessura bem-humorada. O alto apreço por Marsha a levou a ser candidata a Rainha de Mardi Gras e Secretária do Conselho de Classe. Ela será lembrada por muito tempo por seus altos ideais, espírito e senso de humor.*
> Anuário de 1961, Monte Cassino School, Tulsa, Oklahoma

Essa descrição em meu anuário do ensino médio vem acompanhada de uma fotografia minha em preto e branco, com os cabelos loiros arrumados no estilo da época e um sorriso aparentemente cheio de vida e otimismo. A imagem personifica a descrição verbal. Sob a foto, há uma citação minha: "Se for certo, faça com coragem".

Naquela época, eu era uma de seis irmãos de uma família de classe média alta muito respeitada em Tulsa — uma família que, sob muitas perspectivas, inclusive a minha, era maravilhosa. Meu pai, John Marston Linehan, era vice-presidente da empresa de petróleo Sunoco e um pilar da sociedade de Tulsa, conhecido por sua integridade e confiabilidade irretocáveis. Ele sempre voltava para casa a tempo de jantar conosco, muitas vezes parando na igreja no caminho para rezar ou visitando seus pais. Após o jantar, voltava ao escritório para terminar o trabalho em algumas noites; em outras, saía para caminhar comigo, comprar um jornal e tomar um sorvete.

Minha mãe, Ella Marie (conhecida por todos como Tita), era uma típica descendente Cajun* da Louisiana (e orgulhava-se disso). Extrovertida e desinibida, ela era muito ativa no voluntariado. Com seis filhos pequenos para cuidar, ela e cerca de 20 outras mães criaram um clube de costura semanal (para remendar meias, roupas íntimas e afins) que, com o tempo, transformou-se em um clube social que acabou envolvendo todas as crianças. As mulheres do clube de costura levavam comida quando necessário, acolhiam visitantes, ajudavam com casamentos, aniversários e doenças, além de organizarem funerais e outras situações que exigissem apoio extra. (O fato de minha mãe ter conseguido participar de tudo isso, cuidando de seis filhos, ainda me impressiona.) Ela era bonita, divertida e tinha uma presença que dominava qualquer ambiente.

Mamãe também ia à igreja quase todos os dias, geralmente antes de qualquer um de nós estar acordado. Ela conseguia comprar um pedaço de tecido em um brechó e transformá-lo em algo digno da grife Dior. Era muito criativa. Depois de seu falecimento, ficamos chocados ao descobrir que as pinturas emolduradas — e que supúnhamos serem de artistas profissionais — eram, na verdade, autorais. Ela era a artista. Certa vez, o jornal de Tulsa colocou sua foto na capa e a nomeou uma das mulheres mais bonitas da cidade.

Meus irmãos John e Earl (mais velhos que eu) e Marston e Mike (mais novos) eram bonitos, bem-sucedidos e populares; e minha irmã, Aline, 18 meses mais nova que eu, era, e ainda é, magra e muito bonita. Aline era a filha-"modelo" — sem precisar se esforçar para isso, ao menos aos meus olhos —, sendo o tipo de pessoa que agradava a minha mãe. Segundo Aline, não éramos amigas quando jovens.

O sucesso do meu pai no mundo corporativo nos proporcionava uma boa condição financeira. Morávamos em uma casa grande e bonita, de estilo espanhol, na rua Twenty-Sixth, número 1300, em um bairro com muitas crianças (em certo momento, o quarteirão tinha mais crianças do que qualquer outro em Tulsa) e a uma curta distância das nossas escolas. Nosso quintal era cuidadosamente ajardinado por mamãe, com canteiros de flores perenes, arbustos floridos e magnólias, de que ela cuidava toda primavera. Mamãe dava tanta importância à beleza do interior da casa quanto à do ex-

---

* N. de T. Grupo étnico de descendentes de europeus e acadianos expulsos do Canadá, que se fixaram na Louisiana.

terior. Até hoje, nunca esqueci sua crença e ensinamentos de que a beleza vale o esforço necessário. Também aprendi com ela que beleza exige talento e esforço muito mais do que dinheiro. Infelizmente, embora eu ame tornar minha casa bonita, demorei muito para chegar perto do talento de mamãe e Aline.

EU ERA DIFERENTE

E então havia eu. A verdade é que eu não me encaixava em casa ou, francamente, em qualquer outro lugar. Quando era mais nova, tinha uma boa amiga que morava na mesma rua. Muitas vezes fui convidada para dormir na casa dela e adorava ir. Os pais dela eram legais e amigos dos meus pais. Mas, em quase todas as noites do pijama, eu acabava sentindo saudade de casa, e os pais dela precisavam ligar para o meu pai me buscar. Eventualmente, disseram a ele que eu não poderia mais ir dormir lá até parar de sentir saudade de casa. E assim ocorreu.

Quando a família ia jogar golfe, eu não ia, porque não gostava de golfe. (Meu pai insistia que era porque eu não era boa nisso. Não era verdade.) Quando fazíamos longas viagens de carro ou íamos no avião da empresa do meu pai, eu quase sempre ficava enjoada, a ponto de, certa vez, precisar ser deixada na casa de uma tia no meio da viagem. Quando passávamos fins de semana na casa de amigos em um belo lago (o que fazíamos com frequência), eu era, sem exceção, a única que nunca se levantava para esquiar na água. Também não conseguia me sentar no deque do barco com os outros, porque isso machucava demais meu quadril.

Era a única criança na família que estava sempre acima do peso, considerando os padrões da época em Tulsa. Não era magra como mamãe e Aline e não conseguia arrumar meu cabelo de uma forma que agradasse minha mãe. Tinha a estrutura física mais robusta, que puxei do meu avô paterno. Quando olho para fotos daquela época, percebo que meu peso não era um desastre completo. Claro que não ajudava o fato de meus dois irmãos mais velhos e bonitos terem namoradas igualmente bonitas, magras e sofisticadas. Embora fôssemos amigos — eu fazia massagens nas costas de um dos meus irmãos depois que ele voltava do futebol e ajudava outro a ajeitar a camisa dentro da calça antes de sair para encontros —, não éramos próximos o suficiente para que eu chorasse nos ombros deles quando estava chateada e recebesse algum conforto ou carinho. Não me lembro deles dizendo: "Uau, Marsha! Você está linda!". Por outro lado, também não me lembro de comentários negativos, exceto as provocações usuais entre irmãos. Outra coisa que não ajudou foi Aline ter sido aceita e eu não quando nos inscrevemos para sermos líderes de torcida no time de futebol da escola dos meninos, perto de casa.

Minha irmã diz que, no fundo, em certo momento, eu não conseguia agradar minha mãe, não importava o que fizesse. Os esforços de mamãe para me transformar em uma menina bonita, atraente e socialmente adequada para a sociedade de Tulsa sempre pareciam inúteis.

EU ERA O PROBLEMA

Durante todo esse tempo, eu era alvo de uma provocação provavelmente brincalhona por parte dos meus irmãos, mas era doloroso ouvir: "Marsha, Marsha, língua-mais-afiada-que-navalha". Não apenas eu não era tão atraente quanto outras garotas, como também tinha uma boca impulsiva, que raramente se calava — um problema contra o qual lutei sem sucesso durante toda a minha vida, e que não era aceitável em uma família como a minha, que incentivava interações socialmente sofisticadas.

À medida que entrei na adolescência, os esforços contínuos de minha mãe para melhorar a maneira como eu me apresentava diminuíram, pelo menos em parte, a minha aprovação de mim mesma. Se alguém dizia algo rude para mim, a resposta imediata de minha mãe era tentar descobrir como me mudar para que gostassem mais de mim. Ela nunca questionava o que havia de errado com essas pessoas; essa possibilidade sequer passou pela minha cabeça até muito mais tarde, quando visitei minha cunhada Tracey, esposa de Marston. Quando alguém dizia algo desagradável para a filha de Tracey, sua reação era defendê-la contra os ataques. As reações de Tracey e de minha mãe eram opostas diante da mesma situação. Fico imaginando como eu seria se mamãe fosse como Tracey. Mas ambas estavam fazendo o melhor que podiam, conforme enxergavam.

UMA GAROTA POPULAR

Minha necessidade incessante de falar não era bem recebida em casa, mas me tornava popular na escola. Segundo minha prima Nancy, quando eu estava na 4ª série, era "a vida e alma da festa, sempre uma força em movimento, sempre iniciando algo, sempre pregando peças, sempre uma presença dominante". Não tenho nenhuma lembrança dessa versão "de mim" daquela época, mas suponho que fosse meu verdadeiro eu, até o penúltimo ano do ensino médio. Nancy também disse isso sobre mim recentemente: "Na 5ª ou 6ª série, cheguei à conclusão de que Marsha era a pensadora mais profunda e reflexiva que eu conhecia, sempre disposta a enfrentar qualquer tipo de questão. Ela sempre tinha uma maneira interessante de ver o mundo".

No penúltimo ano, fui indicada para ser Rainha do Mardi Gras da turma. Não consegui ser coroada, pois a turma do último ano coletou mais jornais para reciclagem do que a nossa. A coroa da rainha sempre ia para a turma que arrecadava mais dinheiro com a venda dos jornais. Quase sempre, a escolhida era a indicada da turma do último ano, mas o fato de eu ter sido indicada pela turma do penúltimo ano, eleita por voto dos alunos, diz algo sobre minha popularidade entre meus colegas. E, no início do último ano, fui eleita secretária do conselho da turma, como mencionado no anuário citado no começo deste capítulo.

Embora fosse popular nas minhas aulas e amiga de todas as meninas mais velhas — não apenas no meu último ano, mas antes disso —, quase todas as garotas que eu conhecia tinham um namorado fixo, e eu não. Tive meus namoricos, mas nunca um relacionamento sério ou duradouro. Quando o fim do ensino médio chegou e minhas amigas já tinham seus pares, eu acabei no meu quarto, deprimida, recusando-me a sair.

UMA DESCIDA RÁPIDA AO INFERNO

Quando o anuário estava nas mãos dos meus colegas, em maio de 1961, a garota que "será lembrada por muito tempo por seus altos ideais, espírito e senso de humor" já havia sido internada no Institute of Living (IOL) em Hartford, Connecticut. Em pouco tempo, era uma interna na Thompson Two, uma unidade segura com trancas duplas que abrigava os pacientes mais graves da instituição. Estava me afogando em um oceano de aversão a mim mesma e de vergonha, sentindo que não era amada — sentindo que era incapaz de ser amada e passando por uma agonia emocional indescritível, tão forte que eu queria estar morta.

O mistério da minha história é: como tanta tristeza pôde dominar uma garota tão funcional, benquista e despreocupada? E, considerando isso, como consegui sair do inferno no qual caí e, com o tempo, construir uma vida que vale a pena ser vivida?

A ENTRADA NO IOL — E O INÍCIO DOS CORTES

Quando fui internada no IOL em 30 de abril de 1961 — semanas antes de minha formatura do ensino médio —, minha principal queixa, de acordo com os registros clínicos, era "aumento da tensão e isolamento social". Além disso, vinha sendo atacada por dores de cabeça cada vez mais excruciantes, às vezes tão intensas que precisava ligar para minha mãe do telefone público da escola, implorando que me levasse para casa. Não tenho certeza se ela sempre acreditava em mim, mas me buscava. Comecei a consultar um psiquiatra local, Dr. Frank Knox. (Presumo que isso tenha acontecido depois de meu médico de família não ter conseguido encontrar um problema médico, mas percebi que ele não fazia ideia da causa das dores de cabeça.) Por fim, Dr. Knox recomendou que eu fosse ao IOL para o que nos disseram que seriam duas semanas de avaliação diagnóstica.

Tenho apenas um único fragmento de memória do meu primeiro dia sozinha no instituto: estou sentada nos degraus dos fundos do que deveria ser uma unidade aberta, olhando para uma paisagem de gramados e árvores. É isso. Não me lembro de quem me levou até lá ou de qualquer situação do processo de internação. Nem mesmo sei como me senti em relação a estar lá.

Sei que, em poucos dias, de alguma forma, descobri os cortes, mas não tenho memória de como ou por quê. Hoje em dia, a maioria das pessoas já ouviu falar sobre condutas autolesivas sem intencionalidade suicida (CASIS). Mas, quando eu era adolescente, esse comportamento estava completamente fora do radar, e tenho certeza de que eu não sabia nada sobre isso antes de ir para o instituto.

Em meus registros clínicos encontramos o seguinte: "Ela quebrou a lente dos óculos e infligiu lacerações superficiais no pulso esquerdo". Os registros indicam que quebrei a lente de propósito para cortar o pulso, mas é possível que a quebra tenha sido acidental. É um mistério para mim.

A literatura sobre CASIS indica que esse comportamento é altamente contagioso em instituições, e que os praticantes costumam achar o ato quase indolor, como uma espécie de calmante emocional. Para os familiares, o comportamento é visto como um grande problema; para os praticantes, é uma solução para a dor emocional. Do ponto de vista médico, agora sabemos que, quando uma pessoa se corta dessa forma, endorfinas — opioides endógenos — podem ser liberadas no sangue, reduzindo o estresse e induzindo a sensação de bem-estar.

Quaisquer que fossem meus motivos, o resultado desse evento inicial de CASIS foi que, poucos dias após minha internação naquela unidade aberta, fui transferida para a unidade mais segura da instituição, a Thompson Two. E é muito provável que tenham feito eu tomar vários medicamentos psicoativos, que, aparentemente, tiveram suas doses aumentadas com o tempo. (De minha perspectiva atual, é uma pena que não tenham me mandado de volta para casa, porque hoje sei que a institucionalização às vezes pode causar mais mal do que bem.) A equipe não era composta por pessoas ruins, e sim por jovens e indivíduos sem o conhecimento que temos hoje sobre como tratar pessoas com os problemas que eu tinha.

Minha única amiga do instituto, Sebern Fisher, me conta que provavelmente fui levada à Thompson Two por uma série de túneis subterrâneos fétidos e assustadores, carregada por duas enfermeiras até o segundo andar do prédio Thompson, suspensa em uma maca de contenção de lona, como se fosse um animal amordaçado. Sebern era uma companheira de internação. Depois de muitos anos sem contato, nos reconectamos, e até hoje somos grandes amigas.

A VIDA NA THOMPSON TWO

Sebern descreve a Thompson Two na época como "o Bellevue do Institute of Living", com um cheiro constante de urina, fezes espalhadas e pacientes psicóticos gritando, se despindo e brigando. Eu me lembro de poucos desses detalhes, mas recordo de uma mulher mais velha, muito magra, que passava o dia todo sentada em sua cadeira e, se alguém passasse perto, ela chutava com suas grandes botas pretas e pesadas. Também havia a Nancy; Nancy de cabelos brancos, psicótica Nancy, que cantava repetidamente um trecho de *Minnie, a Sereia*:

> *Oh, que tempo eu tive com Minnie, a Sereia*
> *No fundo do mar.*
> *Abaixo das bolhas, esqueci meus problemas.*
> *Nossa, como ela era incrivelmente boa para mim.*
> *E todas as noites, quando as estrelas-do-mar apareciam,*
> *Eu a abraçava e beijava, nossa.*
> *Lá todas as noites, quando as estrelas-do-mar brilhavam,*
> *Eu a amava tanto.*
> *Oh, que tempo eu tive com Minnie, a Sereia.*

Tenho quase certeza de que ela não cantava todas as palavras corretamente, mas ainda consigo ouvir aquele refrão.

Tendo chegado na Thompson Two, continuei me cortando, mas de forma muito mais séria do que na tímida tentativa inicial, quebrando janelas e usando cacos de vidro como lâminas para cortar meus braços e coxas. Comecei a me queimar com cigarros e perdia o controle, às vezes quebrando coisas além de janelas; frequentemente, o resultado era me enrolarem em compressas frias para me acalmarem, ou me colocarem em isolamento — uma vez, fui isolada por um período de três meses.

Não tenho como descrever o que aconteceu comigo quando cheguei ao instituto. Em minha mente, é como se eu tivesse enlouquecido. De alguma forma, perdi toda a capacidade de regular não apenas minhas emoções, mas também meu comportamento. A garota funcional do ensino médio em Monte Cassino tinha desaparecido, transformando-se no que meus registros clínicos descrevem como "uma das pacientes mais perturbadas do hospital". Essa não era a garota popular de Tulsa, Oklahoma.

Foi uma descida vertiginosa e completa ao inferno. Perdi o controle. Perdi a mim mesma. Em décadas de trabalho, nunca vi alguém perder o controle de forma tão rápida e implacável. Não consigo dizer o que causou isso, nem o que a equipe poderia ter feito para evitar. Simplesmente não compreendo o que se passou naqueles primeiros dias no instituto.

Olhando para trás, é como se não fosse eu fazendo todas aquelas coisas. Era outra pessoa tentando me machucar. Podia estar sentada quieta, sem pensar em algo sombrio e, de repente, sabia que ia fazer algo — me cortar, me queimar, tentar quebrar alguma coisa. Frequentemente, eu avisava às enfermeiras que sabia que ia fazer isso, implorando que me impedissem.

Mas eu era mais rápida, elas não conseguiam me parar. Sentia como se estivesse sendo perseguida implacavelmente por essa outra pessoa ameaçadora; era como ser perseguida em um beco por um agressor sabendo que ele sempre me alcançaria. Eu continuava correndo, mas nunca rápido o suficiente. Essa outra pessoa me fazia quebrar uma janela e cortar minha coxa antes que uma enfermeira pudesse me deter.

Mesmo quando estava na sala de isolamento — com apenas uma cama presa ao chão, uma cadeira, uma janela com barras de ferro e o olhar constante de uma enfermeira —, eu conseguia subir na cadeira ou na cama e me lançar, em um mergulho de cisne, de cabeça no chão, antes que a enfermeira pudesse me parar. Fiz isso repetidamente, o impulso me dominando antes que eu pudesse impedi-lo. É certo que isso resultou em danos cerebrais que contribuíram para minha péssima memória — isso, junto com duas longas séries de eletroconvulsoterapia, procedimento que hoje seria considerado bárbaro. Um psiquiatra conhecido, da vertente psicanalítica, o Dr. Zielinski, com quem me consultei por um tempo depois do instituto, disse-me que eu tinha múltiplas personalidades. Por alguma razão, tenho certeza de que não tinha.

Eu ficava parada no meio do quarto da Thompson Two por longos períodos, como um homem de lata, incapaz de me mover, completamente vazia por dentro, sem conseguir comunicar a alguém o que havia dentro de mim, sabendo que ninguém poderia me ajudar. Meu psiquiatra no instituto, Dr. John O'Brien, fez o possível para me ajudar. Nossas sessões provavelmente envolviam o objetivo psiquiátrico padrão da época: tentar descobrir a base inconsciente do meu comportamento "aberrante". Lembro-me de uma vez estar do lado de fora do escritório dele, desejando poder ter uma sessão — provavelmente eu devia ter privilégios que me permitiam circular por ali.

Como você verá nas cartas que escrevi para ele, aparentemente eu sabia que ele se importava comigo. Muitos anos depois de eu deixar o IOL, Dr. John me disse o quanto queria me ver bem e que isso até havia causado alguns problemas em sua vida. Escrevi muitas cartas para ele entre nossas sessões, tentando explicar o que estava acontecendo comigo, às vezes desabafando raiva e frustração. Dada a ausência de pesquisas à época, havia pouco que ele pudesse fazer para me ajudar.

Eu estava sozinha naquele inferno.

O INFERNO É COMO ESTAR PRESO EM UMA CELA SEM SAÍDA

Sei como é *se sentir* no inferno. Porém, mesmo agora, não consigo encontrar palavras para descrever a sensação. Cada palavra que me vem à mente falha miseravelmente em descrever como aquele momento foi terrível. Até mesmo dizer que foi terrível comunica nada sobre a experiência. Quando reflito sobre minha vida, muitas vezes percebo que não há felicidade no universo que pudesse equilibrar a dor emocional lancinante e excruciante que experimentei tantos anos atrás.

E se Deus me pedisse para viver minha vida novamente? Durante toda a vida, amei muito a Deus, então como poderia dizer "não"? Por outro lado, como poderia dizer "sim"? Decidi que só diria "sim" se soubesse que minha vida salvaria a de outras pessoas. "Seja feita a Vossa vontade" tem sido minha oração frequente. Graças a Deus, nunca tive de voltar.

Para passar o tempo (que parecia se arrastar no IOL), eu desenhava bastante e escrevia poesia. Perdi a maioria dos meus diários em um incêndio em meu apartamento em Washington, D.C., anos atrás. Minhas memórias, consumidas pelo fogo.

O poema a seguir, que escrevi enquanto estava em isolamento, dá apenas um vislumbre de meu estado mental naquela época:

> *Eles me colocaram em um quarto de quatro paredes,*
> *Mas em verdade me deixaram realmente de fora*
> *Minha alma foi lançada em algum lugar confuso,*
> *Meus membros jogados aqui e ali*
>
> *Eles colocaram alguém, uma pessoa graciosa,*
> *Eles a colocaram na porta*
> *Mas nem mesmo ela conseguiu içar*
> *Minha alma do chão*
>
> *O quarto dividido em três:*
> *Uma cama, uma parede, uma cadeira*
> *Passei meu tempo com cada um por vez,*
> *O quarto estava totalmente vazio.*

Eles me colocaram em um quarto de quatro paredes,
Mas em verdade me deixaram realmente de fora.

Escrevi cartas para minha mãe com bastante frequência, e Aline me contou que mamãe chorava a noite inteira quando as recebia. Minhas cartas devem ter transmitido minha agonia emocional insuportável, incluindo meus atos de CASIS. Eu escrevia que queria ir para casa e, ao mesmo tempo, queria morrer. Não é de admirar que minha mãe ficasse tão abalada.

Quando ensino clínicos a entenderem como são as coisas para pessoas com risco de suicídio, costumo contar a seguinte história, pois ela dá um vislumbre do mundo de uma pessoa que está suicida — e do inferno que experimentei:

> A pessoa que está suicida é como alguém preso em uma cela de paredes altas e brancas. A cela não tem luzes ou janelas. É quente e úmida, e o calor ardente do chão é infernal, incrivelmente doloroso. A pessoa busca uma porta que a leve a uma vida que valha a pena ser vivida, mas não consegue encontrá-la. Arranhar e escavar as paredes não adianta. Gritar e bater não traz ajuda. Cair no chão e tentar se desligar para não sentir nada não traz alívio. Rezar a Deus e a todos os santos que conhece não traz salvação. A cela é tão dolorosa que suportá-la por mais um momento parece impossível; qualquer saída serve. A única porta que a pessoa consegue encontrar é a porta do suicídio. A vontade de abri-la é realmente imensa.

Querido Dr. O'Brien,
Sinto-me tão sozinha. Por favor, me ajude. Sei que está tentando, mas sinto como se estivesse em um barco a remo, tentando me afastar da ilha, mas o barco não se move. O que devo fazer? Que bagunça! Eu ODEIO este lugar, mas me odeio ainda mais. Queria estar morta.

Cordialmente, Marsha

A ROTA CÊNICA

Não consigo registrar a maior parte dos meus mais de dois anos no instituto devido à minha quase total falta de memória e à perda de meus diários. O melhor que posso fazer é oferecer alguns "lampejos", com a ajuda ocasional das lembranças da minha amiga Sebern.

Dentre os episódios repetidos de CASIS e o desejo constante de estar morta, como uma saída daquela cela branca e sem janelas, estavam impulsos de sair da Thompson Two, aquele lugar sombrio de quatro paredes, sem céu e sem o canto dos pássaros. Eu corria até o telefone público e ligava para casa em desespero. "Mãe, por favor, venha me buscar", eu implorava. *"POR FAVOR!"* Sua resposta era sempre a mesma: "Seu pai vai internar você novamente se você sair".

Deixei de existir no universo da vida do meu pai no minuto em que fui para o hospital psiquiátrico, em abril de 1961. Como um homem católico muito conservador, criado em Risingsun, Ohio, que quase morreu cavando valas durante a Grande Depressão e depois se ergueu por esforço próprio para se tornar presidente da DX Oil Company e vice-presidente da Sunoco, meu pai não tinha nenhuma compreensão do que estava acontecendo comigo. Suspeito que ele achava que eu poderia melhorar se realmente quisesse, então era tolice sentir pena de mim. Ele não conseguia tolerar meu sofrimento. Disse à minha mãe para parar de se preocupar comigo. Não sei como ele pôde dizer isso à esposa. Não é de se admirar que mamãe sempre ligasse para Tante (tia) Aline, sua mãe substituta, que a tranquilizava, dizendo que eu tinha um transtorno biológico e que não deveria se culpar. (A mãe dela morreu quando minha mãe ainda era muito jovem, por isso passamos a chamar Tante Aline de "Vovó", e ela gostava.)

Em momentos de desolação, eu tentava sair do hospital. Às vezes, nos era permitido ir a um pequeno pátio cercado, anexo do prédio Thompson. Era então que eu tentava fugir, escalando o muro. Pelo menos é assim que me lembro, mas, quando visitei o instituto recentemente, vi que os muros pareciam ter quase 4 metros de altura. Não acho que poderia tê-los escalado, mas, de alguma forma, escapei. É claro que sempre me pegavam e me traziam de volta.

Em uma dessas fugas bem-sucedidas, caminhei uma curta distância até a cidade e entrei em um bar. Pedi um copo de água, bebi, fui ao banheiro, quebrei o copo e cortei meu braço. Assim mesmo. Não foi um corte muito grande, mas sangrou muito. Quando o dono do bar descobriu o que eu tinha feito, chamou a polícia. Eles chegaram rapidamente e me enfaixaram. "Por favor, não me levem de volta", implorei a um dos policiais, mas sabia que iam me levar, não importava o que eu dissesse. Ele perguntou: "Bem, você quer ir direto para lá ou quer pegar a rota cênica?". Eu respondi: "Quero pegar a rota cênica". Eles me levaram para passear por um bom tempo antes de me levarem de volta.

Foi a coisa mais doce, um ato simples e gentil para uma garota desesperada que parecia tão louca. Pensar nisso ainda me emociona.

> *Querido Dr. O'Brien,*
> *Sinto que não consigo expressar para você como me sinto (ou para qualquer outra pessoa), mas deixe-me lhe dizer uma coisa — não pertenço a esta unidade. Se pertenço, sou tão louca quanto eles.*
> *Estou deprimida, abatida, desanimada e infeliz, e gostaria de nunca ter nascido. Odeio tanto este lugar. Você não pode imaginar o quão miserável eu estou. Gostaria de estar morta, morta, morta, morta. Sinto-me tão sozinha, e aquele barco a remo simplesmente não se move. Estou tão sozinha. Nem mesmo a ideia de ver Aline me anima. Por que você não consegue me ajudar? Em casa, eu podia apenas encobrir todos esses sentimentos mantendo-me ocupada, mas aqui não há nada para encobri-los. Eles estão vindo à tona. Isso me assusta.*
>
> *Cordialmente, Marsha*

COMPRESSAS FRIAS E ISOLAMENTO

Havia cerca de 20 pessoas internadas na Thompson Two. A maioria das mulheres tinha quartos individuais. Elas tinham transtornos comportamentais de vários tipos, assim como todas nós, mas não eram um perigo para si mesmas, nem propensas a se machucar. As pacientes que eram um possível perigo para si mesmas estavam sob constante observação e dormiam à noite em duas fileiras de quatro camas, dispostas em uma espécie de corredor. Havia bem pouca privacidade, e até as idas ao banheiro precisavam ser acompanhadas, com a porta deixada aberta (pense em prisão de ventre). Durante a maior parte do tempo em que estive na Thompson Two, eu era uma dessas almas atormentadas. Éramos as causadoras de problemas em grande parte do tempo, mas as enfermeiras tinham métodos para nos disciplinar — nomeadamente, a terapia com compressas frias.

Essa terapia com compressas frias consistia em ser despida, envolvida firmemente em lençóis molhados armazenados no congelador e amarrada à cama com contenções. A pessoa ficava deitada ali, imóvel, por até quatro horas. O efeito da terapia era acalmar o indivíduo agitado, e há dados fisiológicos que explicam por que funciona. Ela induz uma resposta de relaxamento, que, entre outras coisas, reduz a frequência cardíaca e a pressão arterial. O frio inicial pode ser intensamente desconfortável, quase doloroso, mas isso desaparece à medida que o calor do corpo aquece os lençóis. A maioria acha o desconforto e a restrição física tão insuportáveis que a simples ameaça da terapia é suficiente para desencorajar comportamentos problemáticos. As enfermeiras tinham um método simples, mas eficaz, de emitir essa ameaça. Se estávamos conversando em vez de dormir, por exemplo, as enfermeiras chacoalhavam cubos de gelo em um recipiente de metal. Isso costumava trazer silêncio instantâneo. (A terapia com compressas frias quase nunca é usada na psiquiatria moderna.)

Para mim, no entanto, essa terapia muitas vezes era um conforto, uma forma de controlar os demônios que me agitavam. Às vezes, eu até pedia para passar pela terapia quando me sentia fora de controle, como se a pessoa ameaçadora que me perseguia pudesse ser detida.

O isolamento era o único lugar onde me sentia um pouco segura. A pessoa ameaçadora não podia me alcançar ali. O raciocínio que levava um paciente "problemático" a ser colocado em isolamento era duplo: primeiro, pretendia-se mantê-lo seguro (geralmente de si mesmo); segundo, assumia-se que a experiência de estar em isolamento seria negativa e, portanto, desestimularia comportamentos problemáticos. Esse segundo motivo não funcionava comigo. Eu abraçava a sensação de segurança enquanto estava em isolamento. Nos meus registros clínicos, há menção de que quanto mais tentavam me controlar, pior eu ficava. Colocar-me em isolamento não desencorajava meu comportamento problemático — era o oposto.

Mais tarde, trabalhando como terapeuta, caí na mesma armadilha. Quando você tem medo de que um paciente possa vir a óbito por suicídio, você fica ansioso, e, à medida que sua ansiedade aumenta, seu desejo de controlar o paciente também aumenta. Por um tempo, minha experiência com pacientes foi a mesma que o instituto teve comigo. Por fim, aprendi que tentar controlar uma pessoa que está suicida muitas vezes a piora, em vez de melhorar. Em vez de reduzir o comportamento disfuncional, tentar controlá-lo pode reforçá-lo e até promovê-lo. Essa percepção tornou-se importante no meu trabalho como terapeuta.

Querido Dr. O'Brien,
Lá vamos nós...
    Duas das razões pelas quais estou infeliz são:
    Uma: estou muito acima do peso e feia. Eu costumava pensar que seria completamente feliz se fosse magra como Aline e todas as minhas amigas. Agora, não sei se isso é verdade.
    A outra é que nunca fui muito popular com os garotos, especialmente no meu último ano na escola. Nenhum garoto me chamou para sair de maio do ano passado até agora. Acho que é por causa do meu peso, mas tenho medo de que esse não seja o verdadeiro motivo.

Cordialmente, Marsha

Ao olhar para as cartas que escrevi à época, fico impressionada com o quão imatura emocionalmente eu havia me tornado no instituto, tão diferente da garota funcional de Tulsa. Já vi isso em muitas das meninas adolescentes que estavam suicidas que tratei.

MEU VOTO A DEUS

A Thompson Two tinha um piano em uma das extremidades, um piano vertical, e eu passava muito tempo tocando. Fui uma pianista talentosa na escola e, naquele momento, ainda não tinha perdido essa parte de mim. Mais tarde, porém, após múltiplas rodadas de eletroconvulsoterapia — em uma época em que não era tão segura quanto é hoje —, perdi minha memória de quase tudo e todos, e, tristemente, também a habilidade de ler e lembrar de notas musicais, assim como de tocar piano. Essa atividade sempre foi uma forma de expressar minhas emoções. Ainda carrego a esperança de que, algum dia, voltarei a tocar. Foi na presença do piano que, mais tarde, fiz meu voto a Deus.

    Durante minha estadia de mais de dois anos no instituto, costumava passar muito tempo sob observação constante, mas, naquele ponto, não estava mais, então suponho que devo ter ajustado um pouco meu comportamento. Estava junto ao piano um dia e, como fazia com frequência, conversava com Deus, várias vezes suplicando em desespero: "Deus, onde Você está?".

Durante a maior parte da minha vida, tive um desejo visceral tanto de estar com Deus quanto de agradá-Lo, fazendo sua vontade. Eu não queria agradar a Deus para obter algo em troca. A melhor forma de descrever isso é dizer que é como quando você ama alguém, e essa pessoa gosta muito de você usando determinado vestido, então você usa porque sabe que isso deixará essa pessoa feliz.

"Deus, onde Você está?", eu chorei. Também tenho uma memória clara de estar na sala de isolamento, na janela com barras de ferro, desolada, pronunciando a frase: "Deus, por que me abandonaste?".

No dia em que estava sentada na sala do piano sozinha, uma alma solitária em meio a outras almas solitárias na unidade, não tenho certeza do que me levou a fazer o que fiz em seguida. Seja o que for, foi ali que fiz um voto a Deus de que eu sairia do inferno e que, uma vez que eu conseguisse, eu voltaria para o inferno para tirar outras pessoas de lá. Esse voto tem guiado e controlado a maior parte da minha vida desde então.

Naquele momento, eu não sabia o que seria necessário para cumprir o voto, mas estava determinada, e essa determinação foi crucial.

3

EU PROVAREI QUE ELES ESTÃO ERRADOS

Quando eu estava no Institute of Living (IOL), meu irmão Earl me visitava ocasionalmente, assim como minha irmã, Aline (não que me lembre de alguma visita). Suas impressões sobre mim eram as mesmas: havia ganhado peso e estava lenta, como um zumbi, resultado dos medicamentos e da eletroconvulsoterapia. Minha mãe também me visitava, mas só lembro de uma ocasião. Durante essa visita, ela sugeriu que saíssemos para dar uma volta de carro e conseguiu a permissão necessária para isso. Eu não poderia estar mais feliz, porque, para mim, poder sair era um grande evento. Estava trancada há tanto tempo, sem sentir o cheiro de ar fresco ou olhar para o céu. Era algo grandioso.

Pouco depois de sairmos do instituto, paramos em um posto de gasolina, então começou a chover. Eu saltei do carro, fiquei na chuva, eufórica, provavelmente rodopiando e rindo alto. A maioria dos detalhes me escapa, exceto que eu estava usando um vestidinho leve e estava tão feliz quanto poderia estar.

Minha mãe ficou chocada. "O que você está fazendo?", ela gritou imediatamente. "Volte para o carro!"

Assim que entrei de volta no carro, ela disse que precisávamos voltar ao hospital. Eu não conseguia acreditar. "Do que você está falando?", perguntei ao entrar no carro. "Eu não saio há tanto tempo. Isso é maravilhoso!" O que para mim foi uma experiência visceral de liberdade e exuberância foi, aos olhos de minha mãe, outra crise, pois agia como uma paciente mentalmente descontrolada. Ela me levou de volta ao instituto, provavelmente aterrorizada com a possibilidade de que eu estivesse piorando. Pobre mãe, ela tentava tanto fazer o que era certo, mas, muitas vezes, não conseguia.

A PUNIÇÃO VALEU A DIVERSÃO

É difícil transmitir a monotonia dessas unidades de internação de longo prazo para pacientes internados. É paradoxal: são muitos dramas internos (como descrevi antes) e, ao mesmo tempo, muita monotonia. Nas palavras de Sebern, era mais ou menos assim: "uma paisagem congelada e cheia de vulcões. Aqui e ali vemos uma erupção, mas, no geral, é tudo bastante tedioso".

O auge do entretenimento era a televisão na sala coletiva. Todos tínhamos de concordar sobre o canal, o que não era fácil para um grupo heterogêneo de pessoas de todas as idades em uma unidade como a Thompson Two. Em todo caso, estávamos sempre à procura de alguma distração interessante.

Uma adolescente na nossa unidade era brilhante em arrombar fechaduras. Não sei como ela adquiriu essa habilidade. Certa noite, já perto do fim do meu tempo lá, depois que o assistente da unidade adormeceu, quatro de nós — essa menina, Sebern, outra adolescente e eu — decidimos que seria divertido "fugir". Naquela noite, planejamos não tomar nossos medicamentos para dormir. Por volta das 23h, a moça fez seu trabalho hábil abrindo fechaduras, e nós quatro acabamos em um sótão cheio de bugigangas médicas antigas e misteriosas. De lá encontramos uma saída, ficando de frente para o imponente prédio central. Tenho certeza de que houve muita risada, celebrando o feito.

Então veio o pensamento: "E agora?". Não tínhamos realmente planejado escapar, foi apenas uma brincadeira. De repente, com medo do que poderia nos acontecer, nós quatro, vestindo camisolas e chinelos finos, tivemos de atravessar o prédio da recepção por volta de meia-noite, torcendo para que nada terrível nos acontecesse. Provavelmente fomos punidas de alguma forma; não me lembro. Mas, ainda que tenha tido alguma punição, valeu a pena por aquele momento insano de glória.

Querido Dr. O'Brien,
Do que tenho medo? Tenho medo de nunca me casar, então fico aqui para ter um bom motivo. Tenho medo de ser uma esquisitona, então quebro janelas para

justificar isso. Tenho medo de que ser magra não resolva meus problemas, então continuo gorda para evitar esse receio. Tenho medo de que Aline seja ainda mais popular do que eu, mesmo se eu fosse magra, então, novamente, continuo gorda. Tenho medo de que minha mãe não me ame, mesmo que eu emagreça, então, mais uma vez, continuo gorda.

Ao olhar para essa carta agora, acho-a extremamente vergonhosa, portanto, dou a mim mesma muitas estrelas douradas pela coragem de incluir a carta neste livro. O poema que mostrei antes reflete como me sentia à época. Eu estava louca. Eu me jogava repetidamente de cabeça. Por quê? Não faço ideia. Sei que não queria estar lá, no instituto, mas não tenho uma ideia clara do meu estado mental naquele momento, além do sentimento expresso de forma tão dolorosa no poema. Sinto agora que poderia chorar por aquela garota. Talvez seja por isso que sou uma boa terapeuta: porque entendo como meus pacientes se sentem.

A HISTÓRIA DE SEBERN

O ponto final para comportamentos extremamente descontrolados — como autolesões ou a fixação pelo suicídio — era ser enviada à sala de isolamento. Supunha-se que ela forneceria quatro paredes de contenção externa e segurança que a própria paciente não conseguia proporcionar para si, além de "dissuadir" a pessoa ali isolada de seus comportamentos descontrolados. Eu era uma ocupante frequente da sala de isolamento, tendo minha última estadia durado 12 semanas, do início de novembro de 1962 ao início de fevereiro de 1963, uma duração quase inimaginável, mesmo para aquela época. Era proibido fumar lá, e eu não deveria ter contato com as outras pacientes. Isso não funcionou bem assim.

Foi durante esse período de confinamento que conheci Sebern, alguns anos mais velha que eu. Nos tornamos amigas na hora, formando laços fortes como camaradas em uma zona de guerra. Foi muito tempo depois que soube sobre sua vida pregressa.

Como várias de minhas próprias pacientes, Sebern tinha um passado muito mais traumático do que o meu. Ela foi inicialmente admitida na Thompson One, uma unidade relativamente aberta no instituto, mas foi enviada para a Thompson Two cerca de seis meses depois.

Apesar da proibição de contato com outras pacientes enquanto estava em isolamento, passei muito tempo conversando com Sebern, ou seja, sempre que ela conseguia entrar furtivamente sem que as enfermeiras notassem. Eu me sentava na beira da cama, e ela ficava na porta, conversando comigo e fumando. Viramos grandes amigas, em parte porque éramos igualmente problemáticas. Muitas vezes éramos citadas juntas no relatório matinal dos residentes, que listava as transgressões das pacientes.

Eu era fumante compulsiva à época, consumindo três maços por dia, mas era proibido fumar na sala de isolamento. Às vezes, a enfermeira tinha pena de mim e permitia que Sebern chegasse perto o suficiente para soprar a fumaça do cigarro na minha boca. Fumaça secundária em dose industrial!

UMA SUPOSTA PUNIÇÃO ERA UM CONFORTO PARA MIM

A ameaça de ser colocada na unidade de confinamento era um dissuasor eficaz para o que se considerava comportamento perturbado. Era assim para a maioria das pessoas na unidade, mas era comum que eu acolhesse a segurança da sala de isolamento, pela mesma razão que às vezes recebia bem a terapia com compressas frias.

Como terapeuta comportamental, olhando para meus primeiros anos no instituto, sempre achei que me colocar em isolamento pode ter reforçado o comportamento que me levou até lá. Era assim: eu me comportava mal (quebrava algo, causava confusão); era colocada em isolamento; deveria sofrer emocionalmente, sentir-me punida por estar em isolamento, mas, em vez disso, eu apreciava a sensação de segurança; portanto, me comportava mal mais uma vez, o que me levava de volta ao isolamento. A resposta da equipe ao meu mau comportamento o reforçava. Não acredito que isso fosse uma estratégia consciente da minha parte, e sim uma resposta inconsciente. Contudo, ninguém enxergava essa equação. (Hoje tenho muitos pacientes cujos comportamentos suicidas foram reforçados por idas a hospitais, por causa da atenção e cuidado que receberam lá — um vínculo inconsciente semelhante.)

Querido Dr. O'Brien,
Tudo o que quero fazer é chorar, chorar, chorar. O problema é que não consigo.
Não consigo quebrar uma janela porque sou a única em observação constante,

e eles me vigiam muito de perto. Sinto-me como uma bomba prestes a explodir, mas sem poder explodir. Estou envolta em mil lençóis e não há como me libertar. Francamente, não sei o que fazer.

Dr. O'Brien, não posso viver assim. Tenho de sair. Quero jogar longe e quebrar tudo o que puder alcançar. Não consigo acreditar que me sentiria do mesmo jeito se estivesse fora daqui.

Sinto como se odiasse você, mas acho que não. O que sei é que quero ir para casa e ver o Dr. Knox. Por favor, deixe-me ir.

Sinceramente, Marsha

UM MOMENTO FORA DE CONTROLE, UM MOMENTO DE CUIDADO ALTRUÍSTA

Alguns meses antes de eu finalmente receber alta, Sebern e eu fomos colocadas em uma das unidades Brigham, que era mais aberta do que qualquer uma das unidades Thompson. Nosso comportamento havia melhorado o suficiente. Fiquei extasiada, pois essa mudança significava que eu poderia sair e ver o céu. Também me lembro de estar de pé em uma cadeira, balançando os braços ao ritmo da minha música favorita de Tchaikovsky, que, em outros tempos, eu conseguia tocar tão bem.

Enquanto estava na Thompson Two, usava pontas de cigarros para me queimar. Tinha uma mórbida fascinação em observar minha pele primeiro avermelhar, depois rachar e formar bolhas enquanto uma queimadura de segundo grau se desenvolvia. Doía, mas não o suficiente para me fazer parar. Quando as enfermeiras viam o que eu estava fazendo, geralmente me colocavam em "suspensão de cigarros" por algumas semanas.

Por volta do tempo em que cheguei à Brigham, parei com o impulso de me queimar — ou assim pensava. Um dia, queimei-me de um jeito bem intencional. Metodicamente, criei um círculo completo de queimaduras, como uma pulseira, ao redor do meu pulso. Foi um ato deliberado, mas eu também observava aquilo acontecer comigo, como se fosse outra pessoa.

Sabia que estaria em grandes apuros se as enfermeiras vissem essas queimaduras. Seria enviada de volta para a Thompson Two. Minha solução foi fazer uma pulseira de cobre na aula de metalurgia para esconder as queimaduras. Funcionou por um tempo, até que as queimaduras infeccionaram, ficando vermelho-pútridas, verdes e exsudando. Eu precisava com urgência de um creme antisséptico, mas às escondidas.

Sebern, boa alma que é, saiu escondida para a cidade, comprou o creme em uma farmácia e voltou para nossa unidade. Minha lembrança é ela saindo pela janela e voltando do mesmo jeito para não ser pega. Mas Sebern me contou recentemente que não precisou fazer isso, porque tinha privilégios de circulação. No entanto, não tinha permissão para sair da área do instituto, então teria sido enviada para a Thompson Two se alguém descobrisse sua saída. De qualquer forma, Sebern assumiu um grande risco para me ajudar, um momento de cuidado verdadeiro. O creme funcionou, as queimaduras cicatrizaram, e nunca fui descoberta.

Ainda tenho aquelas cicatrizes em forma de pulseira no meu pulso. Não há como me livrar delas (a não ser com uma grande cirurgia, talvez), assim como não há como me livrar das muitas cicatrizes no meu corpo causadas por ferimentos autoinfligidos. Você pode tentar esconder certas situações, mas há muitas em que é impossível esconder cicatrizes, pois estarão visíveis, como ao nadar, experimentar roupas novas, ir a consultas médicas, etc. Até hoje, muitas pessoas me perguntam o que aconteceu (mais de uma vez, até em elevadores!). Minha resposta para todas é simplesmente: "Ah, isso aconteceu quando eu era jovem".

UM MOMENTO DE FALTA DE JUÍZO

Pouco depois desse pequeno episódio, e cerca de um mês antes da minha alta, Sebern e eu nos envolvemos no que minhas anotações clínicas descreveram como "um momento de falta de juízo". Em um dia muito quente de abril, Sebern, eu e algumas outras garotas decidimos fazer um piquenique na margem do rio, a menos de 1 km de caminhada. Embora eu não tivesse permissão para sair do *campus*, tinha permissão para ficar ao ar livre. Do outro lado do rio, havia uma praia que podíamos ver bem e parecia muito convidativa. Compramos alguns sanduíches e cerveja e seguimos pela ponte Charter Oak. Quando chegamos ao outro lado, descobrimos que, para chegar à praia, precisaríamos atravessar um trecho de lama fétida. E assim fizemos.

Comemos nossos sanduíches, bebemos cerveja, aproveitamos o sol por um tempo e creio que demos um mergulho no rio. Devia estar frio. Quando chegou a hora de voltarmos, Sebern disse: "Eu não quero passar por aquela lama de novo. Vou nadar". Excelente ideia, pensei. Em nossa opinião, éramos boas nadadoras e achamos que seria divertido, muito divertido! Afinal, tínhamos ficado trancadas por tanto tempo que parecia o certo a se fazer, sem sombra de dúvida. As duas integrantes mais sensatas do nosso grupo recusaram, enfrentaram o pântano sujo e voltaram pela ponte carregando nossos pertences.

O rio Connecticut era muito largo nesse ponto, como podíamos ver, mas isso não nos incomodou. O que não sabíamos era o quão forte era a correnteza. Sebern entrou primeiro e conseguiu se manter perto da ponte. Quando chegou ao primeiro pilar de sustentação, segurou-se e olhou para mim. Eu havia entrado logo depois dela e imediatamente fui arrastada. Podia ouvir Sebern gritando: "Siga a correnteza, Marsha, siga a correnteza!". Eu só conseguia boiar. Decidi nadar de lado. Parecia me dar um pouco mais de controle.

Conseguia ver a outra margem e sabia para onde deveria ir. "Nade! Nade! Nade!", repetia para mim mesma. Estava fazendo algum progresso, mas não o suficiente. Comecei a sentir que estava sendo puxada para baixo. Estava aterrorizada. Gritei para Sebern: "Estou me afogando! Estou afundando!".

Fui puxada para baixo da água várias vezes, mas conseguia voltar à superfície em seguida. Não podia desistir, porque na direção em que a correnteza me levava havia uma parede na lateral do rio, e eu não conseguiria escalar para sair. Era eu contra a correnteza. Durante meus esforços frenéticos para continuar nadando, consegui ver dois homens parados na margem do rio, observando minha luta. Em determinado momento, consegui atravessar com segurança, bem abaixo do ponto de onde pretendia. Subi a grama da margem e caí exausta. Olhei para cima e vi os dois homens ainda lá, me encarando. "Por que não me ajudaram?", perguntei. Um deles riu e disse: "Bem, toda vez que você afundava, voltava à superfície".

"Obrigada pela ajuda", pensei.

Sebern lembra que alguém provavelmente chamou a polícia. Esse pequeno "momento de falta de juízo" se tornou um grande problema. Quando Sebern e eu voltamos ao instituto, nossas roupas estavam encharcadas pelas águas poluídas do rio Connecticut. A polícia havia informado o hospital sobre o ocorrido, e sabíamos que estávamos encrencadas. A equipe gritava conosco, dizendo coisas como: "Como puderam ser tão estúpidas?", "Vocês podem morrer por causa das infecções bacterianas que provavelmente pegaram" e assim por diante.

Ambas precisamos tomar uma série de vacinas — tétano, tifo e várias outras — porque o rio estava bastante poluído. Ameaçaram não me dar alta conforme planejado. Sebern foi proibida de falar comigo. Ela estava sempre sendo aconselhada a não falar comigo porque, diziam, eu era uma má influência.

Perdi o contato com Sebern quando deixamos o instituto, mas ela me encontrou anos depois, quando eu era professora assistente na University of Washington, em Seattle. Ela era estudante em um programa de trabalho social e tinha recebido um artigo para ler, escrito por mim. Ela me enviou uma carta para saber se eu era a Marsha Linehan que ela lembrava. Marcamos um encontro em Seattle; lembro-me claramente que ela tirou do bolso um dos medicamentos que havia sido prescrito para nós duas no instituto. Rimos, e cada uma decidiu guardar um como recordação. Desde então, somos boas amigas, e nos encontramos todo verão em Boston, não muito longe de onde ela mora. Nós duas somos terapeutas e escritoras de livros sobre tratamentos tidos por nós como importantes.*

> *Querido Dr. O'Brien,*
> *Minha fachada está funcionando bem no momento, mas estou deprimida com sua declaração sobre quanto tempo posso ficar aqui. Conversei com meus pais e esclareci isso. Estou tão confusa sobre como me sinto. Minha camada inferior está muito deprimida, desanimada, desencorajada, sem esperança e infeliz, mas minha camada superior continua sorrindo. Sinto vontade de quebrar, morder, arremessar e me chocar contra algo. Sinto-me culpada por cair (aconteceu de novo) porque não consigo superar a sensação de que estou fazendo isso de propósito. Estou? Sinto-me terrível, terrível, terrível, mas não posso fazer nada a respeito.*
>
> *Marsha*

---

* O livro de Sebern se chama *Neurofeedback in the Treatment of Developmental Trauma* (New York: W.W. Norton, 2014). O meu se chama *Cognitive-Behavioral Treatment of Borderline Personality Disorder* (New York: Guilford Press, 1993) — também publicado no Brasil sob o título *Terapia cognitivo-comportamental para transtorno da personalidade borderline* (Porto Alegre: Artmed, 2010).

O AMOR DO DR. O'BRIEN PODE ATÉ TER ME MANTIDO VIVA, MAS NÃO FOI O SUFICIENTE

O fato de eu ter sido colocada em isolamento por um período inédito de 12 semanas indica o quão problemático meu comportamento estava. No entanto, fui liberada pouco mais de dois meses depois. Uma cura milagrosa? Não exatamente. Dois fatores práticos influenciaram o momento da minha alta.

O primeiro foi que meu psiquiatra, Dr. O'Brien, estava prestes a deixar o instituto, e seria um enorme desafio para outro psiquiatra me assumir naquele momento. Pobre Dr. O'Brien: ele era um jovem residente com pouco mais de 20 anos quando cheguei ao instituto. Segundo as anotações clínicas, eu era "uma das pacientes mais perturbadas do hospital", e fui sua primeira paciente. Logo me apeguei muito a ele e, como descobri mais tarde, ele também se apegou a mim.

Continuei escrevendo ao Dr. O'Brien por um ou dois anos após sair do hospital. Às vezes, para expressar sentimentos que eu não conseguia dizer cara a cara, outras vezes apenas para desabafar emoções, ou simplesmente para contar o que estava acontecendo comigo. Recentemente, encontrei algumas dessas cartas, e você viu algumas delas neste livro. É muito perturbador e até humilhante para mim lê-las agora, pois não tenho nenhuma lembrança da pessoa que as escreveu. Mas vejo que, mesmo à época, eu entendia um conceito sobre o qual escrevi mais tarde: "competência aparente". Explicarei o termo depois, mas, em resumo, refere-se a um estado caótico em que uma pessoa parece estar no controle de sua vida, ao mesmo tempo que, em seu interior, está perdida em um turbilhão de emoções e dor.

Eu experimentava com frequência dor e sofrimento internos fortíssimos, enquanto, ao mesmo tempo, apresentava uma aparência controlada. Em minhas cartas ao Dr. O'Brien, chamava esses dois aspectos de mim mesma de "camada superior" e "camada inferior". Às vezes, parecia que eu sabia que estava escondendo minha dor. Outras vezes, talvez na maior parte do tempo, provavelmente pensava que estava expressando minha dor quando não estava. Os outros pareciam não enxergar a verdadeira Marsha, a pessoa que sofria. Muitos anos depois, fui ver a diretora da minha escola e perguntei: "Por que ninguém fez algo para me ajudar?". Ela respondeu: "Marsha, não sabíamos que tinha algo de errado".

Isso pode ser comum para pessoas em dificuldades tremendas. Muitos dos meus pacientes apresentavam o mesmo padrão comportamental que eu. Uma vez descrevi isso da seguinte forma:

> A tendência de parecer competente e capaz de lidar com a vida cotidiana às vezes e, em outras, agir (inesperadamente, para o observador) como se as competências observadas não existissem. *

Uma de minhas pacientes me dizia que temia comparecer à sessão. Quando perguntei por que, ela mencionou algo que eu havia dito no encontro anterior. Isso a deixou muito perturbada, mas sua angústia não era aparente para mim. Às vezes, ela começava a chorar no final de uma sessão, dizendo que algo que eu havia dito antes era invalidante.

Eu disse a ela que era muito difícil para mim mudar meu comportamento se ela não me revelasse os momentos em que eu dizia ou fazia algo que a magoasse; sua resposta foi que ela achava que já havia me dito. Uma parte essencial do tratamento era fazê-la exercitar o ato de me dizer sempre que lhe falasse ou fizesse algo que ferisse seus sentimentos.

Ao mesmo tempo, estávamos trabalhando em como ela poderia lidar com o pai, que costumava ter falas muito invalidantes e insensíveis com ela, e era fonte de muito sofrimento. Descobrimos, no entanto, que ela tratava o pai exatamente como me tratava — ou seja, o pai dela não fazia ideia de quanta dor causava à filha.

"Meu pai deveria saber", ela me disse. "Ele sabe o quão infeliz eu sou." Mas ele não sabia, porque ela nunca deixou isso claro para ele. E, de fato, quando ela contou, o comportamento do pai mudou. Ele não tinha ideia do impacto que estava causando.

Eu era como essa paciente, nutrindo um grande caos emocional e uma infelicidade avassaladora sem deixar isso claro para os outros. Parecia estar no controle, mas não estava.

---

* Marsha M. Linehan, *Cognitive-Behavioral Treatment of Borderline Personality Disorder* (New York: Guilford Press, 1993), p. 80. Também publicado no Brasil sob o título *Terapia cognitivo--comportamental para transtorno da personalidade borderline* (Porto Alegre: Artmed, 2010).

A COMPAIXÃO NÃO É SUFICIENTE

Não tenho memória de o Dr. O'Brien ter me dito algo cruel ou invalidante. Como ele conseguiu evitar isso está além da minha compreensão. Sendo um jovem terapeuta, ainda residente, tratar-me deve ter sido extremamente estressante. Sei que ele fez o melhor que pôde, mas não foi suficiente para me ajudar. Ninguém podia me ajudar.

Eu dizia às pessoas o quão miserável me sentia e elas ouviam — o compassivo Dr. O'Brien ouvia. O romancista francês Georges Bernanos capturou essa situação de forma belíssima. Ele disse: "Eu sei que a compaixão dos outros é um alívio no início. Não a desprezo. Mas ela não extingue a dor; escorrega por sua alma como por uma peneira".* O Dalai Lama é mais direto: "Não basta ser compassivo. Você precisa agir". Compaixão sem ação é como entrar naquela pequena sala branca que é o inferno pessoal de alguém, sentir a dor da pessoa, desejar tirá-la de lá, mas nunca encontrar a porta para libertá-la.

Dr. O'Brien não sabia qual atitude tomar comigo. Ninguém sabia. A ideia de que intervenções psicológicas deveriam ser baseadas em um corpo de evidências cuidadosamente coletadas (em pesquisas) nem sequer estava no radar naquela época. Não era considerado importante que cientistas reunissem evidências por meio de pesquisas com pacientes e, em seguida, desenvolvessem tratamentos com base nesses estudos.

Fui medicada com uma quantidade enorme de medicamentos psicoativos. Não é de se admirar que eu parecesse um zumbi! É possível que o tratamento farmacológico tenha piorado meu estado em vez de melhorá-lo. O tratamento psicanalítico da época também não ajudou e talvez tenha me prejudicado ainda mais.

Não muito tempo depois de sair do instituto, visitei o Dr. O'Brien e sua esposa na Flórida. Mais tarde, quando me tornei professora titular na University of Washington, escrevi para contar a novidade, pois pensei que ele ficaria feliz por mim. Conversamos por telefone depois disso. Ele me falou sobre muitas dificuldades em sua própria vida e de como ele me amava (e parecia ainda amar). Ele faleceu não muito tempo depois. Sempre me

---

* Georges Bernanos, *Journal d'un curé de campagne* (1936). Em inglês, *The Diary of a Country Priest* (New York: Doubleday, 1954), cap. 8.

arrependi de não ter ido vê-lo novamente. Parecia que os papéis haviam se invertido, e ele teria apreciado uma demonstração de cuidado da minha parte, assim como uma vez ele cuidou de mim.

Além da saída do Dr. O'Brien do instituto, que demandaria a troca de médico, o segundo fator prático para o momento da minha alta dizia respeito ao meu futuro sombrio.

De acordo com as notas clínicas, quando comecei o período de três meses em isolamento, recebi um ultimato: *Melhore seu comportamento ou será enviada para um hospital psiquiátrico estadual*. Eles pareciam prontos para desistir de mim, tendo tentado tudo que podiam imaginar. Alguns talvez me considerassem um caso perdido.

Eu sabia que, se fosse para um hospital estadual, nunca sairia de lá. Seria o meu fim. Também descobri, por meio de Sebern — que ouviu de sua terapeuta —, que o médico-chefe do instituto tinha pouca esperança em mim e havia dito aos meus pais para me colocarem em um hospital estadual em Oklahoma. Enquanto eu estava no instituto, minha mãe me disse por telefone que eu precisava melhorar ou meu pai me enviaria para um hospital estadual porque isso estava custando muito caro. (Tenho uma vaga lembrança de descobrir, após a morte de meu pai, que seu melhor amigo, o "tio Jerry" para nós, custeou grande parte da minha hospitalização.) Quaisquer que sejam os fatos, fui liberada do isolamento e meu comportamento melhorou de verdade, mas não pela razão que a equipe acreditava.

"O ponto de virada no tratamento dela ocorreu em algum momento durante esse período de três meses em isolamento", escreveu o Dr. O'Brien em minhas notas clínicas. A implicação é que o processo de isolamento — um isolamento prolongado — finalmente teve o efeito desejado. Eu acredito, no entanto, que foi outra coisa. Dr. O'Brien fez algo fora do protocolo de tratamento, mas que, em meu entendimento, deveria ter feito. É um processo sobre o qual refleti muito quando me tornei terapeuta de pessoas com alto risco para suicídio. Ele envolve ativamente não recompensar comportamentos suicidas e, em vez disso, fornecer uma resposta aversiva após esses comportamentos. É preciso muita coragem para fazer isso, mas pode ser efetivo quando bem-feito.

ROMPENDO O CICLO DOS COMPORTAMENTOS SUICIDAS E UM PONTO DE VIRADA INESPERADO

Eis o que aconteceu. O Dr. O'Brien veio me ver, sentou-se e disse: "Precisamos ter uma conversa". Seu tom estava completamente diferente do que o de costume, bem mais sério, de certa forma. "Bem, Marsha, eu aceitei que você pode se matar", ele continuou. "E, se isso acontecer, vou mandar celebrar uma missa por você e rezar um terço."

Fiquei horrorizada. "O quê? Você quer dizer que não vai ao meu funeral?" "Não", ele disse. "Eu estou saindo da cidade. Ficarei fora por duas semanas, e espero que você esteja viva quando eu voltar. Certo?" E então ele foi embora.

Naquele momento, tive a certeza de que iria me matar. Fiquei histérica. "Eu vou me matar", gritei para as enfermeiras depois que ele saiu. "Vocês têm de me impedir. Vocês têm de me impedir. Eu sei que vou fazer isso. Estarei morta quando ele voltar. Eu não quero morrer; eu não quero morrer antes que ele volte. Vocês têm de me impedir." Eu queria morrer, escapar da agonia daquela sala branca, mas ao mesmo tempo, eu não queria morrer. Chorei incontrolavelmente e precisei ser contida.

O afastamento emocional do Dr. O'Brien teve um grande impacto em mim. Eu estava em um ambiente onde ninguém conseguia me ajudar de forma eficaz, então tudo o que eu podia fazer era forçá-los a tentar mais. A tentativa de me matar, ou a obsessão com isso, como eu fazia, tinha o efeito de fazer as pessoas tentarem me ajudar mais.

Não era uma estratégia consciente da minha parte. (E não acho que seja uma estratégia consciente na maioria das pessoas que fazem ameaças suicidas de forma repetida.) Mas agora suspeito que meu comportamento suicida provavelmente estava sendo reforçado pelas tentativas aumentadas de auxílio. (Esse é um *insight* tão importante sobre a interação entre paciente e clínico que vale a pena repeti-lo várias vezes, como já fiz.) O problema era que a equipe não tinha uma intervenção eficaz, então eu ficava cada vez mais descontrolada, não menos. A equipe do instituto não reconhecia o ciclo de reforço que poderia estar promovendo comportamentos ainda mais descontrolados.

Foi um erro? Seus esforços obviamente me mantiveram viva, e talvez isso fosse tudo o que eles podiam fazer. Infelizmente, mais do que medicamentos, mais do que períodos de isolamento, mais do que compressas frias e observação constante, e mais do que sessões com um psiquiatra compassivo, eu precisava de *habilidades*. Habilidades para regular minhas próprias emoções e comportamentos, habilidades para tolerar a dor que eu estava vivendo e habilidades para pedir e conseguir o que eu precisava de maneira eficaz. Hoje, com o desenvolvimento da terapia comportamental dialética (DBT, do inglês *dialectical behavior therapy*) e o conjunto de habilidades que ela inclui, consigo fornecer às pessoas que estão suicidas habilidades comportamentais que as ajudem, primeiro, a aceitarem suas vidas como são, para que possam fazerem suas vidas serem suportáveis. Mas, em 1962 e 1963, a equipe do IOL, mesmo bem-intencionada, não tinha recursos que pudessem me apoiar.

Quando o Dr. O'Brien se posicionou naquele dia, percebi pela primeira vez que não queria morrer. Esse foi o ponto de virada. Percebi que morrer por suicídio era incompatível com meu juramento de sair daquela situação. Eu precisava encontrar uma maneira de parar de querer morrer por suicídio, e encontrei.

> *Querido Dr. O'Brien,*
> *Admito que sentirei sua falta e de tudo que tentou me dar. Sentirei falta da segurança e do conforto de estar aqui. Mas não seria melhor, ao perceber que algo é impossível, parar de tentar e buscar outra forma de contornar o obstáculo? Por favor, não pense que estou tentando irritá-lo, porque, sinceramente, não estou. Só não vejo sentido em ficar presa aqui, gastando uma quantidade absurda de dinheiro, com o quê? Nada.*
>
> *Percebo que nunca chegarei nem perto de ser feliz, que sempre terei medo de mim mesma e do impacto que tenho sobre os outros, e que talvez o resto da minha vida seja um caos sem sentido. Mas talvez essa seja a vontade de Deus. Talvez meu caminho para o céu passe pela infelicidade, pelo medo e por esse caos sem sentido. Talvez eu deva aprender a aceitar, em vez de tentar mudar isso.*
>
> *Dr. O'Brien, espero que você entenda um pouco do que estou tentando dizer.*
>
> *Cordialmente, Marsha*

Quando soube que o hospital estava desistindo de mim, e que meus pais poderiam me colocar em um hospital estadual, decidi que provaria a todos que estavam errados, mesmo que fosse a última coisa que eu fizesse na vida. Também decidi que não permitiria que meus pais ou qualquer outra pessoa recebesse os créditos pela minha recuperação, que incluiria aulas noturnas para compensar o fato de eu não ter ido para a faculdade logo após o ensino médio. E estava determinada a sair do instituto por meus próprios meios.

A ideia de provar que todos estavam errados me manteve firme. Muito mais tarde, quando estava na faculdade, na Loyola University, em Chicago, um de meus professores me disse que esse tipo de raiva pode ser muito útil para evitar que alguém desista.

Em 30 de maio de 1963, aos 20 anos, saí do IOL após dois anos e um mês. Fui ao aeroporto e peguei um avião para Chicago, onde me encontrei com meu irmão Earl, que embarcou comigo em outro voo para Tulsa. Nunca esquecerei aquela viagem. Continuei ouvindo ruídos assustadores, e Earl me tranquilizava, garantindo que tudo estava bem. Earl acabou cuidando de mim quando novos problemas surgiram.

4

UM AMBIENTE INVALIDANTE TRAUMÁTICO

Como deixei de ser a garota extrovertida e popular descrita no meu anuário do ensino médio para me transformar na pessoa que acabei de descrever vivendo no instituto? Outra questão é: como consegui me recompor para viver tão bem por conta própria depois de sair do hospital?

Desde a minha palestra no instituto, quando alguns aspectos da minha história apareceram no *The New York Times*, em junho de 2011, quase todo mundo supôs que eu deveria ter transtorno da personalidade *borderline* (TPB). (Mais de uma vez fui apresentada como uma pessoa com esse transtorno.) Então, a pergunta é: isso é verdade? Eu tinha TPB antes e durante meu tempo no instituto? E agora?

Minha família, sobretudo minha irmã Aline, são categóricas ao dizer que, antes de ir para o instituto, eu não chegava nem perto de atender aos critérios para TPB. Aline, que é voluntária em uma organização chamada Family Connections — que oferece suporte a famílias em que alguém foi diagnosticado com TPB —, escreveu: "Eu ouvia como as pessoas descreviam os comportamentos dos pacientes com TPB e suas relações com os entes queridos com esse diagnóstico. Não consegui me identificar com o que estavam falando. Nunca vi você apresentar nenhum desses comportamentos — a raiva, o comportamento errático, etc. Minha sensação é: você não tinha o transtorno antes de ir para o instituto". Diane Siegfried, uma amiga de longa data da escola, também descreve uma garota muito diferente de alguém com o transtorno antes de eu ir para o instituto.

É verdade que eu tinha dores de cabeça e depressão severa antes da experiência no Institute of Living (IOL) e talvez fosse sensível à invalidação e à desaprovação, o que é comum em indivíduos com TPB. E, uma vez internada, muito do meu comportamento parecia atender aos critérios para o transtorno — comportamentos impulsivos, pensamentos suicidas e condutas autolesivas sem intencionalidade suicida (CASIS) deliberadas, mudanças de humor voláteis, sensação constante de "vazio" e o que chamamos de "sintomas dissociativos graves", como sentir que outra pessoa estava me perseguindo e tentando me fazer mal.

São necessários apenas cinco critérios para rotular alguém como *borderline*, e eu preenchia cerca de cinco. O mistério é: como me tornei uma garota com esses sintomas?

A INSPIRAÇÃO DE SANTA ÁGATA

Meu irmão Earl diz o seguinte sobre a jovem que eu era: "Ela era divertida, cheia de vida; jogávamos cartas o tempo todo. Ela era muito divertida, sempre rindo muito". Por outro lado, essa jovem cheia de vida era (segundo outros) uma pessoa muito séria nas esferas intelectual e espiritual, além de uma musicista talentosa e uma aluna competente. Na verdade, uma espécie de rebelde intelectual, sempre pensando fora da caixa, sempre questionando suposições. Eu era uma leitora voraz. Podia passar horas na biblioteca sozinha, lendo. Crescendo em uma família profundamente católica e sendo educada por freiras, minha mente questionadora, digamos, nem sempre era bem recebida.

Mas meu verdadeiro âmago era uma espiritualidade profunda. Uma das poucas memórias claras da minha infância remonta à 4ª série, lendo um livro sobre as vidas dos santos, mártires que optaram por suportar torturas excruciantes e a morte em vez de negar sua fé em Deus. Alguns deles foram Santo Isaac Jogues, que teve suas unhas arrancadas porque não renunciou à sua fé em Jesus, sendo depois morto; Santa Inês de Roma, que foi condenada a queimar na fogueira aos 12 anos, mas morreu pela espada quando os feixes de madeira se recusaram a pegar fogo, e São Clemente I, que foi amarrado a uma âncora e jogado no mar por ordem do imperador Trajano.

Eu adorava esse livro.

Minha história de martírio favorita de todos os tempos, no entanto, era a de Santa Ágata da Sicília. Ela decidiu, ainda jovem, dedicar sua vida e seu corpo a Deus. O senador Quintiano proclamou sua paixão por ela, mas, quando Ágata o rejeitou, ele a confinou a um bordel por um mês, esperando que isso mudasse sua decisão. Não mudou, e ela o recusou novamente. Então, Quintiano a jogou na prisão, onde foi submetida a várias torturas cruéis, a mais bárbara das quais foi ter seus seios cortados. (Pinturas de Santa Ágata geralmente a retratam segurando uma bandeja com seus dois seios.) Apesar de todos esses horrores vividos com apenas 20 anos, ela manteve uma devoção completa e inabalável a Deus.

Escolhi o nome de Santa Ágata como meu nome de Confirmação. Então, precisei encontrar uma maneira de evitar contar a alguém por que fiz essa escolha, porque, para mim, era uma questão muito privada. Meus irmãos tentaram muito descobrir, mas nunca conseguiram.

As histórias desses santos, e de Santa Teresinha do Menino Jesus, cuja autobiografia, *História de uma alma*, li diversas vezes, me inspiraram a tentar ser como eles. Eu me posicionaria e lutaria pelo que achava certo e nunca me permitiria fazer o que achava errado ou ir contra Deus. Eu realmente queria ser uma santa, mas, quando confessei isso a uma amiga muitos anos depois, ela disse: "Marsha, você não é santa coisa nenhuma".

Infelizmente, ela estava certa. Muitas vezes me desviei do caminho, mas aquela intensidade de desejo me sustentou por muitos anos. Mesmo que eu não fosse uma santa, quando criança, já havia decidido que estaria preparada para ter minhas unhas arrancadas, morrer na fogueira, ser lançada ao mar e ter meus seios cortados, em vez de abandonar minha fé ou quebrar uma promessa feita a Deus.

Esse foi o começo do meu amor por Deus, que preencheria grande parte da minha vida por muitos, muitos anos. Isso me deu uma importante base espiritual.

Durante a maior parte da minha juventude, tentei esconder esse amor. Em determinado momento, decidi dormir sem travesseiro como um sacrifício a Deus. (Não sei ao certo como cheguei a essa ideia, mas provavelmente foi resultado da leitura de todos aqueles livros sobre santos.) Minha relação com a Igreja foi uma fonte de dificuldade, mas eu frequentava a missa católica quase todos os dias no ensino médio, na faculdade e por muitos anos depois.

Ter essa relação de amor com Deus pode soar bem estranho. Eu mesma achei estranho por muitos anos. Isso mudou quando li um livro de Bruno Borchert chamado *Mysticism: its history and challenge*. Ele diz que experiências místicas, encontradas em todas as religiões, talvez possam ser entendidas como o estado de estar apaixonado. Quando li isso, parei de pensar que eu era esquisita ou louca. Fez todo sentido. Eu quase gritei "Aleluia!".

TRAVESSURAS DE ADOLESCENTE — SÉRIAS E NÃO TÃO SÉRIAS

Minha prima Nancy tinha dois meses a menos que eu, e também era muito religiosa. Nossas famílias se visitavam frequentemente, pois a família de Nancy morava a apenas alguns quarteirões da nossa primeira casa, na Birmingham Place. Eu tinha cerca de 10 anos quando nos mudamos para uma casa maior na rua Twenty-Sixth, e Nancy e eu passamos a nos ver muito menos até o ensino fundamental, quando fomos para a mesma escola. Nancy tem muitas histórias para contar desses anos, algumas das quais despertam emoções profundas. Não tenho memória da nossa amizade, então, conto essas histórias aqui "de acordo com Nancy".

Além de fazer muitas coisas normais, como caminhar e jogar tênis, também aprontávamos algumas travessuras. Esta é a descrição de Nancy sobre uma delas: "Quando tínhamos 15 anos, no verão antes de tirarmos nossas carteiras de motorista, às vezes planejávamos ir ao *drive-in* tarde da noite. Marsha dormia no andar de baixo, no escritório. Eu empurrava o carro para fora da garagem na minha casa e dirigia até a casa da Marsha. Ela deixava a porta do pátio aberta para que eu pudesse entrar e acordá-la. Eu estacionava o carro na rua e ia buscá-la. O *drive-in*, que ficava aberto 24 horas, ficava a cerca de 8 km de distância. Entrávamos e pedíamos uma Coca-Cola — detalhe, isso era 1h da manhã. Nunca fomos pegas".

Nancy e eu passávamos horas tocando duetos no piano. Na escola, éramos membros do Triple Trios: três contraltos, três segundos sopranos e três sopranos. Eu era a líder do grupo e, de acordo com minha leal amiga Margie Pielsticker, eu "cantava lindamente".

MEUS PAIS

Olhei várias fotografias de família enquanto escrevia este livro de memórias, esperando que o processo pudesse despertar algumas lembranças. Notei algo surpreendente. Em muitas fotos, estou fisicamente muito próxima do meu pai, sentada em seu colo, com o braço dele ao redor dos meus ombros. Isso sugere que ele também era afetivamente próximo de mim. Eu costumava ir ao escritório dele nos fins de semana, ajudando a pessoa da recepção enquanto ele trabalhava. Parece que tivemos uma relação próxima antes de eu ir para o hospital. Inclusive, fui nomeada em sua homenagem: Marsha — Marston. Talvez sua incapacidade de ficar ao meu lado, de me apoiar, tenha sido mais importante do que eu imaginava. Sua posição era que nenhum de nós deveria contrariar a mamãe. Isso não era bom para mim nem para meu irmão John, os dois mais propensos a fazer algo que pudesse desagradá-la.

Meu pai era definitivamente um homem do seu tempo, um sulista conservador, sem a mais vaga noção do que seriam transtornos mentais. Como muitas pessoas, até hoje, acho que ele acreditava que eu poderia apenas "superar isso" se me esforçasse mais. Ele não fazia ideia do que fazer comigo. Tanto ele quanto minha mãe, como quase todo mundo em Tulsa, Oklahoma, acreditavam que mulheres jovens deveriam ser bonitas, casar-se com um bom homem e tornar-se uma boa (ou seja, submissa) esposa e mãe, enquanto os homens deveriam ter trabalhos importantes e ganhar dinheiro. Eles achavam que os meninos deveriam ser tratados como superiores às meninas. (Não tenho certeza se minha mãe realmente achava que eles *eram* superiores, mas ela agia dessa forma.) Os meninos podiam expressar suas opiniões; as meninas deviam ser dóceis e amáveis.

Minha mãe não se enxergava "acima" dos outros. Ela fazia muito trabalho voluntário para os pobres e necessitados. Minha imagem dela é a de uma pessoa que não hesitaria em limpar o banheiro de alguém usando um casaco de pele, se fosse necessário. De muitas maneiras, eu admirava bastante os meus pais enquanto crescia, e ainda admiro. Meu pai era conhecido por sua integridade e confiabilidade, tinha muitos amigos e era leal a eles e aos seus funcionários. Eles eram pilares da comunidade. Eu adorava quando minha mãe ia à minha escola, para que eu pudesse exibi-la. Sempre senti muito orgulho dela. Admirava particularmente sua beleza, sua compaixão pelos necessitados, o fato de ela ir à missa todas as manhãs. Às vezes eu ia junto, e ela dirigindo na penumbra das manhãs enevoadas. Pobre mãe, com seis filhos. A missa era o único lugar onde ela podia ficar sozinha.

Eu queria ser como minha mãe, mas, de muitas maneiras, não era como ela. Não percebi nossas semelhanças até muitos anos depois de sua morte. Como ela, valorizo a beleza, amo flores, trabalho no meu jardim, frequento a missa pela manhã e tenho um senso de humor semelhante. Sou bastante desinibida e sempre estou disposta a dançar quando damos festas em casa — assim como ela fazia.

PADRÕES DE DIFÍCIL ALCANCE

Minha mãe era uma mulher muito sulista, o que implicava expectativas sobre como sua filha deveria ser e parecer — infelizmente, eu não atendia a nenhuma dessas expectativas, exceto, talvez, por ter me tornado bem boa em preparar almoços para os meus irmãos e fazer café da manhã depois da igreja, aos domingos. Meninas sulistas cozinhavam, faziam almoços e ajudavam em casa. Meus irmãos mais velhos trabalhavam nos campos de petróleo durante o verão. Meninas não tinham empregos.

Meus pais eram muito atentos à imagem que passávamos. Era preciso vestir-se bem para ir à igreja, por exemplo. Earl conta uma história sobre seu próprio filho que captura bem essa mentalidade:

> Meu filho Brendon visitou os avós uma vez, quando tinha 10 anos. Ele me disse: "Quando fui para Tulsa visitar vovó e vovô, levei comigo um punhado de amor dentro de um balde. Quando me disseram que minha jaqueta não estava bem em mim e que eu precisava de uma nova, eu coloquei o balde em minha cabeça, sacudi, e respondi de mim para mim: Tudo bem, eu amo vocês, vovó, vovô. Vamos comprar uma jaqueta nova".
>
> Brendon estava brincando com um garoto que eles achavam não ser uma boa companhia, então o impediram. Ele tornou a colocar o balde na cabeça e repetiu: "Tudo bem... Tudo bem, vovó. Tudo bem, vovô".
>
> Isso continuou enquanto Brendon estava lá. "E, no último dia", ele me contou, "eu estava muito ansioso para ir esquiar com um amigo, mas o vovô queria me levar para comprar um terno novo. Pai, coloquei o balde em minha cabeça, mas não havia mais nada dentro dele". Brendon viu a situação de uma maneira que nunca tinha me ocorrido. Meus pais haviam sugado todo o amor que Brendon tinha por eles, com sua obsessão com aparências, com a

atitude de fazê-lo parecer "adequado" em vez de ouvirem o que ele queria — e nem sequer perceberam.

Infelizmente, isso diz muito sobre o ambiente doméstico onde crescemos. Sempre havia alguém em apuros por não atender aos padrões de alguma forma. Earl descreve nossos pais como "pessoas muito críticas, que nunca faziam comentários positivos, nunca nos elogiavam".

UMA CASA CHEIA DE TENSÃO

Em nossa casa havia um clima de tensão frequente. Até Aline, a filha perfeita de mamãe, sentia a pressão. "Eu era a senhorita Boazinha", ela diz agora, "mas estava apavorada de me meter em apuros, e vivia com medo de não conseguir a aprovação de mamãe". Lágrimas eram comuns, geralmente derramadas por mamãe, nos feriados e especialmente no Natal, quando meu pai dava a ela um presente de que ela não gostava.

Jantávamos juntos em família todas as noites. Meus irmãos se lembram de não haver uma conexão genuína entre nós, de ninguém perguntar: "Como foi o seu dia?". No jantar, conversávamos sobre qualquer coisa positiva que tivéssemos ouvido sobre os outros. O jogo era assim: "Eu vou contar algo legal que ouvi sobre você, se você me contar algo legal que ouviu sobre mim".

Não tenho dúvidas de que minha mãe queria que todos nós fôssemos felizes. O problema era a forma como ela tentava fazer isso. Ela cresceu em uma fazenda na Louisiana. Durante a Grande Depressão, seu pai perdeu quase tudo que tinha (para um vizinho que os enganou, dizem). Mamãe foi para a faculdade para poder trabalhar como professora e ajudar a família. Enquanto estudava, seus pais morreram. Ela trabalhou como professora para sustentar seus irmãos até que pudessem seguir sozinhos. Depois, mudou-se para viver com a tia Aline, a "Vovó", em Dallas.

Tia Aline era uma mulher sofisticada e intelectual, casada com um homem do ramo do petróleo. À época, mamãe tinha pouca educação sobre como se apresentar bem, como se vestir de forma atraente, como falar em ambientes sociais sofisticados, e assim por diante. Ela chegou à casa da tia Aline acima do peso e solteira. Tinha 22 anos, idade na qual, à época, era esperado que as mulheres já estivessem casadas.

Tia Aline tinha certeza de que seria mais fácil encontrar um marido se mamãe perdesse peso, aprendesse a se vestir melhor, desenvolvesse habilidades sociais sofisticadas e parecesse "bonita". Assim, tia Aline iniciou a transformação, e mamãe ficou muito feliz com sua ajuda. O próximo passo foi enviá-la para a casa de outra tia, em Tulsa, para procurar um marido. Lá, ela conheceu meu pai, um cara elegante, do ramo do petróleo, que também era católico, um partido aceitável para a família. Todo o plano funcionou.

Não é surpreendente, portanto, que mamãe tenha tentado me "melhorar" do mesmo jeito que Vovó Aline a "melhorou", na esperança de obter um resultado igualmente positivo. Considerando que ela conversava com a Vovó quase todos os dias, suspeito que a Vovó apoiava seus esforços. Mamãe tentou me transformar em uma garota que se conformasse com a ideia que tinham de uma pessoa bem-sucedida. O problema era que, diferente dela, eu não conseguia fazer as mudanças desejadas.

A tensão entre nós foi de mal a pior. Eu não era uma filha maleável e não poderia ser uma *socialite*, mesmo que quisesse. Apesar disso, ela estava determinada e me pressionava para me vestir de forma adequada, arrumar o cabelo, perder peso e falar apenas quando apropriado. Infelizmente, os conselhos incessantes de mamãe não eram percebidos como cuidados, mas como exigências e invalidações.

Como Aline disse, para sentir o amor de mamãe, você precisava se encaixar em um certo molde, e eu não me encaixava. Estava sempre ciente de sua desaprovação, pelo olhar de seus olhos, pelo tom de sua voz. Ela não conseguia esconder. Aline me disse que não havia nada em mim que minha mãe realmente aprovasse. Não importava meus esforços, sempre havia algo de que ela não gostava.

Não sei quantas vezes mamãe voltava de festas e falava com entusiasmo sobre alguma garota da minha idade, elogiando sua postura, sua aparência, o pacote completo. Sempre parecia que estava nos dizendo que não tínhamos nenhuma dessas qualidades admiráveis. Naturalmente, isso me fazia pensar: "Deve haver algo errado comigo". Mamãe não tinha ideia de seu impacto negativo sobre mim e de como seus esforços constantes para me "melhorar" tinham o efeito oposto.

A forma como descrevo a situação é que minha mãe me via como uma tulipa e queria me transformar a todo custo em uma rosa. Ela achava que eu seria mais feliz como uma rosa, mas eu não tinha o que era necessário para ser uma rosa, nem naquela época, nem agora. Esse conflito tulipa/rosa acabou se tornando parte da maneira como falo com meus pacientes na terapia comportamental dialética (DBT, do inglês *dialectical behavior therapy*).

Isto é o que digo a eles:

> Se você é uma tulipa, não tente ser uma rosa. Vá encontrar um jardim de tulipas.

Todos os meus pacientes são tulipas e estão tentando ser rosas. Não funciona. Eles vão à loucura tentando. Reconheço que algumas pessoas não têm as habilidades para plantar o jardim de que precisam, mas todos podem aprender a arte da jardinagem.

UM AMBIENTE INVALIDANTE

A desaprovação constante e a pressão incessante para ser outra pessoa são exemplos de um conceito que desenvolvi ao criar a DBT: um ambiente invalidante e, em casos extremos, um ambiente invalidante traumático.

A invalidação traumática pode ocorrer uma única vez, como quando uma mãe se recusa a acreditar que sua filha está dizendo a verdade ao relatar abuso sexual, ou quando uma testemunha acusa falsamente uma pessoa de um crime que ela não cometeu. Também pode ser um acúmulo de interpretações erradas e reiteradas das emoções por parte dos outros, como quando alguém insiste, incorretamente, que uma pessoa está com raiva, ciúmes, medo ou mentindo, ou afirma que a pessoa tem motivações internas que ela realmente não possui. O trauma é mais provável de surgir quando essas ações fazem o indivíduo se sentir um pária.

Nos casos extremos, a invalidação traumática pode levar uma pessoa a pensamentos suicidas e a se machucar como uma forma de alívio do ambiente tóxico em que está. Cortar-se com frequência traz alívio de dores emocionais extremas, ainda mais porque estimula a liberação de opioides endógenos na corrente sanguínea. Quando a esperança de viver uma vida que valha a pena desaparece e nenhuma alternativa é encontrada, os pensamentos suicidas podem começar. A mera ideia de morrer por suicídio pode inundar a mente com a crença de que a morte pode, em breve, pôr fim à dor. Essa crença pode ser tão reconfortante a ponto de tornar o suicídio a única solução em vista. (É claro que digo aos pacientes que não há nenhuma evidência de que o suicídio vá acabar com seu sofrimento.)

UM AMOR INVISÍVEL

Percebi, muito mais tarde na vida, que meu pai também desejava a aprovação de mamãe. Ele quase nunca a obteve. Assim como eu, ele falhou em ser a pessoa que ela gostaria.

Na adolescência, muitas vezes não me sentia aceita em minha própria casa. Meus irmãos mais velhos estavam na faculdade. Minha irmã se protegia de mamãe e se mantinha afastada de mim. Meus irmãos mais novos não tinham ideia do que estava acontecendo. Aline me disse recentemente: "Você não tinha ninguém, Marsha, nem mesmo eu, sua própria irmã, para buscar conforto. Você estava sozinha em uma família de oito pessoas". Isso não quer dizer que meus irmãos não teriam me ajudado se eu tivesse pedido. É provável que ninguém soubesse que algo estava errado.

Tenho certeza de que todos na minha família, meus pais e irmãos, me amavam, mas ninguém demonstrava isso muito bem. Infelizmente, minha capacidade de esconder como me sentia (minha dor interior) os impedia de saber o quanto eu queria aprovação. Recentemente, meu irmão John enviou por *e-mail* fotografias da minha época de ensino médio para a família e escreveu: "Essa é a mulher mais linda do mundo". Eu quis gritar: "Por que você não disse isso anos atrás?!". Claro, talvez ele tenha dito, e eu não tenha ouvido.

Da mesma forma, preciso contar quais foram as últimas palavras de mamãe para mim. Ela sussurrou: "Quero que você saiba que te amei tanto quanto amei Aline".

UMA FORMA DIFERENTE DE PENSAR

Minha amiga Diane, um ano à minha frente em Monte Cassino, disse algo, não faz tanto tempo, que foi repetido por outras pessoas daquela época: que eu tinha uma forma diferente de pensar, uma qualidade que, mais tarde, ajudou a me tornar uma pesquisadora criativa. "Eu sempre ia à sua casa, Marsha, para brincar com você", disse Diane, "porque você nunca pensava como as outras pessoas. Você sempre tinha novas maneiras interessantes de pensar".

É verdade: eu não pensava como todo mundo, e ainda não penso. Muitos amigos me dizem que gostam de mim porque penso "fora da caixa". Por outro lado, vejo meu pensamento como algo comum e "dentro da caixa", o que explica por que frequentemente argumento a favor do meu ponto de vista — às vezes, sofro prejuízos. Desde cedo, eu era liberal em uma cidade e Estado muito conservadores. Estava cercada por muitas pessoas ricas, incluindo alguns estudantes do Monte Cassino.

Internamente, eu desdenhava da riqueza porque via toda a infelicidade associada a ela. Quando tinha uns 11 ou 12 anos, e meus pais saíam da cidade, eu convidava pessoas pobres para jantar em nossa casa, usando a melhor prataria de mamãe. Tenho quase certeza de que convencia Lulu, nossa empregada, a me ajudar com isso. De onde tirava essas pessoas — ou qualquer detalhe sobre elas — escapa por completo da minha memória.

No último ano do ensino médio em Monte Cassino, comecei a ter dificuldades para me adequar. Então, o que aconteceu? Estas são minhas melhores suposições... Eu não me encaixava com as freiras. Com algumas me dava bem, como a irmã Pauline, que ensinava inglês e religião. Ela incentivava minha maneira heterodoxa de pensar e questionar. Eu a adorava. Mas, na maioria das vezes, as freiras não gostavam do fato de eu não aceitar suas palavras como a verdade inquestionável. Elas não gostavam de eu questionar a autoridade. Estava sempre em apuros por isso.

Como Aline disse: "Marsha, seu grande problema era não se encaixar — em lugar nenhum!".

Não me encaixar, enxergar as coisas de maneira diferente e fora da caixa — isso se tornou um padrão na minha vida. Como uma comportamentalista nata, não me encaixei na clínica de crises em Buffalo, onde trabalhei logo após concluir o mestrado; não me encaixei no meu primeiro cargo docente, na Catholic University of America, em Washington, D.C., e não me encaixei no treinamento clínico no meu cargo docente, na University of Washington, em Seattle, onde estou agora. Minha estratégia sempre foi manter meus valores e crenças e causar o mínimo de problemas possível. Infelizmente, com minha tendência a falar sem filtro, não raro eu falhava em perceber o impacto do que dizia. Exatamente como minha mãe!

UM ÚNICO FAROL DE VALIDAÇÃO: TIA JULIA

Havia um membro da família com quem eu me encaixava: tia Julia, irmã do meu pai, que morava não muito longe de nossa casa. A tia Julia era a única pessoa que me amava e aprovava de forma incondicional.

A casa dela era um refúgio de segurança e conforto. Ela me ensinou a digitar, e eu praticava na casa dela por horas a fio. (Isso acabou se tornando uma habilidade muito importante!) Ela também me ensinou a cozinhar, ou melhor, permitiu que eu cozinhasse. O marido dela e seus filhos diziam as coisas mais adoráveis sobre minha comida. Tia Julia me amava como a filha que sempre quis. Mais tarde, descobri que ela e o tio Jerry (não o Jerry que era melhor amigo do meu pai) tentaram convencer meus pais, especialmente minha mãe, a parar com as críticas incessantes. Tia Julia era uma voz de validação, dizendo: "Nós a amamos como você é, pelo que você é. Você *não* precisa mudar para ser valorizada".

Por que esse amor e validação não me salvaram? Tia Julia era acima do peso e falava muito, como eu, e por isso não era perfeita aos olhos do meu pai. Talvez fosse por isso que ela sentia uma conexão comigo. Tio Jerry não tinha prestígio social. Meu pai olhava "de cima" para os dois. Tia Julia me disse: "Não conseguimos convencer sua mãe e seu pai do que estava acontecendo com você em casa". Resumindo, a opinião da tia Julia não tinha valor para os meus pais.

Por mais próximas que fôssemos, nem tia Julia estava plenamente ciente do que estava acontecendo comigo em meu interior. Eu não conseguia contar para ela, nem para Aline, minha prima Nancy, ou minha amiga Diane. Ninguém tinha a capacidade de enxergar dentro de mim, de ver o meu eu real. Eu mesma mal conseguia articular isso. Confiei apenas em uma pessoa e com ela chorei: Jane Sherry, uma colega do último ano. Eu ligava para Jane e ela vinha me buscar; dirigíamos sem rumo, enquanto eu soluçava sem parar, desabafando.

Mas, a essa altura, o dano já estava feito.

EU QUERIA UM GRUPO DE APOIO, UMA IRMANDADE

Não havia irmandade em Monte Cassino, minha escola. Suponho que as irmandades fossem consideradas imorais pelas freiras. Eu queria ser membro de uma, então me juntei à da Central, a escola pública local. Queria frequentar a Central, mas minha mãe insistiu que eu fosse para uma escola católica. Se tivesse ido à Central, o ambiente teria sido muito mais favorável para o que eu queria fazer, e talvez minha vida tivesse tomado um rumo diferente. Quem sabe? (Pouco antes de morrer, minha mãe disse que o maior erro que cometeu foi não me deixar ir para a escola pública.)

Eu tinha alguns amigos na Central e ia às festas da irmandade, mas ficava ansiosa lá; me preocupava em ser atraente para os meninos das festas. Tenho certeza de que nunca contei isso a ninguém. Não parecia valorizar a popularidade que eu tinha em Monte Cassino, sendo indicada como Rainha de Mardi Gras e outras coisas. À época, eu buscava urgentemente inclusão em outro lugar.

As freiras desaprovavam minha entrada na irmandade, mas me recusei a desistir porque não me achava errada. Nancy me contou que, como resultado da minha rebeldia, as freiras não me tratavam bem. Uma professora foi tão cruel comigo que outras alunas foram à diretora para reclamar, mas não adiantou muito.

Algumas meninas da minha classe também desaprovavam irmandades. Acho que esse único ato de rebeldia, de defender o que eu acreditava ser certo, foi o começo de uma queda nas minhas amizades. Isso piorou no terceiro ano, quando a sensação de isolamento começou.

Comecei a frequentar o clube de saúde local com Diane e Brooke Calvert, uma tentativa de perder aqueles quilos indesejados. Diane e Brooke estavam um ano à minha frente na escola e se formaram no final do meu penúltimo ano. Fiquei devastada ao perder essas amizades.

Alguns anos atrás, sentei-me e escrevi o máximo que consegui de memórias marcantes da minha infância. Uma delas foi sobre esse momento de perda:

> Brooke se formando
> Diane se formando
> luto
> perda
> morte
> pesadelo
> "I'll be seeing you"
> lágrimas intermináveis

Aquela música de Billie Holiday, "I'll be seeing you", estava tocando no período em que eu sofria pela perda de Brooke. Parecia tão pungente que me fazia chorar ainda mais. Até hoje, sinto tristeza ao ouvir essa música.

No último ano do ensino médio, caí em uma profunda depressão e me recusei a sair do quarto. Agora percebo que isso poderia ser esperado. Minha mãe ficou deprimida quando estava grávida de Aline. O irmão da minha mãe tinha depressão muito severa. Quando visitei os parentes de mamãe na Louisiana, descobri que muitos deles eram deprimidos, incapazes de sair de casa.

Mesmo assim, eu parecia a mesma no aspecto externo, enquanto meu eu interior sofria uma terrível e dolorosa depressão. Eu fazia parte de um pequeno grupo de meninas na escola, cerca de quatro ou cinco, incluindo Margie Pielsticker. Margie diz que esse grupo "comandava tudo na escola, ganhava os prêmios". Ela conta que eu "mantinha todos unidos, fazia todos felizes". Mesmo no último ano, segundo Margie, eu nunca falei sobre meus problemas, sobre o que estava acontecendo comigo internamente.

"Marsha parecia feliz no grupo", Margie diz. "Ela mascarava o que agora sei que era sua infelicidade por meio de sua gentileza extrovertida para com os outros. Por exemplo, era frequente ela pegar todos do nosso grupo depois da escola e nos levar ao Pennington's, um *drive-in*, para comprar refrigerantes. Ela sempre fazia questão de que eu fosse incluída."

Ouvir isso é como ouvir sobre as ações de outra pessoa qualquer.

CONSEQUÊNCIAS NÃO INTENCIONAIS DE BOAS INTENÇÕES

Durante esse período, eu ainda tinha a intenção de ser uma santa. Em sua autobiografia, Santa Teresinha escreveu o seguinte: "O que importa na vida não são grandes feitos, e sim um grande amor". Eu sabia que essas palavras continham uma verdade profunda, mas não as entendia por completo. Agora, cinco décadas depois, aqui estou eu, escrevendo sobre minha vida como uma história acerca do poder do amor.

Acho isso incrível e, ao mesmo tempo, fonte de humildade. Teresinha amava a natureza e via as estações como reflexo do amor de Deus para cada um de nós. Ela se descreveu como a "florzinha de Jesus", e é conhecida como "A Florzinha".

Quando li Santa Teresinha do Menino Jesus, decidi que precisava fazer algo mais no caminho para me tornar santa. Precisava sacrificar algo que fosse muito querido para mim, algo que seria difícil de fazer. Tinha de significar muito para mim; caso contrário, não seria um verdadeiro sacrifício. Decidi que deveria sair da irmandade.

A irmandade era um pilar na minha vida. Era algo em que eu podia confiar, tanto para me divertir quanto, mais pertinente, para ter relações de apoio, um senso de pertencimento. Era o único grupo onde me sentia aceita. "Sim", pensei comigo mesma, "sair da irmandade seria um grande sacrifício. Preciso fazer isso".

Sinto-me um pouco dividida ao falar sobre esse sacrifício, pois prometi a Deus que nunca diria a ninguém por que saí da irmandade. É provável que eu tenha inventado algum motivo falso e crível. Mesmo agora, não me sinto bem ao falar sobre isso, mas acho necessário por ser tão importante para a minha história.

Ao sair da irmandade, isolei-me ainda mais, tornando-me ainda mais solitária. Meu eu interior estava em um estado de tormento e vergonha crescentes. Eu me achava gorda e me sentia incapaz de ser amada. Não que eu fosse uma pessoa má ou que não houvesse em mim algo que fosse amável, e sim que ninguém me amava. Pelo menos, era o que eu pensava.

Meu sacrifício acelerou a descida na espiral da depressão. As dores de cabeça ficaram ainda piores. Segundo minhas anotações clínicas do IOL, comecei a consultar o Dr. Knox em agosto de 1960, no início do último ano do ensino médio. As anotações dizem que "nenhuma base orgânica foi encontrada [para as dores de cabeça]". Meu palpite é que eram uma forma de cefaleia tensional. Também ganhei muito peso e entrei em uma depressão profunda.

Isolei-me socialmente, inclusive de minha família. Não queria sair do meu quarto. Estava tão profunda e desesperadamente infeliz que queria morrer.

Sentia que não era aceita. Disse ao Dr. Knox que estava pensando em suicídio e queria fugir de casa. Não tenho ideia se contei aos meus pais ou se o Dr. Knox contou. Então, no final de abril de 1961, encontrei-me em um estado de choro constante, por mais de duas semanas. Eu não tinha ideia do que estava acontecendo comigo, estava apenas acontecendo. Eu não tinha controle sobre isso. Tudo o que sabia era que queria estar morta.

O inferno me encontrou.

UM SUMIÇO INESPERADO

Minha ida para o hospital foi um verdadeiro ato de desaparecimento. Aline me contou recentemente que ninguém sabia o que tinha acontecido. "Meus dois irmãos mais velhos estavam na faculdade, então eles não perceberam, e meus dois irmãos mais novos eram muito pequenos para notar", disse ela. "Eu também não sabia."

Minha amiga Diane Siegfried, que, admito, vi menos no último ano do ensino médio, já que ela havia se formado, disse: "Ninguém sabia que algo estava acontecendo; só souberam depois. Você estava lá em um dia e, no outro, não estava mais. Eu não fazia ideia de que você tinha algum problema".

Muitas das minhas amigas sabiam que eu estava tendo dificuldades em casa com minha mãe, mas não sabiam o que realmente estava acontecendo. "Eles nem me disseram onde você estava nesses dois anos", Nancy me contou recentemente. "Sabíamos que você tinha ido embora. Deduzimos que era algo problemático. Mas o silêncio era absoluto." Segundo Margie Pielsticker: "De repente, ela não estava mais lá. Disseram que ela estava em casa, doente. Ninguém sabia o porquê. Aqueles eram tempos em que você não falava sobre doenças mentais".

O QUE ACONTECEU COMIGO?

Um dos meus colegas e amigos mais próximos, Martin Bohus, psiquiatra na Alemanha, passou muitas horas comigo tentando dissecar o que poderia ter acontecido. Martin é especialista em DBT e chefe de um dos maiores laboratórios de pesquisa do mundo, onde conduz estudos sobre TPB e transtornos associados. Ele está convencido de que devo ter sofrido algum tipo de dano cerebral em algum momento antes de piorar no instituto.

Tia Aline acreditava que todo o problema era biológico. Minha mãe também esperava que fosse. É possível que tenha havido uma predisposição genética, dado o longo histórico de depressão na família materna.

Eventualmente, cheguei a suspeitar que havia, de fato, um componente biológico, uma vulnerabilidade inata. A combinação dessa predisposição biológica com um ambiente familiar tóxico prova ser uma mistura psicologicamente mortal. Se eu tivesse crescido em um ambiente familiar diferente, onde fosse aceita por quem eu era e pelo que valorizava (um ambiente como o de tia Julia, por exemplo), minha vida poderia ter sido diferente.

Mas nada disso explica meu comportamento descontrolado quando cheguei ao hospital. Hospitalização e medicação excessiva foram fatores que, provavelmente, desempenharam um papel importante na minha piora. Isso passou a mensagem de que ninguém em casa poderia me ajudar. E quem sabe quais são os efeitos de doses tão altas de medicamentos antipsicóticos em um cérebro adolescente?

Seja qual for a verdade, assim que saí do hospital, soube que nunca teria um filho meu. A ideia de que qualquer outra pessoa no universo pudesse passar pelo que passei está além da minha capacidade de tolerância. Não é que um filho meu, com meus genes, estaria fadado a ter os meus problemas, e sim que simplesmente não poderia correr esse risco.

TÃO PROFUNDAMENTE TRISTE

Cinco décadas após os dois anos que passei no IOL, durante o verão de 2012, estava dando um curso sobre desregulação emocional no New England Educational Institute, em Cape Cod, Massachusetts. Minha prima Nancy me acompanhou naquela semana, assim como Sebern e nosso grupo anual de colegas e amigos. Eu tinha as tardes livres para relaxar e conversar. Nancy trouxe o anuário de Monte Cassino de 1961 e o releu comigo.

Alguém perguntou o que eu sentia ao olhar para minha fotografia, sabendo o que estava por vir para aquela jovem. "Tristeza. Eu me sinto triste", respondi. "Mas não é como sentir tristeza por mim mesma; é mais como sentir tristeza por outra pessoa. Olho para aquela jovem e penso: 'O que aconteceu com ela?'."

Eu poderia sentir amor pela garota da fotografia? Pensei por 1 minuto e então disse: "Não sei, porque não a conheço". A garota na foto — a Marsha de 18 anos — parecia uma estranha para mim.

5

UMA ESTRANHA EM TERRA ESTRANHA

Não me lembro de como me senti ao voltar para casa, no início de junho de 1963 — na verdade, não me lembro sequer de ter voltado para casa. O que lembro é do sofrimento de descobrir o quão severa era minha perda de memória.

Na nossa casa em Tulsa, eu não recordava o lugar dos talheres, das panelas, dos copos usados no dia a dia e dos copos de ocasiões formais. Era como entrar na casa de um estranho. Os múltiplos tratamentos de choque que recebi no Institute of Living (IOL) aparentemente tinham causado um efeito muito maior do que eu imaginava.

Eu temia ir a qualquer lugar onde pudesse encontrar alguém que devesse reconhecer. Não reconhecer pessoas que você conhece há anos é humilhante. Para tentar aliviar o fardo, as pessoas quase sempre dizem: "Eu também esqueço nomes". Isso às vezes me faz querer gritar: "Você não tem ideia do que é perder sua memória!".

"Quando Marsha entrou no instituto, ela era de uma família de classe alta", é como Aline descreve esse período. "Quando saiu, era como se fosse uma indigente. Ela comia de forma diferente. Esqueceu os bons modos. Esqueceu de tudo, como se tivesse perdido toda a memória de quem era. Dizia que não podia estar perto de pessoas com dinheiro. Sentia-se muito mais confortável perto de pessoas pobres. Ela estava diferente. Talvez fossem os medicamentos."

Em casa, eu continuava profundamente infeliz, e só queria que a dor parasse.

MUDANDO DE CASA

Só Deus sabe como meus pais se sentiam com a ideia de me ter de volta. Não foi uma recepção calorosa. Minha mãe disse a Aline para manter distância de mim porque achava que eu a corromperia — primeiro, com a minha loucura, mas também por causa das minhas atitudes em relação aos ricos e minha preocupação com os pobres. Por ironia do destino, em poucos anos, Aline se mudou para Oklahoma City para viver e trabalhar com os pobres! Aline me contou mais tarde que, ao se preparar para partir nessa mudança de cidade, nossa mãe estava de joelhos, segurando seu casaco, chorando, implorando para que ela não fosse e pedindo que ficasse em casa. Duvido que ela teria ficado tão abalada se fosse comigo... Mas com a Aline, seu orgulho e alegria, aí sim!

Algumas semanas depois de chegar em casa, cortei meu braço gravemente de propósito, com uma lâmina de barbear. Aline disse que estava comigo no banheiro naquele momento, mas não conseguiu me impedir. "Havia sangue por toda parte", ela conta. Lembro de ver o sangue escorrendo pelo braço, pingando no piso branco do banheiro. Fui levada ao hospital, onde as enfermeiras foram bem duras comigo e ameaçaram que, se isso acontecesse novamente, eu seria presa. Se envolver em comportamento suicida era ilegal em Oklahoma à época, era um crime grave. Embora o que fiz não tenha sido uma conduta suicida, era assim que me tratavam.

Não deve ter sido uma grande surpresa para meus pais, e provavelmente foi um alívio considerável quando anunciei que iria embora. Isso foi cerca de um mês depois de ter chegado. Naquela tarde, fui ao Country Club de Southern Hills com mamãe. A visita terminou com ela ficando brava comigo, provavelmente por algo inadequado que eu disse ou fiz. Decidi que me mudaria.

AJUSTANDO-ME À VIDA SOZINHA

Meu novo lar era a Young Women's Christian Association (YWCA) no centro de Tulsa, bem perto do escritório da Indiana Oil Purchasing Company, onde meu pai havia arranjado para que eu tivesse um emprego de meio período. Eu ia a pé ao trabalho, onde era recepcionista, fazia arquivamento, lambia envelopes, todos os trabalhos rotineiros que garotas faziam em escritórios. Mas eu adorava, assim como adorei quase todos os empregos que tive.

Gostava, em especial, de descobrir as formas mais eficientes de organizar meu trabalho.

Não muito tempo depois de me mudar para a YWCA, descobri que poderia facilmente me tornar dependente de álcool. Eu gostava de tomar um copo de suco de laranja pela manhã, antes de trabalhar, mas, na verdade, não gostava de suco de laranja sem vodca, por isso comecei a adicionar a bebida em meu copo. Logo percebi onde isso poderia me levar. Conhecíamos várias pessoas em Tulsa que sofriam com o alcoolismo. Eu via o que isso fazia com suas vidas e com as pessoas próximas a elas.

Se eu achava que estava infeliz agora, isso não seria nada comparado à miséria do alcoolismo e depois precisar parar de beber, algo que imaginei ser necessário em algum momento. Quando estava na reclusão no instituto, parar de fumar foi doloroso, e pensei que largar o álcool seria ainda pior. Então decidi estabelecer uma regra que mantive até os 40 anos: nada de beber álcool quando estivesse sozinha.

PRIMEIROS PASSOS PARA CONSTRUIR UMA VIDA QUE VALE A PENA SER VIVIDA

Impor essa regra a mim mesma para prevenir comportamentos destrutivos e permanecer em um lugar minimamente tolerável é um exemplo do que mais tarde chamei de "construir uma vida que vale a pena ser vivida". Esta é a meta geral da terapia comportamental dialética (DBT, do inglês *dialectical behavior therapy*). Mesmo que você não consiga criar uma vida ideal para si, tem controle suficiente para viver uma vida que tenha elementos positivos o bastante para valer a pena.

Quando completei 40 anos, decidi que estava segura e que não precisava mais da regra sobre o consumo de álcool. Um ou dois meses depois, percebi que poderia estar em perigo novamente, então voltei a seguir a regra e a mantenho desde então. (Como você deve estar percebendo, posso ser uma pessoa de nenhum controle e de imenso controle, aparentemente ao mesmo tempo.)

UMA ESTRANHA EM TERRA ESTRANHA

Eu era muito ingênua quando voltei para Tulsa, sendo jogada em um mundo em que eu não tinha praticamente nenhuma experiência no tratamento de questões práticas do dia a dia. Tinha apenas 18 anos quando entrei no instituto, e havia levado uma vida protegida. Então, com 20 anos, estava vivendo sozinha, ganhando pouco com meu trabalho de meio período, com apenas minha experiência distorcida para me orientar. Recusei-me a permitir que meus pais me ajudassem financeiramente, porque não queria que tivessem qualquer crédito por eu ter melhorado.

Eu não fazia ideia de como gerenciar o dinheiro. Minha mãe sempre fazia compras nas melhores lojas de roupas, e muitas vezes eu acompanhava. Então, quando precisei comprar um vestido para o trabalho, não me ocorreu procurar em outro lugar que não fosse a melhor loja. Comprei o vestido, caro como era, e paguei com um cartão de crédito. Quando a fatura do cartão chegou, não me ocorreu que não precisava pagar tudo de uma vez; paguei o valor total, o que me deixou com US$ 0,30 para viver pelo resto do mês. Pensei bastante na minha situação e acabei comprando três bombons de menta com recheio branco, embrulhados em papel prateado e azul. Provavelmente, remexi o escritório em busca de comida, porque hoje sei que não tinha condições de comprar mais nada.

Às vezes, ia jantar na casa dos meus pais, mas raramente acabava bem. "Ontem à noite fui jantar, mas não comi porque estava nervosa demais — fiquei apenas no meu quarto, chorando", escrevi ao Dr. John O'Brien. "Então, minha mãe disse que eu não podia voltar, pois estava em um estado muito ruim e ela poderia me expulsar por perturbá-la tanto. PAIS!!! Rezei um terço e imediatamente me senti melhor."

TOMAR COMPRIMIDOS NÃO AJUDA

Apesar dos momentos felizes no trabalho, havia um fundo constante de depressão episódica e desejos frequentes de morrer. Eu usava muitos remédios e tinha um estoque conveniente graças ao Dr. Proctor, meu novo psiquiatra em Tulsa. "Já tive muitas *overdoses*", escrevi ao Dr. O'Brien. "A última foi há uma semana: 30 comprimidos de trifluoperazina e 30 comprimidos de benzatropina. Tudo o que isso fez foi me deixar uma pilha de nervos, histérica por três dias. Minha mãe não me deixou ficar na YWCA porque disse que eu seria expulsa se me vissem nesse estado."

A preocupação de minha mãe era compreensível, como expliquei ao Dr. O'Brien: "A mãe de uma das meninas da YWCA disse que não achava que deveriam deixar uma garota que esteve em um hospital psiquiátrico e que se queimava (só contei sobre as queimaduras à minha colega de quarto) permanecer na YWCA... O que fiz para causar problemas, não sei".

Então, comecei a ser mais rigorosa na questão dos remédios. "Tenho algumas novidades, boas e ruins, sobretudo ruins, devo dizer", escrevi ao Dr. O'Brien. "Pela primeira vez na vida, realmente me envolvi em comportamento suicida. DUAS VEZES! Nunca fiquei tão chocada ao despertar em ambas as ocasiões. Na primeira vez, tomei um frasco cheio de Thorazine [clorpromazina], mas apaguei por cerca de um dia e meio, apenas. Na segunda, fui a um pequeno hotel, tomei dois frascos inteiros daquele lixo, além de um frasco de Darvon Compound [propoxifeno]. Foi um choque, mas, infelizmente, também acordei. Em algum momento, acho que liguei para o Dr. Proctor, que chamou minha mãe para me buscar. Naturalmente, ela estava preocupada."

Minha única lembrança de qualquer um desses comportamentos suicidas é de estar deitada em uma cama em casa, conseguindo pensar, mas incapaz de mover qualquer parte do corpo, sentindo-me horrível. Acredito que o trauma desse episódio foi suficiente para me impedir de tentar outras vezes.

Escrevendo agora, fico chocada ao perceber que fiz tudo isso. Devo ter estado mais ambivalente do que as cartas ao Dr. O'Brien deixam transparecer. Parece que perdi a mim mesma, particularmente meu lado espiritual. Perdi o voto que fiz a Deus. Como não percebi que o suicídio não era a vontade de Deus para mim? Assim como muitas pessoas que têm pensamentos suicidas, talvez a dor fosse tão avassaladora que pensamentos sobre os outros, incluindo minha família e Deus, simplesmente se perderam na consciência.

UM MODELO RUIM

Minha mãe tinha motivos para estar preocupada. A polícia apareceu em nossa casa após este último comportamento suicida, e um detetive me disse que eu havia cometido um crime ao tentar vir a óbito por suicídio e poderia ser presa. Fiquei muito perturbada e chorei de maneira histérica junto ao meu irmão mais novo, dizendo que não queria ir para a cadeia. Definitivamente, não era um bom exemplo para ele.

Quando escrevi ao Dr. O'Brien sobre o incidente, meu pensamento havia mudado. "Claro, vou para a cadeia mais cedo ou mais tarde, pois as chances de eu não fazer isso de novo são de 1 para 1 milhão", escrevi, mostrando que não era uma boa estatística. "Não importa o quanto eu tente, o quanto reze ou quantas lágrimas caiam, eventualmente eu falho. Tenho me saído muito melhor, mas pareço incapaz de controlar todas as recaídas o tempo todo. Agora percebo que a vontade de Deus é que eu vá para a cadeia. Não percebi, no início, que seria uma tremenda oportunidade para ajudar todas as mulheres confusas que estiverem lá. Que lugar melhor para fazer trabalho social do que uma cadeia? Estou determinada a ser a prisioneira mais gentil, compreensiva e bem-comportada de todas. Talvez, apenas pelo exemplo, consiga ajudar alguém a encontrar o caminho de volta. Estou até meio animada com isso, exceto pelo fato de que minha família ficaria muito magoada, zangada e envergonhada."

Contei ao Dr. O'Brien que havia algo positivo nesse episódio suicida: eu não queria mais tentar me matar. "Na verdade, não queria antes, mas sentia que precisava tentar", escrevi. "Embora pensasse que morreria, não queria morrer. Agora, nem quero tentar."

Estava obcecada pela ideia de que só causava sofrimento às pessoas próximas a mim. "Digo que quero ajudar os outros, mas nunca ajudei ninguém", escrevi ao Dr. O'Brien. "Estou tão cansada desse carrossel. Graças a Deus, porém, todos no trabalho e todos os meus amigos pensam que sou a pessoa mais feliz que existe." Ainda era boa em esconder minha realidade interna. "É engraçado pensar na reação deles se soubessem a verdade. O pior que fiz foi não dar a Mike e Bill* [meus irmãos mais novos] ninguém para admirarem. É tão maravilhoso sentir orgulho de seus irmãos e irmãs. Colocá-los em um pedestal é um passatempo sem fim. É certo que ninguém tem orgulho de mim, pois quebrei o pedestal em pedaços e queimei suas cinzas. Irmãos mais velhos são professores, e não ensinei a eles nada além de crueldade [com a dor que constantemente infligi à família]. Estou considerando mudar para alguma cidade grande e viver sozinha. Assim, não machucaria ninguém da família, e não conheceria ninguém que se importasse com quem eu machucasse... O que deveriam fazer é me trancar em uma ilha."

RECUPERANDO O CONTROLE

Precisei sair da YWCA de Tulsa após aquele último episódio com os comprimidos. Aluguei um pequeno apartamento em péssimas condições na avenida

---

* N. de T. Apelido de infância de Marston.

South Denver, 1111, em um bairro muito decadente naquela época. Para mim, parecia ótimo; meus pais, no entanto, ficaram horrorizados. Minha mãe chorava copiosamente e meu pai queria pagar o aluguel de um apartamento melhor em uma "boa" área da cidade. Mas um apartamento melhor só mostraria que eu tinha dinheiro, e como não tinha, não via sentido em fingir que tinha. "Como pode imaginar", escrevi ao Dr. O'Brien, "eles praticamente me deserdaram — estão agindo como se eu tivesse me casado com um vagabundo e estivesse condenada a uma vida no inferno".

Apesar disso, eu estava começando a retomar o controle da minha vida, renovando meu voto de melhorar e ajudar outras pessoas. Para ajudar os outros, eu precisaria, eventualmente, cursar uma faculdade.

Esse seria meu próximo passo.

MEU PRIMEIRO TRABALHO ACADÊMICO SOBRE SUICÍDIO

Matriculei-me no curso noturno da University of Tulsa enquanto trabalhava como recepcionista e auxiliar de correspondência. Estudava três disciplinas — sociologia, inglês e oratória — e logo comecei a tirar boas notas em todas. Estava determinada a me tornar psiquiatra na ala psiquiátrica de um hospital estadual e ajudar as pessoas.

A ala psiquiátrica é onde ficam os pacientes mais perturbados, como eu estava na Thompson Two, no instituto. Imaginava que o salário em hospitais estaduais seria bem baixo, mas ganhar muito dinheiro não era uma prioridade, então isso não seria um problema. Pensei: "Tudo bem, serei boa no meu trabalho, e eles não vão conseguir contratar alguém tão bom quanto eu por um preço tão baixo".

Mesmo com esse plano de ser psiquiatra, as sementes da pesquisadora em formação começaram a germinar. Decidi escrever um trabalho sobre suicídio para minha aula de sociologia.

Como cheguei a essa decisão, não sei. Era a única área da psicologia que eu achava intrinsecamente interessante. (O que poderia ser mais fascinante do que vida e morte, quando se pensa bem?) Queria trabalhar com as pessoas mais miseráveis do mundo, e, se alguém quer morrer, deve estar muito miserável mesmo.

De alguma forma, convenci o escritório do legista e o departamento de polícia do condado a me darem registros antigos de óbitos por suicídios e de episódios de comportamentos suicidas que não levaram a pessoa ao óbito. Não faço ideia do motivo de terem concordado. Talvez eu tenha apresentado um bom argumento e soado como uma pesquisadora genuína.

Esse projeto no escritório do legista definiu um caminho para mim. A partir de então, escrevi trabalhos sobre suicídio onde quer que estivesse — como estudante de graduação, pós-graduada e membro do corpo docente de uma universidade. Se havia um trabalho a ser escrito, eu encontrava uma forma de transformá-lo em um estudo sobre suicídio. Mas aquele projeto em Tulsa teve um fim abrupto quando encontrei os registros de alguém que minha família conhecia. "Meu Deus", exclamei. "Ninguém sabe que essa pessoa veio a óbito por suicídio." Nunca contei a ninguém e abandonei o projeto. Ficou claro que essas informações deveriam permanecer privadas.

ABANDONANDO UM VELHO EU, ENCONTRANDO UM NOVO EU

Dentro de um ano após deixar o IOL e voltar para Tulsa, experimentei uma mudança significativa. É difícil explicar, mas foi como se um novo e mais feliz eu emergisse do casulo do meu antigo eu angustiado. E, surpreendentemente, essa metamorfose apenas *aconteceu*, sem ser provocada por nada que eu dissesse ou fizesse. Expliquei isso em uma carta ao Dr. O'Brien:

> *Fundamentalmente, o que aconteceu é que, como [o Dr.] Proctor coloca, eu me encontrei. A única conclusão a que podemos chegar é que meu aniversário de 21 anos teve um efeito profundo em mim. Em 6 de maio, estava no escritório e, de repente, aconteceu. Foi como se alguém tivesse tirado as correntes dos meus braços. Como se, durante toda a minha vida, eu estivesse correndo contra uma parede de tijolos, tentando encontrar o portão para a saúde mental ou, mais verdadeiramente, para a liberdade. De repente, o portão está na minha frente. Dr. O'Brien, não consigo dizer como isso é maravilhoso. Cortei-me por anos, mas nunca quis. Agora, não preciso mais, a menos que escolha. Magoei outros, sem querer. Não preciso mais fazer isso, a menos que queira. Estive doente e não queria estar. Não preciso mais estar doente. Dr. O'Brien, não preciso fazer nada que não queira... É felicidade por dentro. Sim, fico deprimida, choro, fico com raiva, desejo que tudo vá*

para o inferno, mas, por baixo, quando isso passa, há uma felicidade. Lembre-se, no entanto, que só encontrei o portão. Ainda tenho um longo caminho pela frente.

À época, não fazia ideia de quão longo seria esse caminho ou o que descobriria ao longo dele.

Fui informada de que o que escrevi nas minhas cartas ao Dr. O'Brien soa semelhante à forma como falo agora na terapia, como uma comportamentalista. Assim, pode-se dizer que já pensava como comportamentalista antes mesmo de me tornar uma, mas isso era completamente inconsciente.

6
TIVE DE DEIXAR TULSA

Foi na escola noturna, na aula de inglês, que conheci Bob. Ele era policial, alguns anos mais velho do que eu. Começamos a namorar, o que logo se tornou algo bastante sério, sério o suficiente para Bob dizer que me amava. Nosso relacionamento era sério o suficiente para que eu, uma boa garota católica, desistisse da virgindade. Eu o fiz esperar porque queria ter certeza de que era uma decisão minha, não uma resposta impulsiva a algum momento romântico. Nos encontrávamos bem tarde, pois o horário dele como policial era maluco — ou pelo menos era o que ele dizia. Íamos a festas, ao cinema; conheci os amigos dele e o acompanhava a lutas de boxe, sentando na arquibancada enquanto ele vigiava a plateia.

Foi muito importante para mim, meu primeiro relacionamento sexual sério. Bob era muito gentil, me dava coisas quando percebia que eu precisava. Eu nunca tinha conhecido um cara tão atencioso e doce. Quando saí da Young Women's Christian Association (YWCA), ele me ajudou a mudar para o meu apartamento, consertou meu rádio, pintou um baú para mim, trouxe flores tarde da noite e nunca, nunca fez nada que eu não quisesse.

Bob era muito atencioso e sensível. Contei sobre minha história e ele me ofereceu conforto, não desprezo. Ele havia sido casado, contou, mas sua esposa — agora ex-esposa — havia sido internada em uma instituição psiquiátrica. Ele me entendia de uma maneira que eu nunca tinha sido entendida antes, talvez por causa de sua história. Eu o amava, mas não posso dizer se estava apaixonada. Sentia-me cuidada de uma maneira nova.

Meus pais sabiam sobre meu relacionamento com Bob, assim como Aline, e *presumi* que aprovavam. Por sua parte, minha família, amigos e os amigos dele *presumiram* que eu sabia o que eles sabiam — ou seja, que Bob não estava me contando toda a verdade.

Bob de fato tinha se casado, mas ainda estava casado. Sua esposa ainda era sua esposa e não estava em uma instituição psiquiátrica, mas em casa com os filhos deles. Minha irmã finalmente me contou. Meus pais também sabiam, mas não disseram nada. Fiquei completamente devastada quando descobri. Algum tempo depois, Bob colocou uma estatueta da Virgem Maria (ou um terço, não me lembro) no meu carro com um bilhete dizendo o quanto lamentava ter me enganado.

Achei que tinha encontrado o que desejava naqueles anos dolorosos: amor. Não que Bob não me amasse; acredito que sim, mas não o suficiente. Agora, eu estava diante de uma escolha: Bob, de um lado, e a Igreja Católica e Deus, do outro. Bob não venceu essa disputa.

No final das contas, Bob foi o primeiro de uma longa série de homens casados que se sentiram atraídos por mim. Não sei por quê. Também não sei por que eu me considerava pouco atraente para os homens, porque, objetivamente, era óbvio que isso não era verdade. Mas nunca consegui aceitar isso.

Deixei Tulsa porque sabia que, se ficasse, continuaria vendo Bob. Eu não conseguiria me impedir, tamanha era a força que o relacionamento tinha adquirido. Meu irmão Earl estava em Chicago, trabalhando para a Arthur Andersen. Earl havia se casado recentemente, e ele e Darielle tinham uma casa em Evanston, ao norte de Chicago, bem na beira do lago Michigan. Eu queria morar em Manhattan, mas achava que era grande e intimidadora demais para um primeiro destino fora de Tulsa. Decidi que iria para Chicago e, depois, me mudaria para Manhattan. Isso foi em 1965, cerca de 18 meses depois de deixar o instituto e voltar para Tulsa.

ACREDITE, MESMO QUE NÃO ACREDITE

Eu não deveria ter ficado surpresa com a resposta do meu pai. Mal terminei de descrever meu plano — mudar e encontrar um emprego para me sustentar — e ele disse, com firmeza: "Você não vai conseguir emprego em Chicago". Ele provavelmente achava que estava sendo honesto e, considerando meu histórico, ele até tinha razão, mas não me conhecia, nem conhecia minha determinação.

Essa dinâmica se tornou algo recorrente na minha vida: as pessoas me dizendo o que eu não podia fazer, e eu pensando: "Espere só para ver. Vou te mostrar".

Eventualmente, isso se tornou uma boa mensagem para mim, mas também para levar a meus pacientes e suas famílias: acredite, mesmo que você não acredite. Eu digo a eles que pode ser difícil acreditar, mas que é preciso acreditar. "Você consegue."

PARTE II

7
A CAMINHO DE CHICAGO

Meu pai, um tanto contrariado, deu-me dinheiro suficiente para uma viagem na classe econômica no trem noturno até Chicago. Sem que ele soubesse, minha mãe me deu um extra para um leito em vagão-dormitório. Sempre considerei isso uma das coisas mais gentis que ela já fez por mim.

Cheguei a Chicago, consegui um quarto na Young Women's Christian Association (YWCA) e comecei a procurar emprego. Logo estava trabalhando como assistente de digitação na Reserve Insurance Company, na avenida Michigan, a poucos quarteirões da YWCA. (Obrigada, tia Julia, por me ensinar a digitar!)

Embora eu tenha superado o desafio do meu pai — afinal, tinha um emprego! —, as primeiras semanas foram um pouco difíceis. Meu maior suporte durante esse período, ironicamente, foi Bob, que ficou em Tulsa. Falávamos quase todos os dias. Ele era meu porto seguro nos aspectos emocional e prático. Ajudou a organizar minha nova vida e deu conselhos práticos sobre como se firmar em uma cidade grande.

A nova rotina envolvia meu trabalho durante o dia, a ida a uma igreja próxima onde eu rezava quase todos os dias e o planejamento para frequentar a escola noturna na Loyola University — o início do longo caminho para me tornar psiquiatra.

Com o tempo, comecei a realmente gostar do meu trabalho — gostava dos colegas e tinha cada vez mais responsabilidades —, mas isso não se alinhava ao meu propósito de ajudar as pessoas. Então, pedi demissão e passei a trabalhar em uma agência de serviço social, para estar mais próxima do objetivo. Após várias semanas digitando relatórios, fui até minha chefe e perguntei: "Quando poderei fazer trabalho social?". Ela me disse que fui contratada para gerenciar relatórios, não para fazer trabalho social, o que foi devastador. Acabei voltando ao emprego anterior, onde realmente valorizavam meu trabalho.

Percebi que, se me saísse bem na escola noturna e conquistasse a simpatia dos professores, seria muito mais fácil ingressar como aluna regular. A escolha pela Loyola — uma boa instituição católica — foi intencional, pois eu tinha medo de perder minha fé se os professores de uma universidade estadual fossem muito mais inteligentes do que eu. (Olhando para trás, deveria ter me conhecido melhor.) Também dava aulas de catecismo aos sábados na igreja Old Saint Mary's, onde Ted Vierra, um padre e pastor associado, tornou-se uma pessoa muito importante na minha vida.

O IMPULSO DA AUTOLESÃO RETORNA

Olhando para a camada superficial da vida, eu a estava administrando de forma bastante adequada, tanto no âmbito prático quanto no espiritual. Por outro lado, ainda me sentia solitária, muitas vezes consumida por um desespero e uma dor inarticulados, desejando que a dor parasse — mas sem querer morrer, pois havia desistido dessa ideia.

Os impulsos de me autolesionar ainda persistiam. Uma noite, cerca de um mês após minha chegada a Chicago, tornaram-se avassaladores. Mas a maior parte de mim não *queria* se autolesionar, então eu estava travando uma grande batalha interna. Eu tinha à mão o número da clínica de crise. "Preciso falar com alguém. Há alguém com quem eu possa conversar hoje à noite?", implorei à pessoa que atendeu. "Sinto muito, mas não há ninguém disponível até amanhã", respondeu ela. Fiquei apavorada, em pânico. "Mas preciso de ajuda esta noite, agora! Porque estou com medo de me autolesionar — *agora*!" A pessoa se desculpou novamente e repetiu que a ajuda só estaria disponível no dia seguinte.

Desliguei o telefone, peguei uma faca afiada e cortei a parte interna do antebraço. Já tinha bastante prática nisso, então consegui fazer um corte que não era muito grande nem desajeitado. Teve o efeito desejado: me acalmou por completo. Apliquei um curativo adesivo e fui dormir.

Não tenho certeza da hora, mas, após ter adormecido, fui acordada por fortes batidas à porta. Alarmada, levantei-me, abri e encontrei três policiais de Chicago. "Você precisa vir conosco", disse um deles, de forma brusca. Aparentemente, o centro de crise rastreou minha ligação e informou à polícia. É certo que esperavam encontrar alguém em estado desesperador, oferecendo perigo real a si mesmo. "Estou bem", insisti. "Tenho de trabalhar amanhã, não posso ir com vocês." Comecei a ficar bastante assustada. Será que eles não conseguiam ver que eu estava bem e não precisava ir a lugar nenhum? "Olha, preciso trabalhar amanhã", protestei. "Vocês não podem fazer isso comigo. Preciso voltar para a cama."

No entanto, percebi que não tinha opção além de ir com eles. O barulho havia chamado a atenção do responsável pela YWCA, que me confrontou enquanto eu saía. "Leve suas coisas com você", exigiu. "Não podemos permitir que uma pessoa com seus problemas fique aqui." Virando-se para os policiais, ele disse: "Ela não pode voltar para cá esta noite".

DE VOLTA AO CAOS, DE NOVO

Os policiais, que até foram amigáveis, disseram que não tinham alternativa por causa da ligação que fiz ao centro de crise. Era algo relacionado a procedimentos. Estavam me levando para o Cook County Insane Asylum. Meu coração ficou apertado, pois aquele lugar tinha uma reputação bem negativa. Eu estava voltando ao caos, ao mundo da Thompson Two.

Mesmo que os policiais estivessem ao meu lado, as enfermeiras do hospital certamente não estavam. Eram 2h da madrugada, minha cabeça latejava e eu só queria me deitar. "Não, você não pode se deitar", a enfermeira-chefe disse, ríspida. "Você precisa ser avaliada."

E assim começou um pesadelo kafkiano.

Quanto mais eu afirmava que estava bem, mais as enfermeiras ameaçavam me internar. Assim que pude, liguei para meu psiquiatra em Tulsa. Já era bem tarde, e ainda acho que talvez o médico tivesse bebido um pouco demais naquela noite. Ele insistiu que os administradores do hospital não tinham o direito de me manter lá contra a minha vontade; que eu deveria dizer que iria embora imediatamente e que, se tentassem me impedir, eu deveria ameaçar processar o hospital. Grande erro. Em seguida, liguei para meu irmão Earl, que disse algo semelhante. Ele prometeu ajudar a me tirar dali.

Na manhã seguinte, alguém da equipe me disse: "Ah, você vai sair amanhã, não se preocupe".

Eu estava aterrorizada com a possibilidade de perder meu emprego. Naquela primeira manhã, liguei para minha cunhada Darielle e pedi que avisasse meu chefe que eu estava com gripe ou algo do tipo e que voltaria em breve. Ela disse que faria isso. Earl fez o que pôde para tentar me tirar de lá, mas foi em vão. Meu pai tomou algumas providências, incluindo contatar o chefe de psiquiatria da faculdade de medicina e o hospital, mas também foi em vão. Cada dia que passava era a mesma coisa: promessas e negações por quase uma semana — uma semana de horrores que só quem já esteve em um caos desses pode imaginar.

O ambiente do hospital era escasso e deprimente. Camas de ferro parafusadas ao chão, dispostas em fileiras no meio de um grande salão, como num quartel. Durante o dia, a área das camas era delimitada por fitas coloridas. Se você cruzasse a linha para tentar deitar-se, as enfermeiras colocavam você em isolamento. Junto às paredes havia bancos simples, como os de parques, onde as pessoas deveriam sentar o dia todo, mas não era permitido se deitar. Assistentes ficavam por ali, lendo revistas. Tudo me parecia terrivelmente familiar.

"SERÁ QUE, ALGUM DIA, CONSEGUIREMOS TIRÁ-LA DAQUI?"

E a comida? Era difícil reconhecer aquilo como comida de verdade; parecia mais uma gororoba sem gosto. Quando Earl descobriu como a comida era horrível, começou a levar hambúrgueres para mim, mas eu não conseguia comer algo decente enquanto todos comiam gororoba, então ele passou a levar hambúrgueres para todos os pacientes, todos os dias. Earl lembra-se do lugar como "sujo, assustador, cheio de pessoas loucas". Inicialmente, ele achou que bastaria sua assinatura para me tirar de lá. Mas, tendo experimentado a burocracia, hoje ele admite que ficou assustado, pensando: "Será que, algum dia, conseguiremos tirá-la daqui?".

Logo entrei no modo assistente social. Havia uma jovem, provavelmente anoréxica, deitada na cama, tentando, sem sucesso, alimentar-se com uma colher. A "comida" escorregava toda vez que tentava. ("Nada de hambúrgueres para ela", insistia a equipe.) Então perguntei a um dos assistentes: "Posso ir até lá e ajudá-la a comer? Ela está com dificuldade de levar a comida à boca". Eles disseram: "Ah, ela consegue comer, se quiser. Ela só não quer".

Havia outra mulher, esquizofrênica, delirante e com cerca de 75 anos. Ela achava que seu pai iria buscá-la e levá-la para casa. Eu tentava acalmá-la, jogando jogos com ela, porque as enfermeiras ameaçavam colocá-la em isolamento se não ficasse quieta. Ela saltava e gritava: "Esperem um minuto, meu pai está vindo, meu pai está vindo!". Enquanto a arrastavam para o isolamento, um dos assistentes dizia, com sarcasmo: "Ah, querida, seu pai está a sete palmos da terra. Ele *não* está vindo".

Era horrível.

Naquele ponto, eu era um completo enigma para a equipe, já que era plenamente funcional. Respondia às perguntas de forma calma, sem emoções evidentes. Meu diagnóstico oficial foi esquizofrenia. O psiquiatra disse que, para alguém ser tão inteligente quanto eu e estar naquela ala, só podia ser esquizofrênica.

Uma enfermeira me perguntou: "Por que você fez aquilo? Por que se cortou daquele jeito?". Respondi: "Não sei", e isso era a verdade. Era uma compulsão que, às vezes, eu não conseguia controlar. Acho que só quem já andou por esse caminho, isto é, outras pessoas que se cortam, consegue entender isso. A equipe certamente não entendia.

EARL SE PROPÕE AO RESGATE

Perto do fim, o psiquiatra que meus pais contrataram (para tentar me tirar dali) sentou-se comigo. "Quando você ameaçou processar o hospital, você os assustou muito", ele disse. "A administração sentiu que estava encurralada e decidiu que precisava provar que você realmente tem uma doença mental. Se você quer sair daqui, terá de admitir que precisa de ajuda e aceitar ficar sob os cuidados e custódia de um adulto responsável. Pode fazer isso, Marsha? Caso contrário, é fácil para eles internarem você em um hospital psiquiátrico estadual, e você não poderá impedir. Sabe o que isso significa, não sabe?" Levei a ameaça a sério e sabia o que isso significava. Havia uma boa chance de que eu nunca saísse.

Mordi os lábios diante da injustiça e disse que poderia aceitar, mesmo sabendo que era apenas um disfarce e que eu estava bem. Meu pai se recusou a se apresentar como o "adulto responsável", então, meu querido irmão Earl, dois anos mais velho do que eu, aceitou assumir esse papel. Eu tinha 21 anos; Earl, 23.

Foi marcada uma audiência no tribunal e Earl prometeu estar presente. O psiquiatra sentou-se comigo e, muito sério, perguntou: "Marsha, você pode confiar que seu irmão estará lá? Porque, se ele não estiver, você irá para um hospital estadual". Fiquei apavorada, pois, até onde eu sabia, Earl nunca tinha sido pontual em *nenhum* compromisso em sua vida.

Cheguei ao tribunal vestindo chinelos de papel, avental de papel, tudo de papel — a plena representação de "uma paciente mental". Meu psiquiatra me orientou: "Apenas entre, sente-se, não diga nada e deixe seu irmão falar". A hora marcada chegou. Nada de Earl. Meu coração subiu à garganta. Então, no último instante, ele entrou no tribunal, pela porta lateral, e não pela entrada que deveria ter usado! O juiz fez os trâmites, Earl respondeu corretamente, e um cronograma para avaliação foi estabelecido. Eu estava livre, com um segundo diagnóstico equivocado de esquizofrenia.

Quando chegamos ao carro de Earl, em vez de me repreender por causar tantos problemas e ter me metido nessa confusão, como eu já estava acostumada que todos fizessem, ele disse: "Vamos superar isso, Marsha. Todos sabemos que você está bem, e estamos fazendo isso por razões legais. Logo tudo estará resolvido. Assim que possível, iremos ao juiz dizer que você está bem, e ele encerrará essa custódia. Sabemos que você não precisa dela".

Naquele momento, senti o toque profundo de seu amor.

8

TRANSFORMAÇÕES INTELECTUAIS E ESPIRITUAIS

Depois de alguns meses, de volta ao trabalho, a Reserve Insurance Company me ofereceu pagar por meus estudos noturnos, algo pelo qual fiquei muito grata. Com o trabalho durante o dia e a escola à noite, havia muito o que fazer. Precisava acordar cedo para ir ao escritório, e, ao final do expediente, ir à escola; depois, fazer os deveres de casa ao chegar, para recomeçar tudo na manhã seguinte.

Meu quarto na Young Women's Christian Association (YWCA) era tão pequeno que estudar era muito difícil. Precisava me sentar na cama para estudar e escrever, por isso, elaborei uma estratégia. A YWCA ficava próxima dos hotéis de luxo ao longo da avenida Michigan, os quais tinham saguões muito agradáveis, onde eu ia estudar, entrando como se fosse hóspede. Levava minhas bolsas cheias de livros e cadernos e podia ler e escrever com grande conforto nas grandes mesas ou nos sofás aconchegantes. Havia telefones públicos disponíveis, eu podia ligar para as pessoas se precisasse. Eu alternava entre três ou quatro hotéis. Descobri que, se agisse como se pertencesse ao local, ninguém me incomodaria. Era, de uma maneira simples, uma vida incrivelmente maravilhosa.

NEGAÇÃO ADAPTATIVA

Eu tinha apenas o suficiente para sobreviver, considerando os custos dos livros da faculdade, comida, contas de telefone e as passagens para o trem

"L". Desenvolvi uma estratégia para administrar meu dinheiro de forma que não acabasse. Eu precisava fechar uma porta na minha mente, contar a mim mesma uma ficção sobre quanto dinheiro tinha e acreditar no que dizia.

O "L" custava US$ 0,25 por viagem. Eu comprava tudo o que precisava para o mês de uma só vez: comida, cigarros, absorventes, tudo. Dividia as porções de carne (quando conseguia comprar carne) e congelava o suficiente para cada dia. Porém, como o sistema do trem "L" não permitia a compra antecipada de passagens, eu alinhava as moedas de US$ 0,25 em uma prateleira, duas para cada dia do mês. Quando tinha o suficiente para cobrir o transporte mensal, dizia a mim mesma que não tinha mais dinheiro e tratava essas moedas como se não existissem.

Essa "mágica mental" — convencer-se de que algo é verdade, mesmo quando não é — acabou se tornando uma habilidade muito útil. Eventualmente, transformou-se em uma habilidade importante da terapia comportamental dialética (DBT, do inglês *dialectical behavior therapy*), em especial para pessoas com adições, uma habilidade que chamei de "negação adaptativa". Como muitas ideias na DBT, ela se baseia na aceitação: aceitar as coisas como são. Em um capítulo posterior, contarei em detalhes como usei a negação adaptativa para parar de fumar.

UMA BÊNÇÃO INESPERADA

No verão de 1967, dois anos após minha chegada a Chicago, recebi uma notícia que mudou minha vida. O melhor amigo do meu pai, tio Jerry, havia criado um fundo fiduciário para meus estudos universitários e os dos meus irmãos. Jerry, que conhecia bem o meu pai, organizou para que um advogado administrasse o dinheiro para mim, em vez do meu pai.

Com o dinheiro do tio Jerry, pude me matricular como estudante em tempo integral na faculdade. No dia em que fui aceita na Loyola como aluna em tempo integral, ao receber meus papéis atrás de um balcão alto, quase chorei de alegria. Simplesmente não podia acreditar. Eu estava indo para a faculdade.

Havia dinheiro suficiente para alugar um apartamento na West Albion, muito perto do *campus* da Loyola. Calculei que o dinheiro seria suficiente para me sustentar até a formatura, se o utilizasse com parcimônia. Decidi me formar em psicologia e fazer os cursos pré-médicos, o primeiro passo para me tornar psiquiatra.

RECONHECIMENTO CHOCANTE DE MEMÓRIAS PERDIDAS

Quando as aulas começaram, minha sensação de euforia deu lugar a um choque psicológico. Minha primeira aula foi de biologia. Os outros alunos pareciam muito mais jovens do que eu (e eram mesmo, devido aos anos perdidos no hospital psiquiátrico). O professor começou a fazer perguntas detalhadas sobre tópicos de biologia. Para minha surpresa, os colegas começaram a responder. "O quê?", pensei. "Ninguém me avisou que eu deveria ter estudado isso antes de vir para a aula."

Mas o professor estava apenas testando os conhecimentos básicos de biologia que os estudantes haviam aprendido no ensino médio. Não só eu não tinha esse conhecimento, como não me lembrava de ter *frequentado* uma aula de biologia no ensino médio. Certamente, tive as mesmas aulas que todos os outros, mas havia um vazio completo na minha memória. Não me lembrava de nenhuma aula do ensino médio. Precisei dedicar muito tempo para alcançar o conhecimento que todos pareciam ter, além de aprender o novo conteúdo do curso.

Como meu plano era me tornar psiquiatra, fiz todos aqueles cursos difíceis exigidos para a aprovação em um programa de medicina. Quando reprovei em um exame importante, pedi ao professor para refazer o curso. Ele concordou, mas disse que estava fazendo isso apenas como um favor, porque eu era mulher e ele não esperava que eu fosse bem-sucedida. Como você pode imaginar, isso me deixou determinada a provar que ele estava errado — e provei.

Eu amava ser estudante na Loyola, mas também me sentia solitária. Os colegas eram muito mais jovens, eu não tinha um passado para compartilhar com eles, e viver sozinha em um apartamento era diferente da experiência deles. Além disso, eles não pareciam levar os estudos muito a sério, o que dificultava formar amizades.

ERROS DE CÁLCULO

Cometi um erro em meus cálculos financeiros: não considerei que as taxas de matrícula da Loyola poderiam aumentar — e aumentaram. Como resultado, ia ficar sem dinheiro em março do meu último ano. Imediatamente, procurei o chefe do meu departamento (psicologia), quase chorando, para perguntar se havia algum trabalho que eu pudesse fazer no local. Ele havia me apoiado antes, então achei que havia uma boa chance de me ajudar. De fato, ele me ofereceu um pequeno trabalho que me ajudou a passar o ano.

Morando sozinha no apartamento na avenida Albion, nem pensei em tentar dividir um lugar com outros estudantes. Isso se devia em parte à diferença de idade e à falta de conexão com eles, mas também porque achava que deveria ser capaz de administrar minha vida sozinha antes de tentar viver com outras pessoas. Essa foi uma grande falha que perpetuei por muitos anos até perceber meu erro.

MEU DIRETOR ESPIRITUAL, ANSELM

Como em muitas universidades católicas, a Loyola tinha um capelão disponível para conversas e direção espiritual. O padre franciscano Anselm Romb concordou em ser meu diretor espiritual. Nossos encontros ocorriam uma ou duas vezes por mês, às vezes mais, para conversar sobre onde Deus estava, como ter um relacionamento com Ele e o que Ele estava me chamando a fazer. Assim como no Institute of Living (IOL), eu ainda estava em busca de Deus, tentando encontrá-Lo. Anselm sabia ser caloroso, mas também firme. Uma vez, chorei por causa de uma crítica que ele fez, ao que me respondeu: "Marsha, estou apenas mostrando os buracos que você precisa preencher". De alguma forma, essa resposta foi muito reconfortante.

Anselm enxergava a Marsha espiritual em uma profundidade que ninguém mais alcançava. Ele validava e confirmava minhas experiências espirituais, ajudando-me a seguir um caminho místico. Às vezes, parecia que me colocava em um pedestal. Em certo momento, Anselm desapareceu por um tempo. Quando voltou, contou-me que tinha se afastado para considerar se deveria deixar o sacerdócio e me pedir em casamento. Decidiu que não — uma boa decisão, na minha opinião.

Anselm me deu o melhor conselho sobre oração que já recebi. "Marsha", disse logo no início, "quando você rezar, não diga coisa alguma". Fiquei completamente surpresa e devo ter protestado: "Como posso rezar sem dizer algo?". Anselm recusou-se a explicar. Apenas disse: "Marsha, tente".

Fiquei chocada com a experiência. Quando você fala ao rezar, é um diálogo com alguém *separado de você*. Mas, se você não fala, não há separação. Você se torna um com Deus. Se persistir nessa prática, há uma grande chance de experimentar essa unidade. É difícil articular o que quero dizer, assim como é difícil descrever o amor em sua essência. Nesse caso, significa que estou no meio de Deus.

Minha prática consistia em deitar no chão do apartamento, com as palmas das mãos voltadas para cima, dizendo a oração "Seja feita a Tua vontade" no início, seguida de uma aceitação silenciosa. Uma oração sem expectativa de resposta. Foi essa prática que me levou à transformação, pois me ajudou a formar um relacionamento com Deus que culminou em uma experiência espiritual.

Anselm também me deu outro conselho marcante, embora mais como uma afirmação. Eu havia contemplado a possibilidade de me tornar freira, o que não era tão surpreendente para uma jovem católica. Minha mãe teria ficado extasiada; ela frequentemente me incentivava a seguir esse caminho. Quando contei a Anselm sobre essa ideia, ele disse: "Marsha, se você entrar em um convento, a única pergunta séria será: 'Vão te expulsar primeiro ou você vai sair por conta própria?'; porque você nunca vai se adaptar a um convento". É provável que estivesse certo. Eu não era feita para a vida de uma freira.

UMA RELIGIOSA LEIGA

Passei muitas horas conversando com Anselm sobre qual seria o melhor caminho para mim no campo espiritual. No final, decidimos que um bom comprometimento seria tornar-me uma "religiosa leiga". Isso é como ser uma freira, mas vivendo de forma independente, sem as formalidades da vida em um convento. Anselm celebrou a cerimônia em meu apartamento na avenida Albion, perto da Loyola. Meu irmão Earl, minha cunhada Darielle e minha irmã Aline vieram para o evento. Fiz os votos habituais de castidade, pobreza e obediência à igreja, assim como as freiras fazem, e estava determinada a levar a vida que Deus desejava para mim. Amigos às vezes me perguntavam: "Marsha, por que você faria algo assim?". Minha resposta era simples e sincera: "Sou existencialmente incapaz de fazer diferente". Nunca me senti tão certa de algo na vida.

TED VIERRA: UM OMBRO SOBRE O QUAL CHORAR

A segunda parte da minha vida espiritual na Loyola aconteceu por meio do padre Ted Vierra, que mencionei anteriormente, membro de uma comunidade de sacerdotes na igreja Old Saint Mary's, a poucos quarteirões da companhia de seguros onde trabalhei antes. Foi providencial porque, em momentos de tormento, Ted literalmente manteve-me viva. Embora fosse uma longa viagem de metrô de meu novo apartamento até lá, nunca deixei de frequentar a igreja. Encontrei a Old Saint Mary's logo após chegar a Chicago.

Ted e eu tivemos uma conexão imediata. Ele me tratava como a irmã mais nova que nunca teve. Convidou-me para ser uma das assistentes leigas na Old Saint Mary's, ajudando pessoas que queriam aprender sobre o catolicismo. Ted valorizava a presença de leigos nesses encontros para falar sobre a vida prática como católicos. Logo, passei a ensinar catecismo de maneira formal.

Com o tempo, fiquei mais próxima de Ted. Em muitos momentos de tormento, eu recorria a ele. "Preciso falar com alguém", eu dizia, chorando. "Estou tão infeliz que quero morrer." Ted estava sempre lá para mim, sempre disposto a ouvir, repetidas vezes, oferecendo conforto. Ele tinha um irmão com esquizofrenia, o que criava um ponto de empatia. Mas era algo mais profundo que isso — ele me amava, no sentido mais puro da palavra, e eu o amava. Foi assim que Ted me manteve viva.

TRÊS LIÇÕES

Aprendi algumas lições importantes com a amizade que tive com Ted e as aplico no meu trabalho até hoje. Embora ele me oferecesse exatamente o que eu precisava — amor e apoio incondicionais —, eu era incapaz de dizer "Obrigada". Conseguia fazer isso depois, mas não enquanto estava mergulhada no desespero e na solidão. Portanto, se você está ajudando alguém em situação difícil, segurando essa pessoa física e emocionalmente, não interprete a ausência de agradecimento como sinal de que não está oferecendo o que ela precisa, pois é provável que você esteja. Essa é a primeira lição.

A segunda lição é sobre o ato de dizer "adeus" a alguém quando ainda se está vivendo um péssimo momento. Uma das piores situações da vida é quando você está em sofrimento e a ligação ou o encontro acaba. A outra pessoa desligou o telefone, você não pode ligar de volta e se vê sozinho novamente, solitário com o inferno que é sua vida. O mesmo acontece após um encontro pessoal. Um dos momentos mais difíceis é caminhar pelo corredor após uma sessão e saber que não verá a pessoa que está ajudando você por uma semana inteira. É uma solidão inacreditável.

A última lição é sobre o amor. Esta eu aprendi com Ted, Anselm e, mais tarde, com Willigis, meu professor de zen na Alemanha. Se você está com alguém que está vivendo seu pior momento, *continue amando essa pessoa*, porque, no final, o amor será transformador. Pessoas nessa situação são como andarilhos na névoa: elas não a veem, e talvez você também não a veja; elas não percebem que estão ficando molhadas, mas, se você tiver um balde para reter a água da névoa, você o utiliza. Cada momento de amor adiciona água ao balde — isoladamente, cada momento pode não ser suficiente, mas, no final, o balde se enche, e a pessoa que estava em apuros pode beber daquela água de amor e ser transformada. Eu sei. Estive lá. Bebi dessa água.

OS IRMÃOZINHOS

Quase sempre ficava deprimida quando estava sozinha. Uma forma de aliviar a depressão — que enfrentei por muitos anos — era me envolver com trabalho voluntário. Havia uma organização especial chamada Little Brothers of the Poor, fundada na França logo após o fim da Segunda Guerra Mundial, para ajudar os idosos de Paris. Hoje, há filiais dela em várias cidades dos Estados Unidos. Amo o lema da organização: "Flores antes de pão". As pessoas precisam dos prazeres especiais da vida, além das necessidades básicas. "Amor, dignidade e beleza na vida são tão essenciais quanto as necessidades físicas", eles afirmam. Se aprendi algo com minha mãe, foi o valor da beleza, e que o esforço para levar beleza a qualquer ambiente vale a pena.

No Natal, no Dia de Ação de Graças e na Páscoa, eu ajudava a organização a servir refeições e fazia o que fosse necessário para as pessoas que iam ao centro. Uma vez, recebi metade de um peito de peru para levar para casa. De todas as coisas maravilhosas que recebi na vida, essa parecia a melhor — eu teria comida para a semana inteira. Que alegria!

Eu podia contar com a instituição voluntária e isso era maravilhoso, já que eu estava sozinha no Natal, na Páscoa e no Dia de Ação de Graças. Eles sempre me davam uma flor no meu aniversário. Madre Teresa tinha uma frase belíssima que captura um pouco disso: "Palavras gentis podem ser curtas e fáceis de dizer, mas seus ecos são verdadeiramente infinitos".

9
O CAMINHO PARA PENSAR COMO UMA CIENTISTA

Mergulhei em minha vida de graduanda na Loyola com energia e entusiasmo. Adorava Freud e li tudo o que ele escreveu. (Quem me conhece hoje deve estar chocado com isso, já que, mais tarde, tornei-me cientista, e Freud não era exatamente científico.) À época, o plano era me tornar psiquiatra e trabalhar em ala psiquiátrica. Mas, como acontece com muitos que entram na universidade com ideias definidas, acabei mudando meus planos. Essas mudanças vieram com dois pequenos, mas poderosos, acontecimentos.

DESCUBRO O RACIOCÍNIO CIRCULAR

O primeiro aconteceu em uma aula ministrada por Naomi Weisstein, uma professora fabulosa. Logo no início, pediu que eu defendesse algum de meus argumentos. Levantei-me e comecei a argumentação, mas ela me interrompeu. "Seu raciocínio é circular", ela disse. "Você não tem as informações para provar seu ponto."

Eu nunca tinha ouvido a expressão "raciocínio circular". Naomi explicou o que significava, e percebi que *grande parte* do meu pensamento até então era circular e era evidente que eu tinha muito a aprender. Isso aconteceu no meio da aula, e seria de se esperar que eu ficasse envergonhada, mas não fiquei. Senti-me genuinamente grata.

Mas o que é um raciocínio circular? Essencialmente, é quando você tenta provar uma ideia começando com a suposição de que isso já é verdadeiro. Aqui está um exemplo:

> **Professor:** Você não é inteligente o suficiente para entrar na pós-graduação.
> **Estudante:** Por que você diz isso?
> **Professor:** Porque você não está pronto para ir.
> **Estudante:** Como você sabe disso?
> **Professor:** Porque você não é muito inteligente.
> **Estudante:** Por que você diz isso?
> **Professor:** Porque você não está pronto para a pós-graduação.

Meu exemplo favorito segue as seguintes linhas:

> **John:** Definitivamente, eu acredito em Deus.
> **Susan:** Por que você acredita em Deus?
> **John:** Porque a Bíblia diz que Deus existe.
> **Susan:** Por que você acredita na Bíblia?
> **John:** Porque Deus escreveu a Bíblia.

Quando aprendi sobre raciocínio circular, muitas das minhas ideias sobre o tratamento freudiano foram abaladas. Foi meu primeiro indício de que os tratamentos psiquiátricos deveriam ser submetidos a padrões científicos e que sua eficácia deveria ser avaliada com base em evidências coletadas por meio de pesquisas científicas. Então, entendi que opiniões não substituem evidências concretas.

A lição essencial de Naomi foi o primeiro passo para me tornar uma cientista (não que eu tivesse uma boa ideia do que era ciência à época).

MINHA PRIMEIRA EXPERIÊNCIA COM A CIÊNCIA

O segundo acontecimento importante ocorreu em uma aula de psicologia social ministrada por Patrick Laughlin. Ele disse algo assim: "Quero que cada um de vocês, trabalhando em pequenos grupos, conduza um projeto de pesquisa suficientemente rigoroso para ser apresentado em uma conferência". Pensei comigo mesma: "O que ele quer dizer? Somos apenas estudantes de graduação, não podemos fazer isso". Mas então pensei: "Bem, ele é o professor, então suponho que saiba do que está falando". E, de fato, nosso grupo acabou apresentando em uma conferência. Quão empolgante foi aquilo, nosso pequeno grupo apresentando uma pesquisa real!

Alguns textos de psicologia que eu lia na graduação na Loyola falavam sobre como as pessoas falham com frequência em fazer correlações precisas, seja avaliando riscos ou julgando outras pessoas. A emoção, mais do que um cálculo frio, desempenha grande papel na avaliação de probabilidades. A maioria das pessoas acredita ser mais provável morrer em um atentado terrorista em um avião do que em um acidente de carro, embora as estatísticas mostrem o contrário. Imagens sombrias de um avião despedaçado e corpos desintegrados dominam a mente emocional. Da mesma forma, as pessoas superestimam as chances de ganhar na loteria, imaginando a posse de casas grandes e carros de luxo e as férias no Caribe, o que ofusca a probabilidade quase nula de acertar todos os números.

Naquela aula de psicologia social, ocorreu-me que, se opiniões anteriores controlam as escolhas das pessoas, o mesmo deve ocorrer quando avaliam outros aspectos — como quando uma pessoa branca encontra uma pessoa negra. (Isso foi nos anos 1960, quando os direitos civis eram um grande tópico. Eu estava envolvida nesse e em outros temas semelhantes.) Minha ideia (simples agora, mas empolgante à época) era que preconceitos inconscientes influenciam nossos julgamentos. Nossos vizinhos são boas pessoas e inteligentes ou más pessoas e burras? Nossa resposta é influenciada por preconceitos: branco é bom, negro é ruim ou vice-versa. Hoje, isso é chamado de viés implícito.

Assim, em 1967, iniciei meu primeiro estudo de pesquisa independente, focado em preconceitos nos julgamentos das pessoas sobre raça. Consegui que várias escolas secundárias me deixassem entrar em suas salas de aula para coletar dados. Meu artigo foi aceito para apresentação na reunião da Midwestern Psychological Association, em Chicago. Eu tinha 23 anos e apresentei a pesquisa intitulada "Aprendizagem intencional e incidental como uma função do contexto racial dos estímulos incidentais".

O incentivo do professor Laughlin para que eu fizesse a pesquisa é menos relevante do que sua *crença* de que eu poderia fazê-la e que meu trabalho valeria a pena. Achei a pesquisa muito divertida. Logo depois disso, tenho certeza que me tornei uma chata sobre o assunto. Costumava perguntar às pessoas: "Bem, que dados você tem que sustentam o que está dizendo?" ou "Você não pode dizer isso porque não tem dados".

Quando olho para trás, para esse momento — essa transformação no meu pensamento, tornando-me uma cientista pesquisadora —, fico impressionada com o poder dessas pequenas ações na transformação da minha vida. Um professor apontou a falha no meu raciocínio; o outro acreditou em mim. Às vezes, me pergunto onde eu estaria agora se não fosse por esses dois professores. Se meu trabalho não tivesse se baseado em um pensamento científico e lógico, eu teria conseguido tirar alguém do seu inferno?

10

MEU MOMENTO DE ILUMINAÇÃO NA CAPELA DO CENÁCULO

Nos meus primeiros anos como estudante de graduação na Loyola, às vezes passava finais de semana no Centro de Retiros do Cenáculo, na Fullerton Parkway, a cerca de seis quarteirões do lago Michigan. Os prédios eram de tijolos vermelhos, com um ar de convento, apropriado para um lugar de retiros espirituais.

As Irmãs do Cenáculo descrevem sua missão como trabalhar pela "transformação do mundo ao despertar e aprofundar a fé com e para as pessoas do nosso tempo". Elas são uma congregação de mulheres religiosas católicas fundada em 1826 no sul da França. A irmã Thérèse Couderc, uma das fundadoras, foi canonizada. Ela teve uma visão que descreveu em uma carta de 1866: "Vi, como se fosse em letras douradas, esta palavra: *bondade*, que repeti por muito tempo com uma doçura indescritível. Vi, digo, escrita em todas as criaturas, animadas e inanimadas, racionais ou não; todas carregavam o nome bondade". Achei essa visão de bondade belíssima.

As irmãs do centro eram muito gentis comigo quando eu ia para retiros solitários. Elas me davam um quarto e um cobertor gratuitamente. Todas as manhãs, antes do café servido em uma longa mesa, uma freira se aproximava em silêncio e colocava um pedaço de papel ao lado do meu prato, no qual havia escrito um salmo da Bíblia em tinta vermelha. Não sei quanto ela sabia da minha alma torturada, mas, em meio à minha desesperança perpétua, esse simples ato me tocava profundamente.

Orava muito enquanto estava lá e lia bastante. Gostava de me sentar em silêncio na capela, que tinha dois belos vitrais, um na extremidade norte e outro atrás do altar. Ambos eram representações abstratas dos fundamentos da doutrina cristã, criados por Adolfas Valeška, um artista lituano que abriu um famoso estúdio em Chicago logo após a Segunda Guerra Mundial. Se algum dia você estiver no bairro de Lincoln Park, em Chicago, recomendo visitar o Cenáculo para ver esses vitrais.

DEUS ME AMA — EU ME AMO

Em uma noite muito fria de janeiro de 1967, durante meu penúltimo ano na Loyola, estava no pequeno vestíbulo da capela. Uma lareira estava acesa no lugar. Sentada em um sofá acolchoado, eu me afundava no poço de tristeza e miséria mais profundo já experimentado. Uma freira parou, olhou para mim com bondade e perguntou algo como: "Posso fazer algo por você?" ou "Você precisa de alguma coisa?". Sentia que ninguém poderia fazer nada por mim, que não havia ajuda possível. Respondi: "Não, obrigada. Estou bem". Eu estava em desespero, mas acreditava profundamente que ninguém poderia me ajudar.

Entrei na capela, ajoelhei-me em um banco e olhei para a cruz atrás do altar. Não me recordo do que dizia a Deus naquele momento, se é que dizia algo, mas, enquanto contemplava o grande crucifixo, de repente, toda a capela se encheu de uma luz dourada brilhante, cintilante por todos os lados.

De imediato, com uma alegria imensa, tive certeza do amor de Deus e que eu não estava sozinha. Deus estava dentro de mim. Eu estava dentro de Deus.

Levantei-me de um salto e corri para fora da capela, subindo as escadas até o meu quarto no segundo andar. Quando cheguei, fiquei imóvel por um momento. Disse em voz alta: "Eu me amo". No instante em que pronunciei a palavra "me", soube que havia sido transformada. Se alguém me perguntasse antes daquele momento: "Você *se* ama?", eu provavelmente responderia: "Eu *a* amo".

Depois de ter vivido momentos infernais no Institute of Living (IOL), sempre pensava ou falava de mim mesma em terceira pessoa, como se houvesse duas de mim, de algum modo dividida. Eu não tinha sido dividida assim antes de ir para o instituto, mas durante aquela experiência, e até este momento na capela, eu de alguma forma havia sido dividida.

Então disse novamente, em voz alta: "Eu me amo". Corri muito empolgada escada abaixo para ligar para meu psiquiatra e contar, mas ele não estava disponível. Isso me fez saber que *realmente* havia sido transformada, pois não me importei. Era normal ficar angustiada se não conseguisse falar com ele. Mas não dessa vez. Eu era eu novamente. Havia cruzado uma linha e sabia que nunca voltaria atrás.

Depois de desligar, a irmã que colocava o salmo ao lado do meu prato do café da manhã passou por ali. Contei-lhe o que havia acabado de acontecer. Ela sorriu, segurou-me nos braços e me abraçou. Não tenho memória do que ela disse nem se chegou a dizer algo, mas sabia que ela havia entendido.

Recentemente, lendo uma descrição da minha experiência relatada no *The New York Times*, a irmã Rosemary Duncan, uma das freiras do Cenáculo, escreveu a um amigo que ficou "impressionada com a semelhança da experiência de Marsha com a de nossa fundadora, Santa Thérèse Couderc, que teve uma visão da bondade". A irmã Rosemary continuou: "Quando Marsha disse 'Eu me amo', foi um reconhecimento e uma aceitação de sua própria bondade. Um milagre da graça! Como irmãs do Cenáculo, temos o privilégio de testemunhar milagres da graça em nosso ministério, talvez não tão dramáticos quanto o de Marsha, mas, ainda assim, muito reais".*
É uma comparação lisonjeira, mas tudo o que sei é que minha experiência de iluminação mudou minha vida. Nunca mais voltaria a ser aquela pessoa perturbada novamente.

Aos poucos, minha experiência pessoal se expandiu para uma compreensão mais universal de que Deus está em todos e em tudo, ama a todos e a tudo. Foi o reconhecimento de uma unidade universal, uma grande unicidade e, como irmã Thérèse disse, uma bondade universal. Por toda parte. Andando de ônibus em Chicago, tinha vontade de gritar para cada pessoa: "Você sabia que Deus está dentro de você?". (Mas, pela primeira vez, fiquei de boca fechada!)

Contei a pouquíssimas pessoas sobre minha experiência — em parte porque foi íntima, mas também porque eu não sabia como descrevê-la. Sabia que a maioria das pessoas não seria capaz de entender o que aconteceu e, para ser honesta, eu também não entendia completamente. O que compreendia

---

* Irmã Rosemary Duncan em correspondência privada para Roger Lewin (julho de 2013).

era que uma transformação havia acontecido. Contei a Anselm, meu diretor espiritual na faculdade, e a Ted Vierra, mais tarde.

Ted me disse que, depois dessa experiência em 1967, afirmei a ele: "Vou dedicar minha vida a ajudar pessoas que são levadas ao suicídio". Não me lembro disso, mas acredito que isso afirmou e reforçou meu voto com Deus.

Nos anos seguintes a essa experiência, enquanto ainda estava na Loyola, adorava voltar para casa, jogar-me no chão do apartamento e mergulhar no íntimo de meu coração, experimentando a alegria da presença de Deus. Nesses anos, empilhava livros espirituais na mesa de cabeceira e os lia todas as noites em busca de consolo. Sempre podia avaliar o meu humor contando quantos livros espirituais estava lendo.

Uma das obras obrigatórias nas minhas aulas de graduação foi *O fenômeno humano*, do paleontólogo, filósofo e padre jesuíta francês Pierre Teilhard de Chardin. Li o livro inteiro em uma noite, da meia-noite até pela manhã. Nele, Teilhard de Chardin fala sobre a consciência, o universo e sua evolução inevitável rumo a um ponto de unidade, de unicidade, que ele chamou de ponto ômega — um lugar de consciência universal e convergência com o divino. Ecoando Santa Teresa, Teilhard de Chardin também vê no ponto ômega uma bondade universal. Adorei e me senti conectada ao pensamento dessas duas mentes maravilhosas, Santa Teresa e Teilhard de Chardin.

O SIGNIFICADO DAS EXPERIÊNCIAS MÍSTICAS

Muitos anos depois, como mencionei em um capítulo anterior, li um livro de Bruno Borchert, *Mysticism: its history and challenge*. Na descrição que ele faz de experiências místicas, reconheci exatamente o que vivi naquele dia de janeiro de 1967, sobretudo o sentido de unidade, "uma realidade que sempre esteve presente, embora não percebida", como ele escreveu. "É uma realidade que está oculta, por assim dizer, no ego e no mundo real ao redor. Emerge das profundezas do ego."*

Borchert descreveu os místicos como pessoas que tinham casos de amor com Deus, assim como senti em minha experiência. Sempre pensei que esse aspecto de mim poderia ser um pouco estranho. Quem já ouviu falar

---

* Bruno Borchert, *Mysticism: Its History and Challenge* (York Beach, Maine: Samuel Weiser, 1994), p. 7.

de um caso de amor com Deus? A declaração de Borchert foi profundamente validante.

As experiências místicas são mais comuns do que a maioria das pessoas supõe. Aprendi isso ao longo de muitos anos ouvindo histórias de pacientes, estudantes de zen e participantes dos retiros de zen que conduzo. Essas experiências podem ser transformadoras, como foi a minha, ou mais modestas, como sentir sua unidade com a natureza, com as montanhas, com o chão que pisa, com as árvores ou com a pessoa que ama.

"ONDE ESTÁ A BANDA?"

Meu psiquiatra na época, Dr. Victor Zielinski, estava associado ao Chicago Institute for Psychoanalysis e era bastante renomado. Como psicanalista, as sessões normalmente aconteciam comigo deitada em um divã, enquanto ele permanecia fora da minha linha de visão. Mas não dessa vez. Nesse momento, pouco depois da minha experiência de iluminação, pedi para me sentar de frente para ele. Ele ouviu de maneira muito paciente enquanto eu contava toda a história. Então, ele disse, de forma lenta e deliberada: "Marsha, sou ateu, não faço ideia do que aconteceu com você. Mas posso dizer o seguinte: você não precisa mais de terapia". O mais incrível é que, primeiro, ele foi perspicaz o suficiente para perceber isso e, segundo, teve a coragem de dizer isso em voz alta, em vez de sugerir: "Precisamos continuar no caso de você perder isso". No final de nosso encontro, despedi-me e saí.

Agora, é importante entender como essa simples ação de sair do consultório dele foi notável. Como mencionei antes, o pior momento na vida de um paciente é quando deixa o terapeuta no final de uma sessão. Mesmo quando é decidido que é hora de encerrar a terapia, normalmente isso é feito por meio de uma transição lenta e gradual, um período de adaptação. Posso passar meses nesse processo com meus pacientes. Mas, naquele dia, deixando o consultório do Dr. Zielinski pela última vez, senti nada além de alegria.

Estava parada na avenida Michigan. Olhei para os lados da avenida e pensei: "Onde está a banda?". Era como se eu realmente esperasse uma grande celebração e reconhecimento pela minha saída definitiva do meu inferno.

Não literalmente, mas foi assim que aquilo tudo me pareceu.

11

EU PROVEI MEU PONTO!

No meu último ano na Loyola, deparei-me com uma realidade infeliz que mudou o antigo plano de me tornar psiquiatra.

A realidade era que a psiquiatria parecia não ter tratamentos efetivos para transtornos mentais graves, em particular para indivíduos com ideação suicida. Não me lembro exatamente como cheguei a essa conclusão, mas sei que fiquei chocada. Estava planejando ingressar na faculdade de medicina e me tornar psiquiatra. Já havia concluído todos os cursos obrigatórios e enviado minhas inscrições para escolas de medicina.

Olhando para trás, essa revelação não deveria ter sido uma surpresa tão grande. Afinal, eu tinha sido como as pessoas que planejava ajudar e estive em uma instituição de ponta, não em uma enfermaria estadual com escassos recursos. Ainda assim, as pessoas no instituto não tinham ideia do que fazer para me ajudar. Em algum lugar da minha mente, eu sabia disso, e parece que deveria ter percebido mais cedo.

DECIDO ME TORNAR PESQUISADORA

Tenho uma memória clara dessa época. Estava sentada, assistindo à aula de filosofia na Loyola, pouco depois de perceber as deficiências da psiquiatria. Meu olhar vagava entre o professor, na frente da sala, e o piso de madeira ao meu lado. Do nada, o seguinte pensamento surgiu em minha mente: "Se a psiquiatria não tem tratamentos eficazes para ajudar as pessoas que quero ajudar, e se eu continuar no caminho para me tornar psiquiatra, como planejei, serei ineficiente por toda a minha vida".

Essa constatação me apavorou. Era a última coisa que eu poderia tolerar. Decidi, naquele instante, que me tornaria pesquisadora. Entraria na pesquisa clínica e desenvolveria tratamentos eficientes para quem eu desejava ajudar.

Com o plano B traçado, eu ainda iria para a faculdade de medicina, mas, em vez de me especializar em psiquiatria, me concentraria em treinamento de pesquisa. Candidatei-me às escolas médicas com essa nova orientação em mente.

Logo após decidir por esse plano, porém, tive uma conversa com o professor Patrick Laughlin, que foi quem primeiro despertou meu interesse pela pesquisa. Pat disse algo como: "Sabe, Marsha, o treinamento de pesquisa na faculdade de medicina não é rigoroso nem científico o suficiente. Você se sairia melhor fazendo um doutorado em psicologia experimental e, depois, um estágio clínico e um pós-doutorado em algum lugar".

Este era o caminho mais científico da pesquisa: um doutorado em uma ciência psicológica, que estuda comportamentos humanos (e animais), atividades e processos cerebrais e mentais e transtornos psicológicos, mas não fornece treinamento em tratamentos clínicos práticos, como faria a faculdade de medicina. Mas, depois de concluir o doutorado, eu poderia entrar no meio clínico fazendo um estágio em psicologia clínica. Certo, pensei, plano C definido.

Optar pelo plano C foi a parte fácil, difícil foi implementá-lo.

Primeiro, como mencionei antes, cheguei a achar que nem sequer conseguiria terminar o último ano na Loyola devido ao aumento das taxas de matrícula. Ron Walker, o chefe do departamento de psicologia na Loyola, disse: "Não se preocupe, Marsha, encontraremos uma solução". Ele conseguiu para mim um trabalho de meio período no departamento, que pagava o suficiente para me sustentar até a formatura em 1968. A ajuda de Ron foi uma lição importante: você pode fazer uma diferença inacreditável na vida de uma pessoa com um simples gesto de bondade. Muitas vezes fui abençoada com pessoas sendo gentis comigo, ajudando-me quando precisava. Não sei exatamente por que — talvez porque sempre estive aberta a receber ajuda. Sempre tentei corresponder à bondade dos professores do meu curso na Loyola. Ainda estou trabalhando nisso.

MEU PASSADO ME PERSEGUIA?

Como uma das melhores alunas da minha turma na Loyola, fui indicada pela universidade para um programa de pós-graduação na University of Illinois. Nunca um indicado da Loyola havia sido rejeitado por essa instituição. Meus amigos e professores disseram que eu não precisava me preocupar em ser aceita. Alguns amigos até recomendaram que nem perdesse tempo me candidatando a outras universidades. No entanto, minha primeira escolha para o mestrado em psicologia social era Yale; sendo assim, fiz inscrição nas duas. Que motivos tinha para me preocupar? Finalmente, parecia que minha trajetória estava bem definida.

Eu tinha cartas de recomendação muito fortes dos professores que me conheciam na Loyola. Meus orientadores revisaram minhas cartas de inscrição e tinham certeza de que, se Yale me rejeitasse, certamente seria aceita pela University of Illinois. E como esta era minha segunda opção, realmente não parecia necessário gastar muito dinheiro me candidatando para outras instituições. Tive que esperar um tempo quase insuportável para saber meu destino, mas não estava preocupada.

Talvez você consiga imaginar como me senti ao receber duas cartas de rejeição. Yale, tudo bem, era compreensível. Mas a University of Illinois? Eu era uma indicada oficial da Loyola! Patrick Laughlin, meu orientador, ligou para a University of Illinois para entender o que havia acontecido. Eles disseram que o problema era minha pontuação no Graduate Record Examination.* Não lembro os números exatos das minhas notas, mas eu acreditava que eram boas o suficiente — nenhum dos meus orientadores esperava que isso fosse um obstáculo. Essa justificativa pode ter sido verdadeira ou apenas uma desculpa. Nas minhas inscrições, precisei explicar a lacuna no meu histórico acadêmico — os anos que passei em uma instituição psiquiátrica, seguidos por um período de trabalho e estudo noturno. Minha melhor suposição é que essa explicação impactou negativamente suas decisões. Ser tão

---

* N. de T. Graduate Record Examination é um teste "administrado na faculdade e usado como um preditor de capacidade para o trabalho ao nível de pós-graduação". Fonte: Cohen, R. J., Swerdlik, M. E., & Sturman, E. D. (2014). *Testagem e avaliação psicológica: introdução a testes e medidas*. (8. ed.). AMGH; Artmed.

explícita sobre meu passado antes de ser aceita foi um erro, algo que mais tarde eu jamais permitiria que meus próprios alunos cometessem.

"VAMOS TE ACEITAR AQUI NA LOYOLA"

Fiquei chocada, histérica. Meu plano de vida parecia desmoronar. No escritório de Ron Walker, caí em uma cadeira, chorando, enquanto explicava as notícias. Ele também ficou surpreso. Todos ficaram. Mas Ron, mais uma vez, veio ao meu resgate. "Pare de chorar, Marsha. Vamos te aceitar aqui na Loyola."

Patrick Laughlin conseguiu para mim uma bolsa de estudos de três anos pelo National Defense Education Act, uma iniciativa do governo para incentivar mais mulheres na ciência. Pat me deu dois dias para decidir. Também fui orientada a entrar em contato com a University of Chicago, no lado sul da cidade, para ver se havia alguma vaga para mim.

Tive uma entrevista fantástica na University of Chicago. O professor disse que me aceitaria como aluna, mas não tinha fundos para financiar meus estudos. Ele sugeriu que eu permanecesse na Loyola, já que havia uma bolsa garantida para mim. E acrescentou que, no final das contas, o mais importante em uma pós-graduação era a qualidade da biblioteca.

Aceitei a oferta de Pat e permaneci na Loyola. Afinal, estava a caminho de me tornar uma cientista pesquisadora.

Meu objetivo continuava o mesmo de sempre: ajudar pessoas a se libertarem de seu inferno. Mas, antes disso, precisava aprender a ser uma pesquisadora. Tive a sorte de ter Pat como professor. Agora que havia abraçado de vez a ideia de ser cientista, sentia-me confiante de que poderia aprender o que fosse necessário e encontrar meu caminho.

NOVOS PROBLEMAS

De acordo com meu amigo Gus Crivolio, que também estava no programa de pós-graduação, a maioria dos estudantes de psicologia à época eram homens conservadores que tinham opiniões fortes sobre como as mulheres deveriam se comportar. Elas deveriam ser recatadas, encantadoras, ter voz suave e evitar expressar opiniões firmes, sobretudo na presença de homens. Elas deveriam ceder a eles em todos os momentos e situações. (Parece algo que minha mãe diria, não?) Eu não me encaixava nesse molde, nem na pós-graduação, nem em casa. Meu famoso temperamento continuava a mil.

Tive alguns amigos no programa, mas Gus é o único com quem mantenho contato até hoje. Gus estava no programa de psicologia clínica, enquanto eu estava no de psicologia social. Ele se lembra de como rapidamente nos tornamos amigos próximos — não como um casal, mas como colegas. Conversávamos bastante por telefone e passávamos muito tempo juntos, frequentemente estudando no meu apartamento na Albion.

Antes das provas preliminares para a qualificação do doutorado, estudar no meu apartamento se tornou uma experiência de união para toda a turma. Eu ajudava todos com psicologia social, Gus com psicologia clínica, outro aluno com teoria da aprendizagem, e assim por diante. As provas duraram dois dias, durante os quais eu usei roupas verdes. (Sempre escolhia cores que achava que aumentariam minha confiança nos exames, mas por que verde, não sei ao certo.) Fiz provas de psicologia social, motivação humana, teoria da aprendizagem e estatística, entre outras.

"Marsha era uma pessoa muito intensa", disse Gus recentemente, afirmando o óbvio para qualquer um que me conhece. "Marsha ou não sabia das expectativas dos homens de Loyola sobre como as mulheres deveriam se comportar, ou sabia e não se importava. É provável que não se importasse. Ela era expressiva, muito inteligente e astuta, e nunca hesitava em dar sua opinião ou apontar quando algo não fazia sentido ou não tinha base lógica ou científica. Não importava quem fosse, ela confrontava o que acreditava estar errado. Era implacável. Muitos a consideravam ríspida."

Muitos professores me apoiaram durante meu tempo como estudante de pós-graduação. Quando perguntei ao chefe do departamento se eles eram tão bons com os outros quanto foram comigo, ele respondeu que tentavam, mas que os outros nem sempre aceitavam ajuda, como eu aceitava. Ao mesmo tempo, não me dava muito bem com outros estudantes. Eu era bem mais velha e, segundo Gus, era considerada estranha porque era muito enfática em minhas opiniões, especialmente sobre a importância dos dados para sustentar os resultados das pesquisas.

Eu estava no programa de psicologia social, que se concentrava em pesquisas sobre o comportamento humano, sem contato com pacientes. Quase todos os outros estavam no programa clínico, que focava em transtornos mentais e envolvia muito contato com pacientes. Em uma ocasião, perguntei a um professor: "Por que as pessoas do programa clínico não se concentram na importância da pesquisa?". (Duvido que essa pergunta tenha sido bem recebida.) Alguns de nós, estudantes, trabalhávamos para ajudar outros a compreender análise de dados e pesquisa. Tínhamos uma regra: não ajudaríamos os estudantes do programa clínico a menos que pudéssemos ver seus planos de pesquisa antes. Não tínhamos muita confiança neles.

Segundo Gus, eu falava muito em todas as aulas, e os rapazes queriam que eu ficasse quieta (algo que eu nem percebia). Falava sem parar, muitas vezes debatendo com o professor quando discordava de algo. Os docentes nunca pareciam se incomodar, e eu queria expor meus pontos de vista. Suspeito que minha paixão interferia na minha percepção das outras pessoas na sala.

Fiquei solitária durante a maior parte do tempo como estudante de graduação, e me senti sozinha novamente na pós-graduação. Tinha alguns amigos na escola, outros estudantes e professores que se preocupavam comigo e cuidavam do meu bem-estar, mas vivia sozinha e continuava solitária, mesmo entre amigos.

Conhecia algumas pessoas no meu prédio, incluindo uma gentil senhora. Certa vez, antes de uma prova importante, fiquei tão preocupada com a possibilidade de não ouvir o despertador que pedi a essa senhora para me deixar dormir no armário dela, para que ela pudesse me acordar na hora certa. Minha preocupação tinha fundamento. Era frequente eu não ouvir os alarmes, e mesmo quando os colocava sobre pratos de metal para amplificar o som, continuava dormindo. Acabei contratando um serviço de chamadas para me acordar todas as manhãs, mas atendia ao telefone ainda dormindo, então as mulheres do serviço precisavam me ligar repetidamente. Sentia uma conexão especial com essas mulheres; eram tão gentis, como pais cuidando de mim.

MINHA NECESSIDADE DE PERTENCER

Mais do que qualquer outra coisa, àquela época da minha vida, eu queria pertencer a algum lugar. Queria ser importante para alguém, ter em quem confiar quando a tristeza viesse. Mantinha contato com meu irmão Earl, mas ele tinha sua própria família. Com exceção de Anselm e Ted, meus dois amigos padres, eu não tinha a experiência de ser amada. Mesmo sabendo que ambos me amavam, era um amor limitado.

A solidão me atingia. Eu tinha medo de nunca pertencer a lugar algum, de nunca ser importante para alguém, de sempre estar sozinha. Em alguns momentos, queria morrer. Meu amigo Gus percebia isso. "Eu tinha a sensação de que ela sempre se metia em enrascadas, lutando para manter tudo sob controle", ele recorda. "Mas, abaixo da superfície, havia uma depressão, ela tentava lidar com isso e não deixar que interferisse em sua vida. Ela me contou algo sobre o tempo que passou no instituto, mas nunca me disse que tinha pensado em suicídio quando a conheci na Loyola."

O que aconteceu? O que dizer da experiência espiritual que me transformou? É verdade que eu havia sido transformada, mas saber que nunca mais cruzaria a linha em direção à aparente insanidade da minha vida anterior não significava que eu não continuaria a sofrer momentos de depressão. Ainda assim, a experiência não me destruiria mais, não como antes. Não importava o que acontecesse, conseguia permanecer funcional, apesar de tudo. Eu também continuava minha relação com Deus, rezando: "Seja feita a Vossa vontade".

A GUERRA DO VIETNÃ E A RESPOSTA DA MINHA GERAÇÃO

Estive na pós-graduação na Loyola de 1968 a 1971. Os estudantes da minha geração eram muito contrários à Guerra do Vietnã. Os homens corriam o risco de serem convocados, mas os estudantes universitários com notas C ou acima disso eram excluídos. O professor de biologia nos dava provas semanais, e, se o aluno estivesse com nota C, ele entregava as questões com antecedência, pois não queria ver seus alunos serem enviados para a guerra. Para os rapazes, bastava responder às perguntas de nível C e evitar o recrutamento.

À época, a maioria de nós usava broches contra a guerra nas roupas. Depois da aula, eu costumava atravessar o parque de bicicleta. Uma vez, parei perto de um grupo de *hippies* sentados na traseira de um grande caminhão preto. De repente, vindo do alto da colina, a polícia surgiu correndo direto em nossa direção. Escondi-me atrás de árvores e depois pedalei o mais rápido que pude para evitar ser pega.

Muitas vezes, me vi marchando contra todos aqueles jovens que não haviam ido para o Canadá para evitar o alistamento e que estavam prestes a ser enviados para o Vietnã. Sim, nós os xingamos! Agora, lamento isso.

Meu pai desaprovava meu ativismo. Ele me chamava de "comunista" e dizia que Loyola era uma escola de "esquerdistas". Ele não estava errado sobre isso, claro. Eu apoiava a teologia da libertação e os direitos civis (assim como muitos dos jesuítas na Loyola, uma universidade dirigida por jesuítas). Costumava dizer a ele: "A culpa é sua, pai. Você não deveria ter me dado a Bíblia para ler. Está tudo na Bíblia". Ele chamava os *hippies* de "nojentos" porque tinham cabelos compridos e costeletas. Eu sempre mostrava a ele que Jesus também tinha cabelo comprido, mas nunca consegui muita coisa com esses argumentos. Meu pai achava que, se o Papa dizia algo, estava certo porque era o Papa e devíamos acreditar nele. Ele tinha a mesma opinião sobre o presidente dos Estados Unidos (que, à época, era Richard Nixon). Eu, claro, discordava.

DE UMA ABORDAGEM FREUDIANA PARA UM PONTO DE VISTA COMPORTAMENTALISTA

Como estudante de graduação na Loyola, eu aderia firmemente à teoria freudiana e havia lido toda a obra de Freud. Freudianos costumavam realizar testes de associação livre com seus pacientes — de fato, passei por dois desses testes enquanto estava no instituto. Na pós-graduação, pedi a outros alunos que me deixassem praticar testes de associação livre com eles. Eu me divertia muito com isso. Sentava-me com um estudante e dizia: "Vou fazer um experimento de associação livre com você. Direi uma palavra e você dirá imediatamente a primeira palavra que vier à sua mente. Por exemplo, eu poderia dizer 'Escuro' e você poderia dizer 'Noite'". Fazíamos isso várias vezes, um procedimento clássico freudiano.

Ao final do teste, eu dizia algo sobre a pessoa e, geralmente, ela respondia algo como: "Você acertou! Você é *boa* nisso. Como consegue fazer isso?". Era hilário.

Ao entrar nos meus anos de pós-graduação, no entanto, comecei a me sentir cada vez mais desconfortável com a teoria freudiana por dois motivos: primeiro, do ponto de vista científico; segundo, por minha própria experiência.

Antes, a importância de dados de pesquisa para tratamentos psicológicos não era tão forte como hoje. Fiz uma série de inimigos ao demandar constantemente dados que sustentassem as afirmações feitas. Logo pensei: "Qual é a base de dados que sustenta o modelo psicanalítico, que é um desdobramento da teoria e dos métodos de tratamento de Freud?".

O modelo psicanalítico envolve encontros várias vezes por semana, com foco na compreensão e no trabalho com o inconsciente do indivíduo. Essa intervenção não pode ser testada ou provada, pois é baseada em construtos do inconsciente que são invisíveis e que carecem de dados.

TEORIA DA APRENDIZAGEM: COMPORTAMENTOS PODEM SER APRENDIDOS COM OUTRAS PESSOAS

Minha área era psicologia social, não clínica, então não se dava muita atenção a diferentes tipos de psicoterapia. Mas, por volta da época em que entrei na pós-graduação, dois livros foram publicados e transformaram meu pensamento sobre psicoterapia — transformaram, inclusive, o próprio campo da psicologia.

O primeiro foi *Personality and Assessment*, de Walter Mischel. Nunca me senti tão validada em meu próprio pensamento. Quando o li, deixei de simplesmente duvidar da psicanálise e me tornei uma comportamentalista em pouco tempo.

Esse livro derrubou os fundamentos teóricos da abordagem psicodinâmica e substituiu essa abordagem por uma perspectiva comportamentalista. Esta se baseia na teoria da aprendizagem social, que é exatamente o que o nome sugere: que grande parte do comportamento de um indivíduo é aprendida por meio da observação e imitação de outros, e não pela influência de forças internas ilusórias ou respostas mecânicas a punições ou recompensas.

Memorizei quase tudo que Mischel escreveu. Infelizmente, minha memória não ajudou quando precisei fazer meu exame preliminar. O principal problema no exame era descrever a teoria de Mischel. Isso foi um presente dos meus professores — eles sabiam o quanto eu amava as ideias do autor. O problema era que nunca me ocorreu que Mischel tivesse uma teoria. Para mim, aquilo era apenas um conjunto de fatos — fatos, nada mais do que isso. Até hoje, não sei como passei naquele exame.

O segundo livro, *Principles of Behavior Modification*, de Albert Bandura, também desempenhou um papel enorme na minha identificação com o comportamentalismo. Um experimento famoso que Bandura realizou no início dos anos 1960, conhecido como experimento do João Bobo, ilustra muito bem a aprendizagem social.

Bandura e seus colegas trabalharam com 36 meninas e 36 meninos, com idades entre 3 e 6 anos, provenientes da creche da Stanford University. (Por coincidência, foi a mesma população usada por Mischel em seu famoso experimento do *marshmallow*, uma década depois.) As crianças foram divididas em três grupos, com 24 integrantes em cada um, metade meninos e metade meninas. As crianças do primeiro grupo assistiram a um adulto agindo de forma agressiva com um boneco inflável de 1,5 metro de altura chamado João Bobo. O adulto batia no boneco com um martelo, jogava-o para o alto, pulava em cima dele e o golpeava com os punhos — uma série de atos agressivos, muitas vezes acompanhados de zombarias como "Ah, você quer mais, é? Então, toma essa!", seguidas por outro golpe. (Os bonecos João Bobo voltam a ficar de pé imediatamente porque têm uma base arredondada e um centro de gravidade muito baixo.)

Devo dizer que já me senti como um João Bobo mais de uma vez na vida, levantando-me tão logo fosse derrubada. Meninas com irmãos mais velhos aprendem isso muito bem. É uma lição valiosa na vida, e digo isto aos meus pacientes: "Não importa quantas vezes você caia; o que importa é se levantar".

Voltando ao experimento... As crianças do segundo grupo viram um adulto na companhia de um João Bobo, mas sem atos de agressão. Já o último grupo, usado como controle, viu um adulto sem nenhum boneco na sala.

O objetivo do experimento era monitorar o nível de agressão das crianças quando, mais tarde, elas estivessem em uma sala com o mesmo João Bobo e com outros brinquedos, alguns dos quais poderiam ser usados de forma agressiva (como pistolas de brinquedo) e outros que não eram propícios para agressão (como giz de cera).

O resultado foi o que Bandura havia previsto. As crianças que testemunharam o adulto agindo de forma agressiva contra o boneco agiram da mesma forma, imitando os comportamentos que haviam observado e até inventando novas formas, como usar uma pistola de brinquedo contra o boneco. As crianças dos outros dois grupos foram muito menos agressivas; ao contrário do primeiro grupo, os outros não testemunharam comportamentos agressivos direcionados ao boneco, portanto, não aprenderam que a agressão era um comportamento esperado ou aceitável. Em vez disso, as crianças testemunharam os adultos agindo de maneira pacífica ou neutra, e assim se comportaram posteriormente.

As crianças do primeiro grupo agiram de forma agressiva com base no comportamento de um "modelo" em seu ambiente. Elas não precisaram ser incentivadas ou recompensadas para fazer isso, apenas agiram com base no que haviam presenciado. Isso é a aprendizagem social. "Aprender seria um processo extremamente trabalhoso, e até perigoso, se as pessoas dependessem exclusivamente dos efeitos de suas próprias ações para orientá-las sobre o que fazer", escreveu Bandura em um livro posterior.

DIA DA GRADUAÇÃO

Até aquele ponto em meus estudos, eu nunca havia escrito nada que não estivesse relacionado ao suicídio de alguma forma. Por isso, não foi surpresa que minha tese de doutorado tratasse de um aspecto do suicídio, especificamente com a pergunta: "Por que os homens eram mais propensos a desenvolverem comportamentos suicidas e acabarem vindo a óbito, por consequência destes, do que as mulheres?". Infelizmente, ninguém no departamento tinha experiência em pesquisa sobre suicídio, então fiquei quase que sozinha nesse caminho. Gostava dessa independência e havia aprovação de todo o meu trabalho para que eu pudesse me formar com um doutorado em psicologia social. Contudo, essa falta de revisão mais rigorosa viria a me prejudicar mais tarde, quando erros fatais na minha tese interferiram na obtenção de empregos.

O dia da graduação havia chegado. Meus pais e minha irmã Aline foram até Chicago. Aline estava prestes a se casar, e minha mãe estava totalmente envolvida nos preparativos para a festa de gala com 500 convidados. Ela havia feito um vestido para eu usar no casamento de Aline, e, na manhã da minha graduação, estava mais preocupada em ajustar meu vestido do que em celebrar meu doutorado. Ah, mãe, se ao menos você me conhecesse melhor!

Como muitos outros estudantes naquele desfile de novos doutores, com nossas longas vestes rubro-negras esvoaçando atrás de nós, eu estava usando minha braçadeira anti-Vietnã. A música *Pomp and Circumstance* tocava enquanto entrávamos na arena, e quase chorei de alegria. Nosso grupo foi o último a entrar. Sempre choro quando a mesma música é tocada nas formaturas de meus alunos.

Quando caminhei até o palco ao ouvir meu nome ser chamado, senti uma alegria extática. Era como se estivesse caminhando em câmera lenta. Estava tomada pela realização de que eu tinha conseguido. Fiz isso sozinha, mantendo a promessa que fiz a mim mesma ao sair do instituto quase uma década antes. Nunca esquecerei o momento em que o reitor colocou o belo capuz de veludo do doutorado sobre minha cabeça. Eu disse a mim mesma: "Provei meu ponto, mostrando a todos que estavam errados sobre mim".

12

AMOR QUE CHEGOU E PARTIU, CHEGOU E PARTIU

Um dos momentos mais marcantes de todo o meu tempo na pós-graduação aconteceu no primeiro ano, em Chicago. Era uma noite quente no início do verão de 1969. Eu usava um vestido azul de mangas curtas e tecido canelado. Éramos, mais ou menos, uma dúzia de pessoas, em uma sala mal iluminada, nos movendo devagar, de olhos fechados. Havíamos recebido a instrução de abraçar qualquer pessoa que encontrássemos, não de maneira superficial, mas genuína, comunicando nosso estado de espírito. Ou algo assim.

Qualquer pessoa com um mínimo de conhecimento sobre os anos 1960 perceberá imediatamente que eu estava participando de um *T-group* (do inglês *training group*), também conhecido como grupo de sensibilidade ou grupo de encontro, liderado por um de nossos professores. A ideia era aumentar a autoconsciência e a sensibilidade aos outros. Grupos como esses estavam em alta e, apesar de serem modismos passageiros, devo dizer que há muito valor no espírito desses exercícios. Diz-se que o psicólogo Carl Rogers, um de meus heróis, teria descrito o *T-group* como "a invenção social mais importante do século".

Em certo momento do exercício, o líder nos parou e pediu que todos se sentassem, depois perguntou a cada um sobre sua experiência. Quando chegou a minha vez, disse algo como: "Não sei com quem estive, mas foi *maravilhoso!*". A profundidade da conexão de coração e alma me deixou impressionada.

Um homem no grupo me olhava. Ele acenou com a cabeça, e eu soube que era ele. A profunda conexão que senti havia sido mútua. Assim que o encontro acabou, esse homem — seu nome era Ed — e eu caminhamos até a margem do lago e conversamos até as estrelas brilharem no céu. Quando a noite esfriou, fomos ao meu apartamento. Conversamos sem parar, mas não lembro sobre o quê. Não importa, na verdade. O que importava era a *intensidade* da conversa. Talvez você entenda o que quero dizer.

Tarde da noite, antes de ir embora, Ed disse: "Marsha, estou apaixonado por você". Ficamos sentados em silêncio por alguns minutos, e então respondi: "Bem, Ed, eu não estou apaixonada por você agora, mas tenho certeza de que logo vou estar".

Apaixonei-me de uma forma rápida e profunda, mas havia muitas complicações.

O AMOR HAVIA NOS ENCONTRADO

Ed era membro de uma ordem religiosa católica em Nova York, o que significava que, como eu, ele havia feito votos de celibato, assim como de pobreza e obediência à Igreja. Esses votos eram importantes para nós dois. Tivemos uma conversa muito séria sobre isso e, em certo ponto, concordamos em honrar nossos votos, o que fizemos por muito tempo.

Ed também estudava na Loyola quando nos conhecemos. Quando terminou seus estudos, ele voltou para sua ordem em Nova York. Sentindo saudades, acompanhei sua viagem em um mapa enquanto conversávamos por telefone.

Depois que ele partiu, passou a me ligar uma vez por dia, às vezes até mais. Ed não estava feliz como irmão religioso. Com o tempo, ficou claro que ele queria ser padre, o que significava que não poderia se casar. Mas ele também me queria, e eu o queria. Meu desejo de estar com ele nunca mudou, mas Ed oscilava entre um lado e outro, em um processo torturante que durou muito tempo.

Mais tarde, fui a Nova York visitar Aline. Ed me buscou no aeroporto. Sofri uma queda ao sair do táxi, tamanha era minha ansiedade por vê-lo. Em Nova York, apresentei-o à minha irmã, mas acho que Ed ficou um pouco ansioso com minha presença tão próxima ao mosteiro. Continuamos conversando após meu retorno e, depois, ele foi me visitar em Chicago.

Ed acompanhou a mim e minha mãe em uma viagem de uma noite, na qual ambos se deram muito bem. Eu disse a ela que, se Ed me pedisse em casamento, eu aceitaria — mas também pensava que, em algum momento, ele poderia querer o divórcio. Eu o amava, mas éramos muito diferentes. Ed mantinha suas opiniões de forma muito rígida e era muito menos flexível do que eu. Além disso, provavelmente teria dificuldade com meus horários de trabalho, algo que eu amava. Eu costumava trabalhar até tarde e viajava bastante. Ed era mais simples, querendo estar em casa às 17h para o jantar.

E Ed queria ser padre. O problema era que a Igreja Católica o forçava a decidir entre o sacerdócio e eu. Posso amar a Deus, mas isso não significa que preciso amar a forma como a Igreja Católica se organiza, o que, aliás, me parece muito sexista.

Por fim, incentivei Ed a se tornar padre. Ficou claro que ele precisava da minha permissão para isso. Ele se tornou padre, mas ainda estava dividido e não parou de me ligar. Ed não conseguia parar. Sempre que se sentia perturbado ou estava em sofrimento, me ligava, e isso era doloroso demais para mim. Pedi muitas e muitas vezes que parasse de me ligar, e sempre que telefonava, não conseguíamos parar de falar, sendo a hora de desligar sempre muito dolorosa.

ENCONTRO O AMOR NOVAMENTE, MAS DE UMA OUTRA FORMA

Alguns anos depois, quando aceitei um emprego em Buffalo, Nova York, uma amiga me arranjou um encontro às cegas. Mais uma vez, entrei em um relacionamento repentino e, de muitas maneiras, maravilhoso — não como havia sido com Ed, mas muito caloroso e amoroso. Peter (como o chamarei) era um homem incrível, mais velho e mais maduro. Nós nos amávamos e tivemos um ano maravilhoso juntos. Seria difícil descrever o quanto Peter foi bom para mim, mas, de minha parte, o relacionamento era complicado.

Peter era ateu. Enquanto minha relação com Ed era fundamentada principalmente no âmbito espiritual, com Peter, a espiritualidade não era uma parte importante do nosso vínculo. A felicidade que experimentávamos era mais convencional, baseada no amor que um sentia pelo outro.

Foi muito triste, mas eu sabia o que tinha de fazer. "Precisamos conversar", disse a Peter, perto do fim daquele ano maravilhoso. "Sinto muito, mas nosso relacionamento não pode avançar porque minha espiritualidade é muito profunda e não consigo imaginar me casar e seguir a vida com alguém que não compartilhe isso." Agora que sou mais velha, percebo que poderia fazer um relacionamento assim funcionar, mas, à época, isso estava além da minha compreensão.

 Ainda assim, nosso relacionamento continuou enquanto eu morava em Buffalo, até que Ed reapareceu. Peter sabia de toda a história e ficou furioso ao saber que eu veria Ed novamente.

13

UMA CLÍNICA DE PREVENÇÃO AO SUICÍDIO EM BUFFALO

O verão de 1971, após eu ter recebido meu doutorado na Loyola, trouxe uma oportunidade inesperada em um encontro nacional sobre suicídio em Chicago. Uma tarde, durante o evento, me vi em um grupo de pessoas tomando coquetéis e conversando sobre assuntos profissionais, como é comum nesses encontros. Ouvi Gene Brockopp, chefe do Suicide Prevention and Crisis Service de Buffalo, comentar que precisava contratar uma secretária.

Naquele momento, eu precisava de um trabalho que me permitisse atuar com pacientes. Comecei a conversar com Gene e pedi que me contratasse no lugar da secretária. Disse a ele que eu era melhor do que qualquer secretária que ele pudesse encontrar, que precisava de um estágio clínico e que trabalharia duro. "Sinto muito", ele respondeu, "não estou procurando uma estagiária, mas uma secretária". Contei a ele sobre todo o trabalho que já tinha feito relacionado ao suicídio. "Olha", insisti, "todos os trabalhos que já escrevi foram sobre suicídio. Serei muito boa, só preciso que você chame isso de estágio. Aceitarei o salário de secretária e farei o que você precisar". Pobre Gene. Ele acabou cedendo e concordou em me contratar.

A persistência tem sido uma marca da minha vida: persigo meus objetivos de maneira incansável, nunca desisto. Cumprir meu voto a Deus é um tema central, claro. Com Gene, eu não podia aceitar um "não" como resposta. Isto é algo que tento inculcar em meus pacientes: nunca desista. Não importa quantas vezes você caia; o importante é sempre se levantar e tentar de novo.

ALCANCE CLÍNICO

Era Páscoa de 1972 e eu estava na igreja para a Missa do Galo. Alguém do centro de crises me chamou dizendo que um homem estava ameaçando suicídio. No centro de crises de Gene, fazíamos intervenções clínicas para ajudar pessoas nessa situação. Um membro da equipe era designado para conversar com a família, enquanto outro (geralmente eu) falava com a pessoa em crise.

Encontrei o homem no banheiro de sua casa, deitado no chão. Aparentemente, sua esposa e filhos tinham sido abusivos emocional e fisicamente com ele. Usaram uma mangueira ou algo igualmente absurdo para encharcá-lo. Ele me disse que estava se sentindo tão miserável que queria morrer e iria realizar um comportamento suicida. Meu objetivo, como sempre nessas situações, era bem básico: precisava fazê-lo concordar, primeiro, que não tiraria a própria vida naquele momento e, segundo, que me encontraria no escritório na manhã seguinte.

Pessoas que estão sentindo-se miseráveis ao ponto de querer morrer muitas vezes sentem-se impedidas de *realmente* se envolver no comportamento suicida, por várias razões. Em Buffalo, realizei um estudo com o objetivo de compilar uma lista dessas razões. Uma abordagem do estudo foi perguntar às pessoas, enquanto bebíamos: "Se o pensamento de suicídio surgisse agora na sua mente, por que você não faria isso?". Não é exatamente uma conversa típica de bar, mas obtivemos respostas muito interessantes. Esse estudo levou ao desenvolvimento de uma medida que chamei de "Razões para permanecer vivo quando você está pensando em suicídio". Identificamos 47 razões que poderiam ser agrupadas em seis categorias: crenças de sobrevivência e enfrentamento, responsabilidade para com a família, preocupações relacionadas a filhos, medo do suicídio, medo da desaprovação social e objeções morais (ver Apêndice).

No entanto, naquele dia de Páscoa, o homem que eu estava tentando ajudar não estava disposto a pensar em nenhuma razão para viver. Continuei sugerindo ideias. Por fim, disse: "Sabe, seu casamento é um desastre, mas isso não significa que sua vida também precisa ser". Por algum motivo, isso o atingiu. Ele me olhou, quase intrigado, e disse: "Não? Eu nunca tinha pensado nisso". "Não, não significa", respondi. Esse foi o ponto de virada para ele. Conversamos por um bom tempo sobre como encontrar um caminho para novas possibilidades.

Ele compareceu à consulta no dia seguinte. Esse é o processo conhecido como intervenção em suicídio e constitui o que chamamos de alcance clínico. Quando alguém ameaça suicídio, você vai até essa pessoa e encontra uma maneira de ajudá-la a ver que talvez ela não queira realmente morrer.

A lição daquele dia foi muito simples, mas poderosa: nunca desista quando estiver tentando ajudar seu paciente. Nunca desista. Conto essa história para meus alunos até hoje. É o meu mantra.

TRABALHANDO PARA MUDAR O COMPORTAMENTO DE UMA PESSOA

Durante o doutorado, mudei minha perspectiva sobre o comportamento disfuncional, troquei a abordagem psicanalítica pela perspectiva comportamental. Esses comportamentos disfuncionais incluem, mas não se limitam, ao transtorno obsessivo-compulsivo, transtorno de estresse pós-traumático, fobia social, transtornos da personalidade, transtornos alimentares, condutas autolesivas sem intencionalidade suicida (CASIS) e outros. A psicanálise tradicional trata esses transtornos a partir dos pensamentos, explorando o inconsciente para descobrir feridas internas que estão causando esses comportamentos indesejados. É uma forma de terapia baseada na fala.

Isso contrasta com a psiquiatria, que adota um modelo de doença para o comportamento disfuncional. A psiquiatria entende que um desequilíbrio biológico (ou químico) subjacente causa os comportamentos indesejados, e a mudança dessa biologia é alcançada por meio de medicamentos psicoativos. Portanto, psicanálise e psiquiatria são abordagens bastante diferentes.

A abordagem comportamental, por sua vez, também é diferente tanto da psiquiatria quanto da psicanálise. Ela se concentra no comportamento — no que as pessoas fazem. Em vez de mudar a biologia de uma pessoa (como a psiquiatria) ou seus pensamentos (como a psicanálise), o terapeuta comportamental busca mudar diretamente o que a pessoa faz. No período do doutorado, como já mencionei, abracei as ideias de Walter Mischel e Albert Bandura sobre a teoria da aprendizagem social. A ideia central é que grande parte do comportamento é aprendido pela observação do que outras pessoas fazem, o que implica que o comportamento pode ser mudado. (Se ele fosse inato, seria muito mais difícil de mudar.) Então, o trabalho dos terapeutas comportamentais é identificar quais comportamentos estão causando problemas na vida dos pacientes e trabalhar para mudá-los.

A terapia comportamental é a ferramenta do profissional para ajudar as pessoas a extinguirem comportamentos indesejados e fomentar os que são desejados. Pode ser vista como uma tecnologia de mudança comportamental, em que a avaliação e o tratamento são baseados em evidências coletadas por meio de observação científica. O foco do tratamento é ajudar os pacientes a substituírem comportamentos disfuncionais, como raiva e agressividade, por comportamentos efetivos, como aceitação e compreensão de que não há "bom" ou "mau". Trata-se de abandonar o negativo na vida e abraçar o positivo.

Obviamente, o terapeuta não pode voltar no tempo e mudar o que causou o comportamento disfuncional do paciente. Em vez disso, ele precisa entender o que está acontecendo na vida do paciente *atualmente* que mantém esses comportamentos indesejados. Uma vez identificados os fatores causais, é possível trabalhar para mudá-los. O fator mais importante para determinar se a terapia será bem-sucedida é se o paciente realmente deseja mudar seu comportamento.

O QUE EU TINHA NÃO ERA SUFICIENTE

Cheguei ao centro de prevenção ao suicídio em Buffalo como uma ávida comportamentalista, com a intenção sincera de usar a terapia comportamental para ajudar pessoas com alto risco para suicídio. Até aquele ponto, não tinha treinamento clínico na *prática* da terapia comportamental. Durante o doutorado, dei aulas de psicologia anormal* na Loyola porque os professores confiavam em mim, mas essa experiência não substituía o treinamento clínico necessário para trabalhar com pacientes em sofrimento grave.

Logo percebi que, se quisesse aplicar a terapia comportamental de verdade com essas pessoas, precisaria aprender sua prática.

Procurei a universidade estadual local, encontrei um professor que entendia algo sobre terapia comportamental e fiz um acordo com ele. Eu o

---

* N. de R. T. Este termo, considerado ultrapassado, refere-se a uma área da psicologia focada no estudo de comportamentos, pensamentos e emoções que são considerados atípicos, incomuns ou disfuncionais.

ajudaria em casos de suicídio e daria palestras sobre o tema para o corpo docente de sua universidade; em troca, ele me supervisionaria em terapia comportamental e me ensinaria os fundamentos da abordagem.

Isso me trouxe uma melhora significativa, mas percebi que precisaria de mais do que supervisão e ensino semanais — precisava de uma educação clínica completa o mais rápido possível. Apesar das minhas limitações em experiência clínica, meu "feito" ao final do meu ano em Buffalo foi que nenhum dos pacientes desistiu da terapia e, mais importante, nenhum deles tirou a própria vida.

PROSPERO COMO UM PEIXINHO EM UM GRANDE LAGO – MAS NÃO O CONTRÁRIO

A abordagem comportamental ainda era algo novo — estávamos no início dos anos 1970 —, e a maior parte da equipe do centro de Buffalo desconfiava do meu entusiasmo por essa abordagem. Eu não era tímida em declarar que o comportamentalismo era "o único caminho verdadeiro" e, provavelmente, ainda não tinha melhorado meu traquejo social desde Loyola.

Eu prospero em ambientes intelectualmente estimulantes. Sou boa em ser um peixinho em um grande lago, mas não em ser um peixão em uma pequena lagoa. E, no serviço em Buffalo, me sentia como um peixão em uma lagoa. Não conseguia conter meus julgamentos e, como era de se esperar, não era muito popular. Meu tempo lá foi um quase desastre.

Ser direta em minhas opiniões persiste ao longo de minha carreira, às vezes causando os mesmos tipos de tempestades políticas e interpessoais que ocorreram em Buffalo. Sou grata pelo meu relacionamento com Peter, meu caloroso e amoroso namorado ateu em Buffalo, pois isso me ajudou a suportar a tensão dos conflitos. Levaria décadas para eu aprender a ser mais sagaz politicamente.

14

O DESENVOLVIMENTO DO COMPORTAMENTALISMO E DA TERAPIA COMPORTAMENTAL

No fim dos anos 1960 e início dos anos 1970, a terapia comportamental era uma prática minoritária no amplo campo da psicoterapia. O interesse pela nova abordagem estava crescendo entre psicólogos clínicos, mas aqueles que desejavam se aprofundar nela enfrentavam um grande desafio, pois programas personalizados de pós-doutorado em terapia comportamental simplesmente não existiam até meados da década de 1960.

Leonard Krasner, psicólogo da State University of New York em Stony Brook, foi pioneiro ao estabelecer um programa do gênero nos Estados Unidos, em 1966. Foi nesse mesmo ano que nasceu a Association for Advancement of Behavior Therapy, que mais tarde, em 2005, seria renomeada como Association for Behavioral and Cognitive Therapies.

Conforme os programas de terapia comportamental começaram a surgir pelo país, surgiram debates entre os profissionais sobre onde esses programas deveriam ser realizados. De um lado, alguns defendiam que a psicoterapia deveria ser ensinada em instituições médicas e não em universidades, consideradas "torres de marfim" distantes da prática clínica. Afinal, a terapia comportamental tratava de pacientes com transtornos mentais e, segundo essa visão, o local adequado para ensiná-la era em ambientes com foco médico.*

---

* Ver, por exemplo, Gerald C. Davison, Marvin R. Goldfried e Leonard Krasner, "A Postdoctoral Program in Behavior Modification: Theory and Practice", *American Psychologist 25*, nº 8 (agosto de 1970): 767–72.

Do outro lado, alguns argumentavam que a terapia comportamental era uma nova *abordagem* para ajudar pessoas a mudar padrões disfuncionais de comportamento. Não era uma *caixa de ferramentas* de técnicas e procedimentos desenvolvidos que poderiam ser ensinadas em um curso e aplicadas na clínica. Como a prática ainda estava em desenvolvimento, com ferramentas e técnicas que seriam refinadas ao longo do tempo, os defensores dessa visão acreditavam que os programas deveriam estar inseridos em ambientes acadêmicos, onde pesquisa e inovação eram incentivadas.

O programa de pós-doutorado em modificação comportamental fundado por Krasner em Stony Brook refletia essa segunda filosofia, sendo fundamentado na ciência e na pesquisa. Entre 1967 e 1974, Jerry Davison dirigiu o programa ao lado de Marvin Goldfried. Jerry, que havia concluído seu doutorado em 1965 em Stanford sob a orientação de Albert Bandura e frequentado cursos com Walter Mischel e Arnold Lazarus, trouxe para o programa um enfoque rigorosamente científico. "À época, isso era de importância primordial para mim", ele relembra.

Marv, embora não tivesse estudado diretamente com figuras como Bandura e Mischel, compartilhava do mesmo entusiasmo por uma abordagem científica rigorosa, baseada em observações experimentais. Juntos, ele e Jerry foram fundamentais no desenvolvimento da terapia comportamental em um momento crucial. Em 1976, publicaram *Clinical Behavior Therapy*, livro que se tornou um clássico no campo.

A obra descrevia como a terapia comportamental era aplicada na prática, abordando as complexidades de traduzir princípios experimentais para o domínio clínico. Diferentemente de muitos manuais da época, o livro detalhava aspectos práticos de maneira concreta, evitando abstrações ou explicações mecânicas. Esse modelo de abordagem prática e detalhada seria, mais tarde, uma grande influência no meu próprio trabalho.

Antes, em 1970, Jerry e Marv publicaram um artigo, junto com Leonard Krasner, descrevendo o programa de Stony Brook: "A Postdoctoral Program in Behavior Modification: Theory and Practice". O artigo delineava claramente a orientação filosófica do programa, ou seja, que os terapeutas comportamentais reconheciam que suas ferramentas estariam em constante evolução, sempre sendo aprimoradas. O pensamento crítico e a coleta de dados eram o núcleo dessa filosofia. Dadas as epifanias que tive durante a pós-graduação, quando me apaixonei pelo pensamento crítico e pela confiança em dados, a abordagem de Jerry Davison e Marvin Goldfried ressoou completamente comigo.

15

ENFIM, PERTENCIMENTO:
um peixinho em um lago grande

O programa em Stony Brook foi projetado para oferecer aos bolsistas tanto instrução formal (palestras, seminários, entre outros) quanto experiência prática em terapia comportamental com pacientes.

O programa era voltado para pessoas que já tinham doutorado em alguma área de psicologia clínica, ou pelo menos concluído um estágio de pós-doutorado em psicologia clínica, mas que ainda não tivessem uma orientação comportamental. Meu doutorado era em psicologia social, não clínica; não tinha feito um estágio clínico relevante e já tinha orientação comportamental. Em teoria, lá não era meu lugar.

Porém, o sentimento de não pertencer era algo que já fazia parte da minha vida.

Na primavera de 1972, escrevi para Jerry dizendo que queria muito trabalhar com pessoas que ofereciam risco de suicídio e que precisava participar do programa dele. Não me lembro se estava confiante de que seria aceita, mas, dado meu histórico de candidaturas seguidas de rejeições, acho que as chances pareciam, no mínimo, duvidosas.

Mesmo assim, recebi uma carta de Jerry me convidando para encontrá-lo em Stony Brook, no café da estação ferroviária. Muito tempo depois, Jerry me contou que o fato de eu ter vindo de um contexto científico, em vez de clínico, era um ponto positivo para ele, mas um claro ponto negativo para seus colegas. Disse-me, recentemente: "Precisei persuadi-los e pressioná-los.

Disse a eles: 'Esta mulher é muito especial. Ela tem uma percepção clínica diferenciada. Tem um brilho acadêmico ímpar. Seu sólido histórico em psicologia social pode ser uma grande vantagem. Acho que ela seria fantástica para o programa. Poderíamos realmente fazer a diferença em nossa área ao trazê-la para cá. Devemos correr o risco com ela'".

A intuição de Jerry foi meu bilhete de entrada no principal programa de pós-doutorado em terapia comportamental do país, em setembro de 1972. Era exatamente o que eu precisava para seguir em frente com energia, entusiasmo e confiança, cumprindo meu voto a Deus de ajudar outras pessoas a vencerem seus demônios.

UMA ESCOLHA INTUITIVA E ACERTADA

Só algum tempo depois de sair do programa percebi o quão especial ele era. Estava alheia ao fato de que Stony Brook era a número um do país. Por pura sorte, havia tropeçado exatamente no que precisava, sem sequer reconhecer minha sorte grande. Ainda mais surpreendente: este foi o único programa de pós-doutorado para o qual me candidatei. Como se, de alguma forma, eu soubesse onde deveria estar, soubesse o que melhor atendia às minhas necessidades, mas sem *realmente* saber disso.

O que teria acontecido se Jerry não tivesse visto algo especial em mim, ou não tivesse agido, ou não tivesse insistido até convencer os outros? Será que eu teria conseguido realizar o que realizei? Não sei. Teria sido muito mais difícil, isso eu sei. Mas, felizmente, dessa vez, me candidatei a algo importante e não fui rejeitada.

E, dessa vez, eu pertenceria. Um peixinho em um lago grande.

APRENDENDO A NOVA LINGUAGEM DO COMPORTAMENTALISMO

No primeiro dia formal do programa, em setembro de 1972, os bolsistas daquele ano se reuniram em uma sala de conferências. Entre eles estavam Steve Lisman, David Kipper, Peter Hoon e eu. Steve havia se formado em um dos melhores programas de treinamento clínico do país, em Rutgers, e depois trabalhou com a Veterans Administration. David tinha sido diretor de treinamento clínico na Bar-Ilan University, em Israel, e estava desenvolvendo programas que usavam psicodrama na terapia. Peter havia iniciado um programa colaborativo de pesquisa sobre sexualidade feminina. E eu... bem, eu era a única com uma limitada experiência clínica.

Steve e eu chegamos um pouco mais cedo e começamos a conversar. Ele se lembra de eu ter dito que achava que estava entrando em algo que poderia ser difícil para mim. "Marsha disse: 'Todo mundo aqui é brilhante, e vou ter de me esforçar muito para acompanhar o ritmo'", ele relembra. "Mas eu disse a ela que também estava um pouco nervoso." Ambos estávamos certos.

Jerry descreveu o que nos esperava. Incluía, pelo menos, 12 horas semanais de sessões individuais com pacientes de graduação que enfrentavam uma variedade de problemas comportamentais, como recusa alimentar, déficits de habilidades sociais, problemas de relacionamento, obesidade, depressão, estresse pós-traumático, dependência química, entre outros. Haveria também casos de emergência, como ameaças suicidas ou episódios psicóticos.

O objetivo dessas diversas sessões clínicas, explicou Jerry, era fornecer, conforme descrito no artigo que ele e Marv escreveram em 1970, "um laboratório prático e vivo para experimentar uma variedade de abordagens e técnicas comportamentais". Aprenderíamos essas abordagens por meio de supervisão e instrução formal. Cada um de nós teria uma hora por semana com um mentor para discutir questões ou dúvidas. Haveria seminários semanais com Jerry, por vezes complementados por visitas de pesquisadores renomados da área. Também poderíamos observar sessões terapêuticas com o corpo docente clínico por meio de um espelho unidirecional. Além disso, eu faria cursos clínicos inéditos, ao lado dos estudantes de pós-graduação de Stony Brook.

Jerry explicou que o objetivo de tudo isso era que nós fizéssemos parte ativa da prática e do desenvolvimento da terapia comportamental, que era a marca do programa de Stony Brook. Ele concluiu dizendo: "Queremos, inicialmente, que vocês continuem o que já estão fazendo, porque vocês já são bons, e sabemos disso. À medida que o ano avançar, o trabalho clínico de vocês será direcionado para a terapia cognitivo-comportamental, que vocês irão aprender".

Após a reunião, comentei com Steve: "Agora estou realmente aterrorizada, Steve". Ele respondeu: "Eu também estou". Eu sabia que seríamos amigos para a vida toda.

ENSINANDO SOBRE SUICÍDIO

Também fomos encorajados a desenvolver projetos próprios. Um dos que realizei foi um curso sobre suicídio, que ministrei em conjunto com outro profissional, para estudantes de pós-graduação. Outro projeto foi tornar-me conselheira de intervenção em suicídio na comunidade. Estabeleci uma relação com a polícia de Stony Brook, assim como havia feito em Buffalo. Steve recorda um incidente em particular:

> Marsha me perguntou se eu estaria interessado em aprender mais sobre suicídio. Respondi que sim. Uma noite, ela me ligou e disse: "Steve, tem um cara trancado no quarto de casa com uma arma e diz que vai tirar a própria vida. Vou ajudá-lo. Você quer vir comigo?". Eu disse: "Claro, adoraria".
>
> Marsha me buscou de carro e dirigimos até a casa. A esposa dele nos deixou entrar e fomos até o quarto onde o homem estava. Marsha caminhou até ele com calma e se sentou ao seu lado. Ela então disse, em uma voz muito tranquilizadora e confortante: "Você quer me entregar a sua arma?". Ela usou o nome dele, mas não lembro qual era. O homem simplesmente respondeu: "Sim". E entregou a arma.
>
> Marsha se virou e me entregou a arma, dizendo: "Você pode descarregar isso, por favor, Steve". Peguei a arma dela. Ela voltou sua atenção para o homem e começou a conversar com ele, fazendo sua intervenção para o suicídio, levando-o a um ponto em que ele não queria mais se envolver em comportamento suicida, mostrando-se confortável com a situação.
>
> Enquanto isso, eu estava horrorizado. Nunca tinha segurado uma arma na vida e não fazia ideia do que fazer. Nos filmes, você puxa algo e uma bala sai. Isso era tudo o que eu sabia. Estava suando frio. Não tinha noção de como proceder. Tinha medo de atirar no próprio pé. Acho que Marsha estava completamente alheia ao meu dilema. Em determinado momento, pensei: "Sei que isso não é o protocolo, mas preciso interromper e perguntar como descarregar essa maldita arma". Tudo o que me lembro é de disparar a arma no cesto de lixo, deixando um buraco de bala na lixeira.
>
> Isso também não é protocolo.

AQUELAS CICATRIZES NOVAMENTE

Eu já tinha aprendido há muito tempo a ser discreta sobre meu passado e o tempo no Institute of Living (IOL), especialmente em ambientes profissionais.

Tentava ao máximo esconder as cicatrizes nos braços e nas pernas, o que era fácil durante muitos meses do ano, mas, é claro, nem sempre conseguia. Tenho certeza de que algumas pessoas devem ter notado, mas ninguém nunca me disse nada.

Steve Lisman relembra: "Um dia, vi os braços dela, e uma voz interior me disse: 'Deixa quieto'. Sabia que algo havia acontecido. Pude ver que eram cortes ou marcas de queimadura de cigarro. Foi a primeira vez que vi braços assim. Achei que não era da minha conta perguntar e fiquei quieto". Doce Steve.

Apesar do relacionamento próximo que eu tinha com Jerry, do amor dele por mim e do meu por ele, fiquei calada. Achei que seria mais sensato assim.

Alguns anos depois de ter terminado meu tempo em Stony Brook, senti que precisava contar a Jerry. Tinha me tornado boa amiga de sua então esposa e estava visitando-os em Port Jefferson, hospedada em sua casa. Jerry relembra:

> Estávamos sentados juntos conversando, após o jantar, e, em algum momento, Marsha disse: "Há algo que eu gostaria de contar a vocês. Mas preciso pedir que mantenham sigilo". Eu disse: "Marsha, você pode nos contar qualquer coisa". Minha ex-esposa disse: "Sim, Marsha, qualquer coisa". Eu não fazia ideia do que ela ia dizer. E então ela nos contou essa história sobre o IOL e o pular das cadeiras, os cortes e as batidas na cabeça. Quero dizer, era incrível. Fiquei muito surpreso. Eu já tinha notado algumas cicatrizes nos braços dela, não muitas, mas não atribuí nenhum significado a isso. Apenas ignorei. Então, quando ela nos contou a história, fiquei espantado, porque ela parecia tão equilibrada psicologicamente. Ela era uma rocha, no melhor sentido da palavra, forte. Então, sim, fiquei surpreso. Mas, depois, tudo começou a fazer sentido: o interesse dela pelo suicídio, o interesse subsequente no transtorno da personalidade *borderline* (TPB). Há aquele velho ditado: "Estudamos aquilo que nos dói".

SONHANDO SONHOS

Nos aspectos profissional e pessoal, e à parte o breve momento em que Ed reapareceu e depois desapareceu da minha vida, eu estava muito feliz. Minhas amizades me sustentavam, e eu gostava bastante das muitas, muitas vezes em que Steve e eu encontrávamos tempo para conversar. Aqui está a lembrança de Steve sobre uma dessas ocasiões:

Nós frequentemente nos sentávamos juntos e conversávamos sobre tudo, Marsha e eu. Falávamos sobre a experiência de estar nesse programa incrível, de quão intelectualmente estimulante era estar nesse caldeirão de novas ideias. Falávamos sobre as figuras de destaque na área que tínhamos o privilégio de conhecer. Falávamos sobre nossas aspirações. Um dia, Marsha olhou para mim, daquele jeito intenso que ela tem, e disse: "Eu não sei o que vai ser, Steve, mas, de alguma forma, preciso desenvolver uma grande teoria sobre o trabalho clínico que nos ajude a pensar de maneira diferente". Minha atitude foi: "É claro, como todos nós". Um pouco cínico, pode-se dizer.

Eu não sabia que ela iria criar algo tão grande e importante como a terapia comportamental dialética (DBT).

UM PRESENTE DE DESPEDIDA PARA JERRY

No final do nosso ano como bolsistas, nosso grupo decidiu dar um presente para Jerry. Alguns meses antes, Jerry tinha lido uma citação de *Cartas a um jovem poeta*, do poeta boêmio-austríaco Rainer Maria Rilke, e nos dado cópias. Pensamos que o sentimento expresso era tão pertinente ao nosso trabalho como terapeutas:

> Não acredite que aquele que busca confortá-lo vive sem problemas entre as palavras simples e calmas que às vezes fazem bem a você. Sua vida tem muita dificuldade e tristeza... Se fosse diferente, ele nunca teria sido capaz de encontrar essas palavras.*

Demos a Jerry uma versão caligrafada e emoldurada da citação (eu fui a designada para fazer a caligrafia), o que ele achou muito comovente. Também fizemos cópias para cada um de nós, os pós-doutorandos. A minha ainda está no meu consultório de terapia. Todos os anos, na formatura, dou cópias emolduradas para meus estudantes e bolsistas.

---

* Rainer Maria Rilke, *Letters to a Young Poet*, trans. M. D. Herter Norton (New York: Norton, paperback, 1993).

16
O QUE EU FIZ?

Lá pela metade do programa de pós-doutorado em Stony Brook, comecei a procurar emprego. Candidatei-me a todas as posições para as quais poderia ter uma chance e que estivessem em cidades de qualquer lugar do país.

Não fui "inundada" com ofertas, digamos assim.

Chegando em abril, eu ainda não tinha emprego e já era tarde para receber uma oferta para o próximo ano acadêmico. Jerry foi muito gentil e tranquilizador. "Não se preocupe, Marsha", disse com delicadeza. "Você vai conseguir um emprego."

UM AMBIENTE NÃO MUITO FAVORÁVEL PARA MIM

Recebi um convite para uma entrevista na Catholic University of America, no nordeste de Washington, D.C., uma região tensa à época. O *campus* é administrado pela Basílica do Santuário Nacional da Imaculada Conceição, a maior igreja católica do país.

Para o processo de entrevista, escolhi dar uma palestra sobre suicídio. Bem poucas pessoas dominam o tema, embora muitos o considerem fascinante, o que foi uma vantagem para mim. Nessa altura, havia me tornado muito boa em palestrar sobre suicídio.

Acredito que minha profunda compaixão por quem sofre desse mal transpareça e faça as pessoas quererem trabalhar comigo. Sou muito mais propensa a ser contratada por um empregador em potencial se sou vista como uma boa clínica (alguém que trabalha de forma eficaz com pacientes) em vez de como uma boa pesquisadora (alguém que consegue resultados sólidos e baseados em evidências por meio de pesquisas). Acho isso um pouco estranho porque acredito ser ambos. De qualquer forma, ofereceram-me o emprego, principalmente graças àquela apresentação.

Mas eu não sabia em que estava me envolvendo. Quando fui à entrevista, o diretor de treinamento clínico estava fora e havia deixado instruções à faculdade: *Contratar alguém, mas não contratar um comportamentalista*. O departamento estava profundamente enraizado na visão psicodinâmica do mundo. Para eles, o comportamentalismo era, senão anátema, pelo menos uma língua estrangeira. Acho que foi o poder da minha palestra sobre suicídio que superou essas considerações, porque acabaram me contratando.

Logo de início, esperavam que eu ministrasse um curso sobre terapia psicodinâmica. Não pude fazê-lo e disse isso a eles, que sugeriram: "Que tal um curso que integre terapia psicodinâmica e comportamental?". Respondi que também não poderia fazer isso.

Fiquei chocada ao perceber o quanto o departamento estava focado no pensamento psicodinâmico tradicional. Para mim, uma comportamentalista, isso parecia tão ultrapassado. Mas, pela primeira vez, e de forma atípica, mantive a boca fechada. Infelizmente, não fiz o mesmo sobre Stony Brook e o quanto havia sido incrível. Com frequência, falava sobre as excelentes ações que Stony Brook fazia para treinar estudantes, com a clara sugestão de que a Catholic deveria fazer o mesmo. Disse isso diretamente? Não. Sugeri? Sim. Isso me ajudou? Não. Mesmo assim, devo ter sido uma boa professora, já que recebi excelentes avaliações dos alunos.

Comecei a receber verba para projetos de pesquisa, o que marcou o início de um maravilhoso relacionamento de longo prazo com a equipe do National Institute of Mental Health, começando com Stephanie Stolz, que liderava um programa especial sobre análise comportamental aplicada. Em pouco tempo, eu estava atraindo mais financiamento por meio de incentivos do que qualquer outra pessoa no departamento, e publicando mais também.

Um dos projetos de pesquisa era sobre assertividade. Eu tinha um modelo que entendia o suicídio como um pedido de ajuda — pessoas com ideação não conseguem obter a ajuda necessária. Aprender assertividade é aprender a ser efetivo no mundo, ser capaz de conseguir o que você precisa por meio de um comportamento eficaz, enquanto mantém bons relacionamentos e preserva o respeito por si mesmo. Se eu pudesse ensinar indivíduos com ideação suicida a serem assertivos e efetivos, eles seriam capazes de obter ajuda.

ASSERTIVIDADE: UMA HABILIDADE DA DBT QUE AJUDA NA EFETIVIDADE INTERPESSOAL

A assertividade tornou-se uma das várias habilidades da terapia comportamental dialética (DBT, do inglês *dialectical behavior therapy*) que capacitam as pessoas a serem efetivas em suas interações com os outros. Essas habilidades permitem que os indivíduos alcancem seus objetivos sem alienar a outra pessoa ou perder o respeito por si mesmos. As habilidades de assertividade são de mudança. (Como você verá mais tarde, as habilidades da DBT se dividem em duas grandes categorias: de aceitação e de mudança.)

As habilidades de assertividade também são as aptidões sociais necessárias para fazer novos amigos, manter as amizades atuais e reconhecer quando um relacionamento é tóxico e agir em relação a isso. Essas habilidades nos vêm naturalmente, a algumas pessoas mais do que a outras. Fazem parte de sermos as criaturas sociais que somos. Mas, não importa o quão bons sejamos, a prática sempre leva a uma maior efetividade, e sermos efetivos em nossos relacionamentos é o objetivo das habilidades de efetividade interpessoal.

Ser assertivo, por exemplo, ajuda a deixar claro para os outros quais são seus objetivos imediatos. Trata-se de ser efetivo, fazer o que funciona. Por exemplo, com um chefe, você pode dizer: "Gostaria de um aumento. Seria possível conversarmos a respeito?". Outra opção, com um cônjuge: "Não temos dinheiro para as férias que planejamos este ano". Trata-se de ser claro e direto no que você diz e em seus relacionamentos com os outros.

Um dos meus conjuntos favoritos de habilidades de efetividade interpessoal, que desenvolvi mais tarde na University of Washington e que os pacientes apreciam muito, é o que chamo de DEAR MAN. (Eu amo acrônimos.) O propósito desse conjunto de habilidades é ser o mais efetivo possível na tentativa de alcançar um objetivo desejado. Você entenderá o que quero dizer ao ler o seguinte:

DEAR MAN significa: **d**escreva, **e**xpresse, seja **a**ssertivo, **r**eforce, mantenha-se em *mindfulness*, **a**parente confiança, **n**egocie.

Descrever a situação

Comece descrevendo brevemente a situação à qual você está reagindo. Isso garante que a outra pessoa esteja informada sobre os eventos que levaram ao pedido.

> *Exemplo:* "Estou trabalhando aqui há dois anos e não recebi nenhum aumento, embora minhas avaliações de desempenho tenham sido muito positivas."
> *Exemplo:* "Analisei nosso orçamento e nossas dívidas pendentes com muito cuidado para ver se temos dinheiro suficiente para as férias."

Expressar-se claramente

Expresse com clareza como você se sente ou o que acredita sobre a situação. Não espere que a outra pessoa leia sua mente ou saiba como você se sente.

> *Exemplo:* "Acredito que mereço um aumento."
> *Exemplo:* "Estou muito preocupado com nossas finanças atuais."

Ser **a**ssertivo

Não faça rodeios, evitando perguntar ou dizer "não" diretamente. Seja claro, conciso e assertivo. Enfrente o desafio e peça ou diga "não".

> *Exemplo:* "Gostaria de um aumento. Você pode concedê-lo?."
> *Exemplo:* "Simplesmente não temos dinheiro para as férias que planejamos."

Reforçar

Explique à outra pessoa que ela também se beneficiará se concordar com o que você está pedindo ou dizendo. No mínimo, expresse gratidão depois que alguém fizer algo relacionado ao que você está pedindo ou dizendo.

> *Exemplo:* "Ficarei muito mais feliz e provavelmente muito mais produtivo se receber um salário que reflita meu valor para a empresa."

Exemplo: "Acho que ambos dormiremos mais tranquilos se não estourarmos nosso orçamento."

Manter-se em *mindfulness*

Seja persistente no que está pedindo, dizendo ou expressando. Não se distraia ou seja desviado para discussões sobre outros tópicos. Continue no mesmo caminho, com um tom de voz calmo.

Aparentar confiança

Use um tom de voz confiante e exiba postura e comportamento físico também confiantes, com contato visual apropriado. Não gagueje, sussurre, olhe para o chão, recue ou diga algo de que não tem certeza. É normal estar nervoso ou com medo em uma situação difícil; no entanto, agir dessa maneira interferirá na efetividade.

Negociar

Esteja disposto a ceder para receber. Ofereça e peça sugestões de alternativas.

Exemplo: "O que você acha que deveríamos fazer? O que podemos fazer aqui? Como podemos resolver este problema?"

Você consegue se imaginar passando por esses passos, com um objetivo específico em mente? Tenho certeza de que sim.

VERIFICAR OS FATOS

Durante meu tempo na Catholic University, enquanto pensava sobre ensinar assertividade a indivíduos com ideação suicida, experimentei uma mudança na minha visão de mundo. Em Stony Brook, absorvi facilmente a ideia de que os comportamentos das pessoas são muito influenciados por suas cognições ou pensamentos. Isso implica que os problemas das pessoas podem estar em sua maneira de *pensar*, em vez de em seus *comportamentos*. Na Catholic, me deparei com o trabalho de Arthur Staats, especificamente sua teoria do comportamentalismo social, que argumenta que a cognição é apenas outra forma de comportamento. Tudo é comportamento, e se você muda um aspecto, muda tudo — pensar, agir, tudo. Tudo está conectado a tudo. Tudo é um só, o que é muito próximo do conceito zen, na verdade. Isso teve grande impacto em mim.

Então, o que mudou em mim? Primeiro, não abandonei a ideia de que mudar alguns pensamentos pode ser útil. Se você tem medo de sair de casa porque acha que há um tornado se aproximando, mas ouve no rádio que o tornado está a três Estados de distância, é provável que mude seu pensamento, o medo diminua e você esteja disposto a sair. Como isso aconteceu? Você recebeu novas informações que mudaram seu comportamento. Na DBT, obter informações é a habilidade que chamamos de "verificar os fatos". No exemplo que acabei de dar, ao verificar a previsão do tempo e descobrir que o tornado está a uma distância segura, você muda seu comportamento e se sente disposto a sair de casa.

AÇÃO OPOSTA

Mas, às vezes, a emoção (o medo) não desaparece, mesmo quando os fatos indicam que não há perigo. Todos nós já tivemos essa experiência. Crianças têm medo de monstros no quarto. Temos medo de sermos assertivos e pedirmos o que queremos. Caímos de um cavalo e ficamos com medo de montar novamente. Uma enfermeira teme que um morto possa se levantar da cama se ela permanecer na sala com o corpo. Às vezes, todos os fatos do mundo não têm efeito, e nosso medo permanece.

A teoria de Staats diz: mude seu comportamento e você mudará suas emoções. (O medo é uma emoção.) Quando os fatos indicam que o que você teme não é realmente perigoso, o truque é fazer o oposto do que o medo sugere. Os pais levam a criança para dentro do quarto. Reunimos coragem e nos afirmamos com alguém que provavelmente responderá bem. Montamos no cavalo que é improvável que nos derrube outra vez. Sentamo-nos na sala com o corpo para absorver a informação de que pessoas mortas não se levantam espontaneamente, e o medo diminui.

Muito tempo depois, chamei esse processo de "ação oposta", uma habilidade de regulação emocional para lidar com o medo. (A ação oposta é uma habilidade de mudança.) Na ação oposta, você se força a fazer o que não quer fazer. Dizer a si mesmo: "As pessoas gostam de mim" ou "Eu não sou gordo não muda como você se sente. É preciso *agir*. Tive uma paciente cujos problemas estavam relacionados principalmente ao ódio ao próprio corpo. Dizer a ela que seu corpo estava ótimo não ajudava. Eu precisava fazê-la agir de forma diferente, agir como se tivesse um corpo lindo. Quando ela fazia isso, portava-se em público com uma postura confiante e se sentia bonita. Funcionou. É como aquele mantra: "Finja até conseguir". É também o equivalente à noção de Aristóteles de que agir de maneira virtuosa o tornará virtuoso.

Talvez você tenha medo de ir a festas porque acha que as pessoas o desaprovarão ou até serão hostis com você. Então, você não vai. Com a ação oposta, você se força a ir à festa e a estar o mais presente possível. Não se esconde em um canto, evita o olhar de todos ou deixa de conversar. Você faz o que pode. Sempre há alguém em uma festa disposto a ter uma conversa casual com você. Você descobrirá que, embora as pessoas possam não o adorar, também não serão abertamente hostis. Se continuar indo a festas, aos poucos ficará menos amedrontado conforme descobre que o que temia não acontece. A ação oposta requer prática.

Repita a ação oposta sempre que puder, sempre que surgir uma oportunidade. Às vezes, a ação oposta funciona de imediato, mas, na maioria das vezes, é necessário praticar muito antes que a emoção que você está tentando controlar (como o medo) diminua.

Desenvolvi uma frase que captura essa nova visão de mundo: "Não é o pensamento que leva a novas formas de agir, mas sim a ação que leva a novas formas de pensar".

17

ENCONTRANDO UMA COMUNIDADE ACOLHEDORA

Na Catholic, eu realmente não tinha nada em comum com o corpo docente, e voltei a me sentir deslocada. Em pouco tempo, comecei a escorregar de volta ao pântano da dúvida sobre mim mesma e aos sentimentos de não pertencimento. Era doloroso, sobretudo após um ano de alegria pessoal e profissional em Stony Brook. Voltei a morar sozinha, Ed ainda estava ausente, e Deus também parecia estar.

Eu tinha um apartamento bastante elegante perto de Dupont Circle. Todos os dias, ia a uma igreja próxima para a oração contemplativa. Muitas vezes, notei outro grupo por lá, que, em retrospecto, devia ser zen. Achei estranho: eles ficavam sentados com os olhos abertos. Na oração contemplativa, você sempre mantém os olhos fechados.

Minha oração, à época, consistia em respirar lenta e profundamente, e, na minha mente, descer uma escada até o centro de mim mesma, que era Deus. Grande parte do tempo, embora eu estivesse buscando, buscando, buscando intensamente por Deus, ao mesmo tempo, tinha um contato enorme com Ele. De tempos em tempos, era como se Deus estivesse falando comigo. Não era algo que eu *pensava*, mas sim uma experiência muito real. Li recentemente que pessoas que passam muito tempo em oração mudam a forma como usam suas mentes. "Os heróis da oração disseram que, à medida que imergiam na oração, seus sentidos se tornavam mais aguçados", escreve Tanya Marie Luhrmann, antropóloga de Stanford que estudou pessoas em oração. "Os cheiros pareciam mais ricos, as cores mais vibrantes. Seus mundos sensoriais internos se tornavam mais vívidos e detalhados, e seus pensamentos e imagens às vezes pareciam externos à mente."*

Isso me soa plausível. De qualquer forma, eu sabia que Deus estava falando comigo, mesmo enquanto eu O buscava.

UMA BUSCA RECOMPENSADA

Uma das minhas primeiras ações ao chegar a Washington, D. C., foi procurar uma comunidade católica compatível com minhas visões liberais. O Newman Catholic Student Center era perfeito para mim e ficava a um pouco mais de 1,5 quilômetro ao sul do meu apartamento, uma caminhada fácil.

O Newman Center da George Washington University é um dos numerosos centros de ministério católico em universidades não católicas ao redor do mundo. Os membros do centro eram, em sua maioria, católicos, mas estudantes de outras denominações também o frequentavam, assim como pessoas da comunidade local, proporcionando uma rica diversidade de visões e origens.

No início dos anos 1970, o Newman Center tinha a reputação de ser superliberal. "A própria universidade era o centro de muitos movimentos sociais da época", recorda Jack Windermyer, nomeado capelão em 1968. "O movimento contra a guerra, o movimento pela paz, o movimento do povo, a campanha pelos pobres, e assim por diante. O centro refletia esse clima predominante de liberalismo e compaixão."

Uma das coisas que eu mais amava no centro eram as homilias em diálogo, em que Jack ou seu assistente capelão, Allanah Cleary, falavam com um viés religioso sobre um tema atual, como o movimento pela paz, o Vietnã, o meio ambiente ou, de forma mais ampla, o significado do amor e o que entendemos por Deus. Depois, qualquer pessoa podia subir ao púlpito e acrescentar algo à conversa. Era altamente participativo. Para uma mulher, acostumada a ser silenciada na igreja, isso era extraordinário. Não é exatamente a Igreja Católica que a maioria das pessoas reconheceria hoje, mas aqueles foram tempos especiais, e eu amava.

Eu também valorizava muito as pessoas que faziam parte da comunidade do centro, incluindo muitas mulheres que logo se tornaram amigas íntimas,

---

* T. M. Luhrmann, "Is That God Talking?", op-ed, *New York Times*, May 2, 2013, p. A23.

algumas das quais ainda são — Allanah, Mary Harrington e outras cujos nomes há muito se perderam na minha frágil memória. Tenho muito a agradecer a essas mulheres por me ajudarem a suportar a turbulência emocional que havia retornado à minha vida.

"Eu nunca me lembro de estar com Marsha na comunidade sem um sorriso em seu rosto", diz Allanah agora. "Ela estava sempre sorrindo." Allanah me conta que eu estava sempre presente nas homilias em diálogo, compartilhando minha opinião. É claro que estava. "Marsha sempre tinha algo a dizer, uma pergunta — ela sempre fazia a pergunta que ninguém mais fazia", afirma Allanah. Mas ela também viu meu outro lado. "Marsha sempre enxergava a luz, a parte mais brilhante das coisas. Mas, ao mesmo tempo, estava sempre sobrecarregada por essa completa escuridão que ela conhecia."

Eu era próxima o suficiente de Allanah para deixá-la acessar minha história, sendo a única pessoa a quem contei sobre meu passado. "Marsha não podia dizer nada aos colegas na Catholic; ela estaria fora de lá assim que eles soubessem", diz Allanah. "E ela sabia que podia confiar em mim. Meu coração sofria por ela tantas vezes. E eu apenas a abraçava. O que mais você pode fazer? Marsha ofereceu uma amizade que protegia as privacidades de ambas."

Allanah é uma das pessoas mais maravilhosas que já conheci. Antes de se juntar ao centro como capelã assistente — a primeira capelã mulher do local —, passou alguns anos na África, como membro das Irmãs Missionárias de Nossa Senhora da África, mais conhecidas como Irmãs Brancas, por razões óbvias. "Eu trabalhava em vilarejos no Maláui, plantando e colhendo amendoins, ensinando a Bíblia, quando possível", ela conta. "Tentava aprender a língua. Consertava motos. Rebocava cabanas. Fazia qualquer coisa que precisasse ser feita. Eu tinha um passaporte canadense e podia dirigir, então ser motorista era outra coisa que fazia."

Passávamos muito tempo em meu apartamento — um refúgio para Allanah, já que ela estava sempre em demanda no centro por alguém precisando de sua ajuda ou conselho. Ela me contou histórias sobre o Maláui, a terrível seca e o sofrimento que testemunhou e experimentou. Isso frequentemente testava sua fé. "Eu saía e gritava para o céu", diz ela. "'Alguém pode mandar alguma gota de chuva? Você está aí? Nós estamos aqui. Precisamos de chuva. Estamos em seca há três anos. As pessoas estão morrendo ao nosso redor'. Sentíamos que estávamos morrendo também. E não havia alívio."

Também encontrávamos tempo para nos divertir. Eu tinha um conversível usado, e Allanah guarda boas memórias das viagens que fazíamos. "Íamos ziguezagueando pelas montanhas Blue Ridge, na Virgínia", diz ela. "Ou íamos à praia. Um ano, no Natal, Marsha e eu decidimos ir para Rehoboth Beach, em Delaware, por alguns dias. Havia um hotel lá com uma pista de patinação no gelo. Eu sou de Nova Scotia, então estava louca para patinar. Marsha colocou os patins, e acho que ela nunca tinha patinado na vida. Ela mal conseguia se mover. Foi hilário, mas fiquei com tanto medo de que ela caísse e se machucasse. Tudo o que tenho daquela época é uma foto que ela tirou de mim patinando. Não tenho uma foto dela, porque não tinha uma câmera; nunca tive nada. Marsha tinha tudo. Ela gostava muito de carros esportivos."

BUSCAR APOIO É UMA HABILIDADE POSITIVA

Minha decisão ativa de encontrar uma comunidade onde eu pudesse me sentir apoiada nos aspectos emocional e espiritual foi exatamente o que a terapia comportamental dialética (DBT, do inglês *dialectical behavior therapy*) incentiva os pacientes a fazerem. Alguns acreditam que "precisar" de amigos é um sinal de fraqueza ou dependência emocional, e que as pessoas deveriam ser felizes sozinhas. Bem, encontrar felicidade e apoio emocional na solidão pode funcionar para alguns. Mas, para a maioria dos seres humanos, fazer parte de um grupo de "pessoas amigáveis" é vital para sua saúde emocional e espiritual. Alcançar esse estado pode exigir esforço e habilidades sociais, e isso não é importante apenas para aqueles que enfrentam problemas comportamentais, é importante para todos nós.

SIGO MEU VOTO DE POBREZA

Após alguns anos no meu elegante apartamento em Dupont Circle, cheguei à conclusão de que era grande demais para mim, considerando minha fé e meu voto de pobreza. "Tetos altos elegantes, paredes brancas com arte estrategicamente posicionada" é como Allanah se lembra dele. "A casa dela estava sempre impecável. Ela tinha alguém que vinha limpá-la, o que eu achava a coisa mais incrível do mundo." Mas decidi que deveria viver em algo mais modesto. Mudei-me para um pequeno apartamento conjugado perto da American University, ainda em Washington, D. C., mas não mais no centro da cidade. Era um apartamento de um quarto, com uma cozinha minúscula, uma varanda estreita e um pequeno quintal.

O Newman Center passou a estar a cerca de 6 quilômetros de bicicleta, mas continuei frequentando-o. Era minha comunidade de apoio e amor, minha comunidade de doação. Durante boa parte do tempo em que estive em Washington, D. C., ajudei pessoas em situação de rua, principalmente mulheres, muitas delas com problemas de saúde mental. Conversava com elas — na verdade, fazia uma espécie de terapia —, tentando orientá-las e ajudá-las a encontrar um lugar em abrigos. Era também minha comunidade de busca por Deus. As homilias quase sempre abordavam Deus, como O vemos nos eventos ao nosso redor e como Ele/Ela se manifesta em nossas vidas e nas vidas dos outros. Voltei à minha busca incansável. "Deus, onde você está?", eu perguntava, ávida e insistente. Acho que Allanah achava isso um pouco irritante, como quem diz: "Certo, vamos falar de outra coisa, pode ser?".

Mary Harrington era mais paciente comigo. Ela também era uma pessoa ávida por respostas, embora fosse mais relaxada quanto a isso. "Minha noção de Deus era um mar de luz, e era isso", disse recentemente. "Sempre tive a sensação da imanência de Deus — aqui, agora, muito concreto, muito simples, no momento cotidiano. Marsha e eu conversávamos sobre esse tipo de assunto." Estávamos buscando a mesma coisa, mas a partir de lugares diferentes.

HABILIDADES DE TOLERÂNCIA AO MAL-ESTAR

Como parte da comunidade do Newman Center, também me tornei muito próxima de Ann Wake e de seu marido. Em uma ocasião memorável, quando meu apartamento pegou fogo, eles me acolheram por uma noite. No meu pequeno apartamento novo, meus vizinhos bateram à porta, gritando que eu havia colocado fogo no apartamento deles ao deixar a eletricidade ligada na minha varanda naquela noite. Errado! Depois, ganhei a contenda ao provar que o incêndio começara no apartamento deles.

Aprendi duas lições importantes com esse incêndio. Primeiro, guardar documentos importantes em lugares baixos, pois tudo que estava a mais de 25 centímetros de altura no meu apartamento ficou coberto de fuligem preta. Segundo, quando você está sobrecarregado pelos acontecimentos da vida, pode ser muito difícil fazer o que precisa ser feito, mesmo *sabendo* o que precisa ser feito e tendo a capacidade de fazê-lo. Quando Aline me ligou na manhã seguinte para saber como eu estava, respondi: "Estou bem". Mas, na verdade, eu estava sentada no sofá, lendo a revista *Time*. Não tinha feito nada para lidar com a fuligem, as queimaduras ou a bagunça no local. Estava emocionalmente sobrecarregada demais pelo incêndio para pensar direito. Isso acontece frequentemente com as pessoas. É isso que significa estar emocionalmente sobrecarregado. O que eu precisava era de uma habilidade para acalmar minha mente. Precisava de certas habilidades que mais tarde desenvolvi para a DBT, ajudando as pessoas a tolerarem o mal-estar, muitas vezes em situações de crise. (Essas são as habilidades que chamo de TIP, que descreverei em breve.)

Na área da saúde mental, o foco costuma estar em mudar eventos e circunstâncias que causam sofrimento. Isso parece ser o mais natural a fazer, não é? Mas abordar problemas a partir de uma perspectiva mais religiosa ou espiritual, aprendendo a *tolerar* o sofrimento, também pode ser eficiente e mais facilmente alcançável. Essa é a minha abordagem. Um diferencial importante da DBT é sua ênfase em aprender como tolerar e aceitar o sofrimento.

Por que seguir esse caminho? Duas razões. Primeiro, dor e sofrimento fazem parte da vida, e não podem ser totalmente evitados ou eliminados. Uma pessoa que não aceita isso enfrentará mais dor e sofrimento no longo prazo. Segundo, no contexto mais amplo da vida e do autodesenvolvimento, aprender a tolerar e aceitar o sofrimento faz parte dessa mudança geral rumo à melhoria pessoal.

Tolerar e aceitar a realidade não significa aprová-la, mas aceitar a vida como ela é no momento. Você verá, mais adiante neste livro, que a *aceitação* é um tema muito importante na DBT, diferenciando-a da terapia comportamental padrão, que, como mencionei antes, é uma tecnologia de *mudança*.

QUATRO HABILIDADES TIP (TOLERÂNCIA AO MAL-ESTAR)

Quando ficamos muito ativados emocionalmente por conta do que nos acontece, muitas vezes nos sentimos sobrecarregados e incapazes de tomar as ações necessárias para lidar com a situação — como aconteceu comigo quando houve o incêndio no apartamento. Desenvolvi quatro habilidades TIP que ajudam as pessoas a reduzirem suas emoções no enfrentamento de uma crise. Elas são ações físicas projetadas para diminuir o nível de ativação no sistema nervoso: modificação da **t**emperatura, exercício **i**ntenso, respiração compassada e relaxamento muscular **p**areado. (Ok, há duas habilidades "P", o que não se encaixa perfeitamente no acrônimo.*) Um dos objetivos das habilidades TIP é alterar a fisiologia corporal de forma a reduzir a ativação emocional, o que é essencial para tolerar o mal-estar. Funciona muito rapidamente. Vou descrever apenas duas dessas habilidades aqui.

A habilidade do exercício intenso envolve engajar-se em uma atividade aeróbica de sua escolha — correr em volta do quarteirão, pular em um trampolim, pedalar uma bicicleta ergométrica, usar uma esteira, qualquer coisa que eleve sua frequência cardíaca para cerca de 70% do máximo para a sua idade — por cerca de 20 minutos. Pesquisas mostram que fazer isso aumenta as emoções positivas, você se sente melhor consigo mesmo e com as suas circunstâncias e está mais preparado para começar a resolver as situações desafiadoras.

A habilidade da respiração compassada consiste em encontrar um local confortável para sentar-se e, então, deliberadamente, respirar de forma lenta e profunda, contando as respirações: inspire (1), expire (2), inspire (3), expire (4), e assim por diante até 10, e depois comece novamente. O objetivo é realizar cerca de cinco ciclos de inspiração/expiração por minuto. Inspirar ativa o sistema nervoso simpático e aumenta a ativação, enquanto expirar ativa o sistema nervoso parassimpático, diminui a ativação e acalma. A chave é levar mais tempo expirando do que inspirando: 5 segundos para a inspiração e 7 segundos para a expiração. Feito por 10 minutos, produz um efeito calmante significativo que pode ajudar a lidar com emoções difíceis de controlar e a fazer o que você precisa naquele momento. Para mim, foi começar a limpar a bagunça causada pelo incêndio no apartamento, em vez de simplesmente ficar inerte no meio de tudo. Para você, pode ser reorganizar sua vida após uma perda dolorosa, como de um emprego ou de um namorado ou namorada.

Vou contar sobre mais habilidades da DBT conforme elas surgirem na minha história.

---

* N. de T. No original, as iniciais de cada uma das habilidades são: T (*temperature manipulation*/manipulação da temperatura), I (*intense exercise*/exercício intenso), P (*paced breathing*/respiração ritmada) e P (*paired muscle relaxation*/relaxamento muscular pareado).

18

COMO UM PEIXE EM UM ANZOL

Logo depois que me mudei para Washington, Ed me ligou do nada. "Eu preciso ver você, Marsha", implorou pelo telefone. "Não consigo ficar longe de você." (Lembra do Ed? O amor da minha vida, o esquivo Ed?)

Eu já tinha recebido outras ligações como essa de Ed nos últimos anos, mas consegui resistir, querendo me proteger de mais sofrimento emocional. Dessa vez, não consegui. Ainda estava apaixonada por ele, mesmo não querendo estar. Não falava com ninguém sobre Ed, exceto Aline, e ela constantemente me assegurava que Ed e eu acabaríamos juntos novamente. Não havia ninguém para me convencer a dizer: "*Não!* Não faça isso!". Eu disse a Ed que ele podia ir me ver. Ele parecia tão aliviado, tão feliz, e acho que também fiquei feliz, permitindo-me esperar ansiosamente por sua chegada. Ele iria de carro de Nova York a Washington, D. C., na semana seguinte.

EM UM CRONOGRAMA DE REFORÇO INTERMITENTE

A essa altura, eu estava presa no que os psicólogos chamam de cronograma de reforço intermitente, como um peixe fisgado no anzol. É a mesma força psicológica que mantém as pessoas por horas em frente às máquinas caça-níqueis, viciadas. Se as máquinas pagassem pequenas quantias regularmente, os jogadores logo se entediariam, mas a possibilidade de ganhar uma bolada a qualquer momento os mantém presos. É também o que faz muitas pessoas permanecerem em relacionamentos abusivos. "Talvez desta vez seja diferente." E foi isso que me fez ceder a Ed e dizer: "Tudo bem, pode vir". Talvez desta vez fosse diferente. Talvez eu tirasse a sorte grande.

Eu estava esperando-o chegar, sentada em meu apartamento em Dupont Circle, certamente em um estado de tensão — nervosa, mas também animada. O telefone tocou. Era Ed. Ele estava do outro lado de Baltimore, a menos de uma hora de distância. "Eu não consigo fazer isso", ele quase chorou. "Estou voltando." "Devastada" não descreve nem de perto como me senti.

Sabe-se lá como, consegui ir para a casa do meu irmão Earl; ele morava em Baltimore. Lembro-me de estar em sua porta, chorando, contando a ele o que tinha acontecido. Earl me abraçou, me acalmou até eu parar de chorar. Então ele disse algo que nunca esqueci — tão sábio e reconfortante. Ele olhou atentamente para mim e disse: "Marsha, você é muito sortuda, porque sabe que é capaz de amar outra pessoa. Sabe que é capaz de um grande amor. E muitas pessoas não sabem isso sobre si mesmas". Foi tão profundo que consegui deixar de lado a agonia que me consumia. Ainda é uma das melhores coisas que alguém já me disse.

A PRIMEIRA TRAGÉDIA

Ed me ligaria novamente pouco depois de eu me mudar para Seattle, em 1977. (Você lerá sobre essa jornada na próxima seção.) Dessa vez, a história de Ed era diferente. "Nunca contei isso para você", ele começou, "mas quando me mudei para Nova York, há 12 anos, conheci alguém lá. Eu teria contado antes, mas amigos me aconselharam a não fazer isso, porque você sairia machucada". Ele fez uma pausa.

O que era aquele "Não consigo viver sem você" e aquele "Preciso ver você"? Não disse isso, mas era o que sentia. Então, ele disse: "E estou pensando em me casar com ela, mas quero ver você". Ele estava deixando o sacerdócio para se casar com essa mulher, mas havia me deixado para permanecer no sacerdócio.

Eu estava em choque com a ligação. Minha resposta imediata foi dizer que ele só poderia me encontrar se houvesse uma possibilidade de ainda me escolher. "Se você só está vindo para pedir minha bênção para se casar com ela, então não, não venha. Há alguma chance de você querer ficar comigo?" Ele me disse que sim, então eu disse que tudo bem.

Quando ele chegou, caiu nos meus braços, e eu nos dele, como se ainda estivéssemos apaixonados. Ele sussurrou o quanto me amava; tenho certeza de que era verdade. Ele ficou uma semana em minha casa. Foi péssimo porque, com o passar dos dias, ficou claro o que minha razão provavelmente já sabia, mas meu coração queria negar: Ed precisava apenas da minha bênção para se casar. Infelizmente, era isso.

Então, eu disse: "Ed, case-se com ela". Ele disse: "Você acha?". Respondi: "Sim, você não nasceu para ser um padre celibatário. Isso é um erro. E você pode fazer bem ao mundo casado ou como padre. Você precisa se casar. Claramente, você está envolvido com ela e não está envolvido comigo de maneira séria há muito tempo. Ela é freira e você é padre. Vocês têm tanto em comum, estão na mesma igreja; tenho certeza de que muitas pessoas os amam. Você deve fazer isso. É hora de deixar o sacerdócio e se casar com ela". A última coisa que ele me disse foi: "Marsha, eu amo você e sempre vou amar". Tenho certeza de que ele estava sendo sincero. Deixei-o no aeroporto e nunca mais vi ou falei com Ed. Ele me escreveu, mas nunca respondi. Simplesmente não consegui.

Ed, o amor da minha vida, agora estava fora da minha vida. Para sempre.

A SEGUNDA TRAGÉDIA

Todo verão, há cerca de 20 anos, eu voava para Cape Cod, Massachusetts. Minha principal razão para estar lá era ministrar um *workshop* de uma semana ou mais sobre terapia comportamental dialética (DBT, do inglês *dialectical behavior therapy*) para o New England Educational Institute, com um público composto principalmente por terapeutas, mas também por qualquer pessoa interessada no que eu estava ensinando. Ficávamos em uma casa grande, com muitos quartos e pátios externos, sempre à beira da água. Era espaço suficiente para todos os meus amigos e parentes. Com o tempo, o número de pessoas que participava aumentou muito. Os *workshops* eram pela manhã, e o resto do dia ficava livre para tomar sol, ler livros, aproveitar a companhia uns dos outros e ir até a cidade.

Aline às vezes ia. Minha prima Nancy (nossa fabulosa preparadora de sanduíches) ia todo ano. Costumávamos terminar o dia com um jantar para 10 ou mais de 20 pessoas — comida simples, preparada de forma coletiva, e vinho, é claro, acompanhado de uma boa conversa. É como um salão literário, de fato. Sempre aguardo ansiosamente essa semana em Cape Cod. É minha pausa anual.

O tema do *workshop* de 2010 era "*Mindfulness*, aceitação radical e disposição: ensinando habilidades de aceitação da DBT na prática clínica". *Mindfulness* e aceitação radical são as habilidades centrais da DBT. Você aprenderá muito mais sobre elas à medida que continuar a leitura.

Aline compareceria naquele ano. Eu sempre adorava passar tempo com ela. Era o início da noite de sábado e eu estava no meu quarto, me arrumando para descer e tomar uma taça de vinho com Nancy e todos os outros que se preparavam para o jantar. Aline já deveria estar lá, mas não havia chegado. Eu não estava muito preocupada, porque ela nem sempre era pontual. Meu celular tocou e era ela. Perguntei se ela estava a caminho. Ela disse: "Marsha, preciso contar uma coisa a você". "O quê?", perguntei. "Ed morreu. Ele teve um infarto fulminante."

Acho que devo ter deixado o telefone cair, não sei. Fiquei atordoada e cambaleei até a cômoda, me segurando nela. Ao mesmo tempo, comecei a gritar involuntariamente, o mais alto possível, alarmando muito as pessoas lá embaixo. Minha prima Nancy subiu correndo as escadas e entrou no quarto, sem saber o que tinha acontecido comigo. "Fique longe, me deixe sozinha, não entre", eu disse. "Vou ficar bem, vou ficar bem."

Eu estava em pé, segurando-me na cômoda e me inclinando, o tempo todo falando comigo mesma. Então comecei a recitar um mantra, algo que provavelmente diria a um paciente se ele estivesse na minha situação: "Marsha, você precisa viver o luto, você não deve evitar nem suprimir isso. Você precisa chorar. Não pare". Estava falando comigo mesma como se houvesse duas de mim: a que estava de luto e a terapeuta. "Não se preocupe com isso. Apenas chore o quanto for necessário — você vai ficar bem", e assim por diante.

Ed faleceu em 17 de julho de 2010. Cerca de um mês antes, recebi uma carta sua, mas não respondi — nem sequer li.

Uma das lições que aprendi em todo esse tempo com Ed é que você pode viver uma vida alicerçada na esperança. Você pode de verdade. Mas ele se foi, então não havia mais esperança.

Acho que o impacto avassalador da morte de Ed foi muito complexo. Era, obviamente, a perda final e inegável do amor da minha vida, mas também tocava no abismo sem fundo de tristeza que eu sentia — e ainda sinto às vezes — sobre meu passado como um todo. Então os gritos, os soluços, o choro podem ter sido também pela perda da minha vida, há tanto tempo, por assim dizer, bem como pela perda do meu amor.

Não demorou muito para me recuperar e me lembrar do presente que foi ter um amor assim na minha vida, para perceber como fui sortuda por encontrar alguém que me levou ao topo do mundo, mesmo que, em algum momento, eu precisasse voltar à terra.

19

ENCONTRANDO UM TERAPEUTA, E UMA REVIRAVOLTA IRÔNICA

Allanah disse que nunca me viu no centro sem um sorriso no rosto, e acredito que, na maior parte do tempo, eu realmente era feliz lá. Às vezes, experimentava felicidade da forma mais pura; outras vezes, me afundava em autocrítica e tristeza. Por fim, decidi que precisava de um terapeuta, pela primeira vez desde que deixei Chicago, quatro anos antes. Meus mentores Jerry Davison e Marv Goldfried me colocaram em contato com alguém que conheciam e respeitavam muito como terapeuta comportamental: Allan Leventhal.

Segundo Allan, dois anos antes, fiz uma entrevista com ele para uma vaga em um departamento em formação na American University. Allan foi um dos primeiros adeptos do comportamentalismo e esteve entre os poucos participantes do primeiro grande encontro da Association for Advancement of Behavior Therapy em 1967, em uma pequena sala no subsolo do One Washington Circle Hotel, em Washington, D. C.. (Hoje, esses encontros atraem até 8 mil pessoas.)

"Assim que pude, comecei a recrutar professores para meu departamento", Allan relembra. "Estava buscando jovens brilhantes que ajudassem a estabelecer um núcleo de comportamentalismo na American University e a desenvolver o lado clínico da escola — ou seja, a prática da terapia comportamental. Na primavera de 1973, recebi uma inscrição pelo correio de uma jovem que havia concluído o renomado programa de pós-doutorado em terapia comportamental em Stony Brook. (Renomado entre os comportamentalistas, claro.) 'Perfeito', pensei, 'exatamente o tipo de pessoa que estou procurando'. Convidei-a para uma entrevista e fiquei impressionado com sua presença, conhecimento e entusiasmo. Achei que ela seria uma boa adição ao nosso programa, então a recomendei fortemente para a vaga e, pelo que me lembro, acreditava que o chefe do departamento iria contratá-la. Essa jovem era Marsha."

É aqui que entra o mistério e, também, certa ironia. Não tenho qualquer lembrança de ter recebido uma oferta da American University.

Allan agora acredita que, embora tenha recomendado que me oferecessem a vaga, o chefe do departamento apenas não chegou a enviar a oferta. Se ele tivesse enviado, eu a teria aceitado; talvez não tivesse mergulhado na tristeza nem precisaria de terapia. Teria sido um encaixe perfeito para mim. Às vezes uso esta frase em meus diários: "Ah, então é assim que as coisas são".

Allan havia aberto um consultório particular pouco antes da minha busca por um terapeuta. "O escritório ficava ao norte de Georgetown, na Wisconsin Avenue", ele relembra. "No início, atendi Marsha lá, mas, com o tempo, passei a atendê-la mais vezes em minha casa. Ela era psicóloga, então podíamos abordar os assuntos em uma linguagem que não seria possível com outras pessoas."

Allan me descreve, à época, como uma pessoa deprimida, infeliz em minha vida pessoal, sentindo-me pouco apoiada na Catholic, isolada, sozinha, incerta sobre o que fazer da vida, com uma autoimagem tóxica, tendo tido relacionamentos terríveis com meus pais e sofrido muito durante a permanência no instituto. "Quando você passa pelo que Marsha passou, sua definição de si mesmo se torna danificada", Allan diz. "Você começa a se ver como defeituosa, sem valor, com muitos pontos negativos. Então, muito do trabalho é melhorar o senso de quem a pessoa é, eliminar toda essa autodefinição negativa, reconhecer as qualidades boas, e é nisso que devemos nos aprofundar. Isso é o que um terapeuta comportamental faz: observa os comportamentos disfuncionais e os funcionais, reduz um e aumenta o outro."

Pobre Allan. Ele foi tão paciente comigo. Eu ligava para ele a qualquer hora da noite, muitas vezes chorando. "Estou tão infeliz. Quero morrer, mas não quero realizar um comportamento suicida. O que posso fazer?" Era assim direto. Não sei como ele me aguentou. "Marsha se sente mais culpada sobre isso do que eu me sentia à época", Allan relembra.

Ele finalmente percebeu que deveria parar de tentar ter uma conversa lógica comigo, porque meus problemas eram de ordem emocional. Meu verdadeiro problema estava nas emoções. Passamos muito tempo falando sobre isso, tentando entender.

Por que eu estava tão infeliz? Acho que, de muitas maneiras, carregava comigo a "língua-mais-afiada-que-navalha" (a garota que pensava fora da caixa e não tinha caminho de volta sem sacrificar sua identidade). Eu tinha amigos, e muitas pessoas me amavam, mas precisava de uma família amorosa. Eu vivia sozinha e precisava de uma *família*. A felicidade de Stony Brook havia evaporado. Eu não era mais a pessoa integrada que desfrutava de uma camaradagem que me dava um senso de pertencimento. Estava sozinha de novo.

Allan me ajudou muito, e sou extremamente grata por isso. "Marsha se tornou muito menos volátil, melhor em saber o que queria fazer, em planejar o que fazer, em tomar melhores decisões", ele diz. "Ela passou a saber o que queria. Como sair de uma situação ruim, acreditar mais em si mesma, respeitar-se mais. Ela reconheceu que muitas visões negativas que tinha de si mesma não eram verdadeiras, que havia características em si mesma valiosas, especiais, que podiam ser a base para crescer. Eu a via como alguém com habilidades muito especiais, intelectualmente brilhante e criativa. Era fácil para mim conversar com ela de uma forma que a ajudasse a se respeitar mais." Isso sim foi um progresso.

O FASCÍNIO DO OESTE

Parte do meu progresso foi a decisão de aceitar um emprego na University of Washington, em Seattle.

Sem esperar, em 1977, recebi um telefonema perguntando se estaria interessada em me candidatar a uma vaga no corpo docente. Provavelmente, foi Jerry Davison quem me recomendou, mas não tenho certeza. Eu não estava procurando um novo emprego, mas nunca tinha estado na costa oeste em toda a minha vida, então disse "sim".

Quando fui buscada no aeroporto e levada a um hotel no distrito universitário, fiquei maravilhada com a beleza física do lugar. Puget Sound, o lago Washington, as montanhas cobertas de neve — não acho que já tivesse visto algo tão bonito quanto o sol se pondo sobre a água e as luzes brilhando na noite que se iniciava.

Minhas entrevistas foram no dia seguinte, e fui levada de prédio em prédio para conversas, com o cabelo e o vestido cuidadosamente arrumados — na *chuva*! Ninguém me ofereceu um guarda-chuva. À época, eu não sabia que os habitantes de Seattle não ligam para a chuva; estão tão acostumados com ela que nem a notam.

Ao final do segundo dia, eu já havia conhecido o corpo docente e os alunos, apresentado uma palestra sobre minha pesquisa, falado sobre pesquisas futuras sobre suicídio e tido uma longa conversa com o diretor do programa clínico. Ao me deitar à noite, sabia que eles iam me oferecer o emprego e eu aceitaria. (Nunca tive dúvidas de que a University of Washington é o lugar certo para mim.) Depois disso, chorei até dormir todas as noites durante duas semanas, porque não estava pronta para deixar Washington, D. C.. Eu precisava sair da Catholic University porque aquele ambiente era corrosivo para mim, mas deixar meus amigos, deixar Allanah e Allan foi muito difícil. Mesmo assim, sabia que era o que deveria fazer.

Quando saí da cidade, com o carro carregado para a viagem de Washington, D. C., a Seattle com Aline, dei um presente para Carol, esposa de Allan. Foi minha forma de agradecer pelo tempo que Allan havia, tão generosamente, dedicado a mim durante aquelas angustiantes ligações noturnas. Esse tempo foi tirado dela.

Repito aqui: obrigada, Carol.

PARTE III

20
UM RASCUNHO ESQUEMÁTICO DA TERAPIA COMPORTAMENTAL DIALÉTICA (DBT)

Cheguei à University of Washington no verão de 1977, convicta de que, finalmente, iria desenvolver um tratamento eficaz para pessoas sob alto risco de suicídio. Um tratamento comportamental, com certeza. O que eu não sabia era o quão complexo o tratamento — a terapia comportamental dialética (DBT, do inglês *dialectical behavior therapy*) — se tornaria.

Antes de contar como a DBT se formou por completo, em meados da década de 1980, gostaria de retroceder e descrever, em detalhes, o que é essa terapia e como funciona.

O QUE É A DBT?

No centro da DBT está o equilíbrio dinâmico entre duas metas terapêuticas opostas: de um lado, a aceitação de si mesmo e de sua situação de vida; de outro lado, a busca por mudanças rumo a uma vida melhor. Isto é o que "dialética" significa: o equilíbrio entre opostos e a síntese entre eles. Esse foco em equilibrar estratégias de mudança e estratégias de aceitação é único da DBT.

Quero reiterar o que mencionei no capítulo inicial, porque é extremamente relevante aqui: a DBT é um programa de tratamento comportamental, mais do que uma abordagem de psicoterapia individual. Ela combina sessões individuais de psicoterapia (de cerca de uma hora, uma vez por semana), treinamentos em grupo para aprendizagem de habilidades, *coaching* telefônico, consultoria em equipe para terapeutas e a possibilidade de intervir na situação social ou familiar do paciente (por exemplo, com intervenções familiares). A aprendizagem de habilidades é essencial para a efetividade da DBT, pois ajuda o paciente a encontrar um meio de tornar sua vida suportável.

Outras formas de terapia comportamental incluem alguns componentes da DBT, mas não todos. Essa é uma das características que tornam a DBT especial. No entanto, dois outros aspectos são ainda mais pertinentes à singularidade dessa terapia.

O primeiro é sua ênfase em estabelecer uma relação verdadeiramente real e igualitária entre terapeuta e paciente. Isso significa reconhecer que ambos são seres humanos iguais, fora de seus papéis específicos de terapeuta e paciente, e devem se enxergar dessa forma. Elementos como o terapeuta estar aberto a falar sobre si mesmo, até certo ponto, e estar disponível para atender ligações de alguém em momentos de desespero fazem uma grande diferença para a disposição do indivíduo em permanecer na terapia e aprender o que precisa. Para um paciente com alto risco para o suicídio, a relação com o terapeuta, por vezes, é o que o mantém vivo quando nada mais funciona.

O segundo é o papel central da aprendizagem de habilidades da DBT, que ajudam os pacientes a lidarem de forma mais eficaz com suas vidas com intenso sofrimento.

Suas vidas costumam ser marcadas por crises emocionais constantes — críticas dolorosas no trabalho, discussões com o cônjuge sobre finanças, recaídas no álcool após promessas de abstinência, autoestima muito baixa, incapacidade de formar bons relacionamentos ou de romper com relacionamentos ruins, ou mesmo de alcançar metas simples (como convencer um vizinho a emprestar um cortador de grama). Pessoas com transtorno da personalidade *borderline* (TPB) podem ter capacidade limitada de controlar suas emoções, que, como resultado, são muito voláteis — quase vulcânicas. (Isso é descrito como "desregulação emocional", que leva à "desregulação comportamental", ou comportamentos fora de controle.) Meus pacientes vivem assolados por sentimentos de autodepreciação e vergonha, medo de abandono e raiva. Imagine tentar viver quando o comentário mais inocente pode provocar desespero, vergonha extrema ou alegria exagerada. Essas pessoas são a própria definição de indivíduos com disfunção comportamental severa.

O papel das habilidades da DBT é fornecer aos pacientes formas práticas de primeiro, aceitar seus problemas e, depois, resolvê-los. Cada pessoa terá um conjunto diferente de problemas, portanto, cada uma precisará de um conjunto específico de habilidades para resolvê-los. Tudo isso torna irrealista qualquer ideia de um curso de terapia planejado e estruturado de forma linear.

QUATRO CATEGORIAS DE HABILIDADES DA DBT

As habilidades da DBT se dividem nas quatro categorias a seguir, projetadas para solucionar diferentes tipos de problemas. As duas primeiras fornecem o caminho para a *aceitação* da realidade tal como é; as duas últimas, são habilidades de *mudança* que ajudam os pacientes a abraçarem as transformações necessárias em suas vidas.

1. Habilidades de *mindfulness*, que ajudam a reduzir a dor emocional e aumentar a felicidade.
2. Habilidades de tolerância ao mal-estar, que ensinam como tolerar situações de crise, permitindo encontrar soluções eficazes para o que está causando o sofrimento.
3. Habilidades de regulação emocional, que, como o nome sugere, ensinam como controlar suas emoções para que você não reaja de forma impulsiva ao que está acontecendo ao seu redor nem diga ou faça coisas que podem piorar a situação.
4. Habilidades de efetividade interpessoal, que ajudam a agir efetivamente nos relacionamentos com os outros — tanto com pessoas próximas quanto em interações cotidianas, como no ambiente de trabalho.

Você já viu alguns exemplos de habilidades da DBT em capítulos anteriores: assertividade, DEAR MAN e TIP, por exemplo. Vou apresentar outros exemplos dessas quatro categorias ao longo do livro. É importante lembrar que essas habilidades (*mindfulness*, tolerância ao mal-estar, regulação emocional e efetividade interpessoal) foram desenvolvidas no contexto do tratamento de pessoas com disfunções graves. Mas, como já disse, também são habilidades para a vida, que podem ajudar qualquer pessoa a viver de forma mais plena e emocionalmente estável. Elas são fundamentais no dia a dia.

Em outros tratamentos, não é incomum que o terapeuta decida interromper a terapia porque os problemas do paciente são muitos ou o trabalho é emocionalmente exaustivo. Isso é compreensível. Mas a DBT coloca grande ênfase em não encerrar a terapia por causa dos problemas do paciente. Em outras palavras, se alguém me atacasse (seja verbal ou fisicamente), isso seria motivo para essa pessoa continuar na terapia, e não para eu decidir desistir do caso. Esse é um princípio do tratamento. A ideia de "expulsar pessoas" vai contra os fundamentos da DBT.

Quando pedem para descrever a diferença entre a terapia comportamental convencional e a DBT, pessoas que passaram por ambas costumam dizer:

> Fazer DBT foi muito diferente da minha experiência anterior, uma sensação muito distinta. Eu tinha feito bastante terapia cognitiva, terapia de conversa. Com a terapia cognitiva, você fala e descobre coisas sobre si mesmo, o que é ótimo e pode ser muito poderoso, mas eu já tinha feito isso por tanto tempo que precisava de algo mais prático. Com a DBT, aprendi habilidades para me redirecionar, especialmente para ser efetivo no que faço.

VOCÊ PRECISA "PASSAR PELO FOGO"

A meta da DBT é ajudar as pessoas a encontrarem a saída do seu inferno emocional. Sei que funciona porque vi isso acontecer com incontáveis pacientes. E o mais importante: os estudos científicos (meus e de outros pesquisadores) comprovam. Mas essa jornada de cura não é fácil. É isto que costumo dizer aos meus pacientes:

> Se você quer se libertar do seu inferno, precisa atravessar o fogo para chegar ao outro lado. É como se você estivesse em uma casa em chamas. As labaredas estão por toda parte, especialmente na entrada da casa, cercando a única saída. Seu impulso é recuar, tentar encontrar um lugar seguro dentro da casa. Mas, claro, você vai acabar morrendo lá. Você precisa encontrar coragem para atravessar as chamas na porta da frente. Só assim pode chegar ao outro lado. Você precisa enfrentar sua raiva, abrir-se para o seu terapeuta, continuar atravessando a dor. Não é da noite para o dia que você vai se sentir melhor, mas vai conseguir.

O DESAFIO DO TERAPEUTA

O terapeuta que trabalha com um indivíduo com TPB deve lidar com a turbulência de humores, alternando entre pressionar e aliviar conforme necessário. Desenvolvemos uma frase para descrever essa dinâmica: "movimento, velocidade e fluxo". Muitas vezes, é uma jornada intensa. A tarefa do terapeuta de ensinar habilidades que ajudem os pacientes a lidar com suas vidas turbulentas é semelhante a tentar ensinar alguém a construir uma casa que não desabe em meio a um tornado — enquanto este já está acontecendo.

Terapeutas tradicionais (psicodinâmicos) acreditam que os problemas dessas pessoas são internos e que é necessário explorar profundamente a mente do paciente para tratá-los. Essa abordagem é voltada para o passado e baseada no pressuposto de que mergulhar em áreas do inconsciente é o caminho para entender o que molda o indivíduo. Essa abordagem, em certos casos, pode ser útil, algo que não nego. Contudo, quando estava desenvolvendo a DBT, quase não havia evidências que apoiassem a eficácia da terapia psicodinâmica. Além disso, ela não ajuda muito na mudança, sobretudo com pessoas com TPB.

Como comportamentalista, busco maneiras de substituir comportamentos disfuncionais (indesejados) por comportamentos funcionais ou efetivos, focando no contexto em que ocorrem — tanto suas causas quanto suas consequências. A DBT é uma terapia muito pragmática, voltada para ajudar as pessoas a serem efetivas em todos os aspectos de suas vidas. É uma abordagem orientada à solução de problemas, focada em ação.

A ORIGEM DAS HABILIDADES DA DBT

Cheguei a algumas das habilidades da DBT com base em minhas próprias experiências de vida. No entanto, a maioria delas foi desenvolvida a partir de um trabalho minucioso de análise dos melhores manuais de terapia comportamental disponíveis. Eu perguntava: "O que o terapeuta solicita que o paciente faça nesta abordagem?". Depois, reformulava isso como uma habilidade da DBT, até ter uma longa lista — literalmente, dezenas e dezenas de habilidades. Ninguém havia feito isso antes.

Isso deve dar uma ideia geral da DBT. Reitero: esta é uma terapia extremamente prática, "pé no chão", bem diferente da psicoterapia tradicional. É, em outras palavras, um programa de autoaperfeiçoamento.

Encerro este capítulo com uma observação típica sobre o impacto da DBT — um relato frequente de pessoas que passaram por essa terapia:

> Fazer DBT, aprender as habilidades e assim por diante, me tirou de um estado de vítima da depressão para ser alguém com escolhas. Antes da DBT, se algo ruim acontecesse no trabalho, eu me sentiria horrível, pior do que uma pessoa comum, punindo-me emocionalmente: "Você é uma pessoa terrível". Reagia a tudo isso e me deprimia, culpando-me por não ser boa o suficiente de alguma forma, entrando nesse ciclo, que é desgastante. Isso me fazia entrar em pânico e aumentar o problema. Agora, quando algo ruim acontece — no trabalho, com amigos, em qualquer ambiente —, consigo desacelerar e decidir se preciso reagir dessa forma. Agora, apenas convivo com a ansiedade e ela desaparece. Hoje, sei que sou uma boa pessoa, que tenho qualidades e que posso controlar o que minha mente faz. Não sou mais tão vítima assim.

* * *

Nos próximos capítulos, você aprenderá como cheguei à DBT. Não houve um único momento de "eureca" em que a terapia surgiu totalmente formada. O processo de desenvolvimento foi mais uma evolução gradual, marcada por muitas tentativas e erros, falsos começos, *insights* inesperados e golpes de sorte, enquanto os diferentes componentes do tratamento se uniam em uma terapia coerente. Por fim, consegui conduzir um rigoroso ensaio clínico controlado que demonstrou que a DBT é eficaz no tratamento de pessoas com importante risco de suicídio a viverem vidas que valham a pena ser vividas. Os resultados foram publicados em 1991. Até então, não havia uma terapia eficaz para essa população; agora há.

21

ENCONTRANDO-ME EM SEATTLE E APRENDENDO A VIVER UMA VIDA AVESSA À DEPRESSÃO

Minha viagem de carro para Seattle não foi a primeira aventura desse tipo, mas foi a mais longa. Até essa viagem para as entrevistas em Seattle, eu nunca havia ido mais a oeste do que Oklahoma. Então, pensei: "Aqui está uma oportunidade para ver uma grande parte da América do Norte completamente nova para mim". Aline iria me acompanhar na primeira parte da viagem, então vivenciaríamos juntas essa parte do percurso.

Coloquei meus poucos pertences no carro, prendi a bicicleta no teto e partimos. A jornada seria de pouco menos de 5 mil quilômetros se eu tivesse optado pela rota mais curta, mas não quis. Primeiro, fomos ao norte, atravessando o Canadá, e depois seguimos rumo ao oeste e ao sul. Fizemos um percurso lento, muitas vezes em estradas secundárias. Queria ver tudo: cidades, vilarejos, qualquer coisa que pudesse ser interessante. Durante uma viagem de carro, quase nada é insignificante a ponto de eu não topar ir conferir.

Cinco mil quilômetros e um mês depois, cheguei a Seattle, em 16 de agosto de 1977 — o dia em que Elvis Presley morreu. Achei tão tocante, porque ele era um herói para mim e ainda é. Eu ouvia suas músicas o tempo todo. Mas agora não consigo, porque isso me deixa triste.

DUAS LIÇÕES APRENDIDAS

Aprendi duas coisas sobre mim mesma nessa viagem. Primeira: descobri, de forma inesperada, que havia uma amante da natureza adormecida dentro de mim.

Crescendo em Tulsa, eu estava cercada de beleza — minha mãe cuidava disso. Mas tudo era cuidadosamente planejado e artificial. Você fazia suas roupas parecerem bonitas, sua casa e seu quintal — tudo era pela aparência, nada a ver com a qualidade inerente da beleza em si, e certamente não com a beleza natural. Meus pais planejavam nossos piqueniques em refinarias de petróleo, pois papai trabalhava com petróleo. Absorvi essa visão de mundo.

Minha opinião era: "Por que você iria querer ver o Grand Canyon ao vivo se pode olhar uma foto dele em um livro?".

Mesmo antes de chegarmos perto do Grand Canyon, a garota amante da natureza que me habitava já havia começado a despertar, fascinada pelas vistas das belas criações de Deus ao redor. Esse foi o motivo estético de pegar estradas secundárias: ter tempo para ver o que nos cercava. Mas também tinha um benefício prático — era mais fácil para o carro e nos deixava mais próximas de ajuda mecânica, se precisássemos.

Aline ficou comigo até Denver — tempo suficiente para enfrentarmos um dos problemas no carro. Perdemos o conversor catalítico nas montanhas. Depois, segui rumo a sudoeste, mais ou menos 1.200 quilômetros até o Grand Canyon. Tive mais duas falhas no carro.

É difícil falar sobre o Grand Canyon sem soar clichê. Tudo o que direi é que, para a garota que fazia piqueniques em refinarias de petróleo e achava que fotos da natureza eram suficientes, vê-lo ao vivo foi transformador. Foi como uma experiência de iluminação, realmente foi.

Esta foi minha primeira lição: há uma grande diferença entre ver fotos da beleza natural e *estar* na beleza natural. Pela primeira vez, senti uma sensação de presença e unidade ao estar na natureza. Essa sensação agora faz parte do meu ser essencial.

Os problemas do carro ao longo da estrada trouxeram o contexto para a segunda lição. A garantia que recebi sobre a confiabilidade do carro foi, digamos, um pouco exagerada. Tive mais três problemas mecânicos entre o Grand Canyon e Seattle. Fiquei exasperada e, às vezes, chorava de frustração. No entanto, descobri que boa aparência, algumas lágrimas, uma voz doce e uma dose saudável de "inocência desamparada" eram extremamente eficazes para conseguir ajuda masculina com o carro. Eu chorava em cada oficina, e os mecânicos arrumavam o carro na mesma hora. Quando os freios pararam de funcionar em San Francisco, onde visitei meu primo Ed, ele se ofereceu para ir comigo à oficina. Eu disse: "De jeito nenhum! Se você for comigo, talvez demorem para consertar. Se eu for sozinha, vão arrumar na hora".

Então, fui até uma oficina enorme. Estava de *short*, pensando: "Acho que deveria chorar". O funcionário já vinha em minha direção. Quando chegou, eu estava soluçando tanto que mal conseguia falar. Consegui dizer: "Preciso consertar isso porque preciso chegar a Seattle". Ele respondeu: "Por que você não vai àquele restaurante ali e toma um café da manhã?".

Mas pensei: "Se eu sair, eles podem não terminar o carro rapidamente. Melhor eu ficar andando por aqui". Então foi o que fiz. Andei de um lado para o outro na oficina, com cara de desamparo. O carro ficou pronto rapidinho, antes do meio-dia.

Hoje, digo às pessoas para não agirem como desamparadas, a menos que realmente estejam. Quanto mais desamparada você age, mais incompetente você se sente. Coloquei esse conselho no meu manual de habilidades da terapia comportamental dialética (DBT, do inglês *dialectical behavior therapy*), na seção sobre habilidades de efetividade interpessoal. Por outro lado, um desamparo estratégico ocasional pode ser eficaz. Essa foi minha segunda lição da viagem.

TORNANDO-ME UMA VERDADEIRA FILHA DE SEATTLE — ATÉ CERTO PONTO

Logo me apaixonei pela cidade de Seattle, principalmente pela beleza majestosa das Olympic Mountains, do lago Washington, do Puget Sound e das ilhas. Não é preciso ser rico para ter uma vista das montanhas, porque você pode vê-las de quase todas as colinas.

E as pessoas. Eu amava as pessoas. Os moradores de Seattle são apaixonados por atividades ao ar livre, como trilhas e acampamentos. "Certo", decidi, "vou aprender tudo isso". Eu não sabia nada sobre acampar — nada, absolutamente nada.

Na grande loja da REI, no centro de Seattle, comprei uma barraca, um saco de dormir, uma lanterna e um pequeno fogareiro. Achei prudente praticar montar a barraca no meu quintal antes de me aventurar na natureza selvagem. Fiquei perplexa, pois não fazia ideia de qual lado era o topo e qual era a base. Felizmente, um vizinho viu minha dificuldade e me mostrou o que fazer.

Quando cheguei ao meu primeiro local de acampamento, pensei: "Onde estaciono o carro? Como faço café? Onde fica o banheiro?". Precisei perguntar a alguns rapazes — havia mais homens nesses acampamentos — como fazer tudo. Eles foram muito gentis, prestativos e não riram da minha falta de habilidade.

Logo me tornei uma campista dedicada. Às vezes com amigos, mas sozinha na maior parte do tempo, o que era emocionante — estar sozinha em meio à paisagem magnífica — e, ocasionalmente, um pouco assustador por causa de companheiros de acampamento suspeitos e ainda mais por causa dos ursos. Ainda assim, passei a me considerar uma verdadeira moradora de Seattle com a prática.

Eu tinha vindo de Washington, D.C., onde nem dava atenção ao fato de ver homens e mulheres negros todos os dias. Quando cheguei a Seattle, pensei: "Meu Deus, todo mundo é branco". Fiquei desconfortável em um ambiente completamente branco. Quando, mais tarde, disse a uma corretora de imóveis que queria comprar uma casa em um bairro integrado, ela me olhou como se eu fosse de Marte e disse: "Não existem bairros integrados em Seattle".

Depois de alguns anos, comprei uma casa no Central District, que, nos anos 1970, era famoso por ser o coração do movimento pelos direitos civis de Seattle e o local de nascimento de Jimi Hendrix. De um lado da colina, o bairro era branco e rico. Do outro lado, era negro e empobrecido. Eu estava no topo, que era predominantemente afro-americano. As pessoas me cumprimentavam assim na rua: "Oi, branquela". A área estava em declínio na época, afundando ainda mais na pobreza e no crime. Um dia, traficantes (é o que achamos que eles eram) incendiaram minha casa. Recebi cerca de US$ 35.000 de indenização do seguro, reformei a casa e prontamente a vendi.

No início e por cerca de três anos, eu era como uma cigana, mudando de um apartamento para outro. Por fim, pensei que era hora de comprar minha própria casa novamente. Aline estava me visitando quando eu estava prestes a assinar os papéis. "Você não pode fazer isso, Marsha", ela me repreendeu. "Lembre-se dos seus votos." Ela se referia ao voto de pobreza feito anos antes em Chicago.

Já tinha tido vários desses rompantes de consciência antes, e ainda teria mais ao longo da década seguinte. Ed, o amor da minha vida, sempre se divertia com esses gestos de piedade. Certa vez, ele disse: "Marsha, a ideia não é que todo mundo deva ser pobre. Você está agindo como se devesse ser pobre, como uma santa. Nosso dever é aliviar o sofrimento dos pobres, não dar tudo o que temos".

Ele estava certo ao dizer que eu estava tentando demais ser como uma santa.

Após a intervenção de Aline em Seattle, aluguei um apartamento de um cômodo na 17ª Avenida, um bairro nitidamente indesejável e perigoso. Senti-me compelida a fazer a mudança, para alinhar meu ambiente físico ao meu compromisso espiritual. O novo apartamento, se é que podia ser chamado assim, tinha uma daquelas camas que se dobram na parede (camas Murphy), algumas cadeiras, uma pequena mesa e um fogão sem termostato, de modo que eu nunca sabia quão quente o forno estava.

Eu meio que esperava entrar no apartamento e encontrar Jesus sentado na cama, esperando para me dar as boas-vindas, porque eu tinha feito a coisa certa. Ele não estava lá. A única coisa que me recebeu naquela primeira noite — e em todas as outras — foram sirenes de polícia. Pensei comigo mesma: "O que você fez, Marsha? Você é professora na universidade, e olhe para você. Olhe onde está morando." Mas insisti, assim como imaginei que Santa Teresinha faria.

Em algumas ocasiões, recebia meus alunos no apartamento para reuniões, mas não demorou muito para que implorassem: "Podemos nos reunir em outro lugar, Marsha? Por favor!". Não ajudava o fato de eu também convidar algumas das pessoas em situação de rua com quem eu trabalhava para irem à minha casa, incluindo para minha famosa festa de Natal. Em uma dessas festas, enquanto eu estava na cozinha pegando algo, ouvi um dos meus alunos perguntar a uma das mulheres sem-teto de onde ela vinha. Quando voltei para a sala, ouvi a mulher dizer: "Estou em liberdade condicional por assassinato". Eu, claro, já sabia disso, mas os alunos ficaram tão chocados que não sabiam o que dizer.

Os alunos estavam certos, é claro, e isso me deu o empurrão necessário para agir. O que aprendi ao morar lá foi que eu não precisava ter dinheiro para ser feliz e que meus alunos não se sentiam confortáveis sentados em pisos de madeira dura, com o som constante de sirenes de polícia. Pouco tempo depois, economizei o suficiente para dar uma entrada em uma casa.

Não sei se fez diferença para Santa Teresinha.

UM LUGAR PARA CONTEMPLAÇÃO E REFLEXÃO

Eu precisava de um espaço para contemplação silenciosa e o encontrei na casa de oração Kairos, um centro de retiros em Spokane, a 12 horas de carro de Seattle. É realmente um lugar mágico, situado em 27 acres de um deserto alpino, com veados, perus selvagens e muitas espécies de pássaros menores como companhia, além de, ocasionalmente, algum coiote.

Na minha primeira visita, perguntei se seria aceitável que eu permanecesse em silêncio no meu quarto em vez de participar das palestras quando houvesse alguma. Eu não estava ali para conhecer pessoas ou me envolver em atividades. Queria me entregar à oração contemplativa, sozinha, mas sem sentir solidão. Em silêncio. Foi realmente maravilhoso. Peguei um cobertor, estendi-o na grama, deitei-me ao sol e me deixei esvaziar de pensamentos até que fosse a hora do jantar. Tão fabuloso! Foi a primeira de muitas visitas.

A casa de oração Kairos foi a inspiração espiritual da Irmã Florence Leone, que fundou o local em meados da década de 1970 e ainda o administra, com a ajuda de sua amiga Rita Beaulieu. Ambas são maravilhosas. O objetivo da Irmã Florence era "proporcionar um espaço para todos que desejam vivenciar uma experiência contemplativa por um tempo". E era exatamente disso que eu precisava de vez em quando. Sem falar no espetáculo que era a comida caseira da Irmã Florence!

Meus amigos poderiam se surpreender com a ideia de eu passar dias em retiros silenciosos. "O que aconteceu com a língua de navalha?", eles poderiam perguntar. Minha vida espiritual é o único ambiente onde sou silenciosa.

Aqui estão algumas palavras da Irmã Florence sobre o silêncio:

Somente o silêncio é profundo o suficiente para conter tudo.

O silêncio é a linguagem de Deus. Escute.

ENTRANDO NA NUVEM DO DESCONHECIMENTO

Em 1980, talvez no segundo ou terceiro retiro na casa de oração Kairos, enquanto olhava para o deserto, um pensamento urgente me veio à mente.

Eu precisava tomar uma decisão: "Você pode se agarrar à segurança de um conceito de Deus como uma pessoa, um amável velhinho no céu que ama você, e viverá sua vida muito bem. Sentirá amor por toda a vida, e amará a Deus. Você estará segura, mas não haverá mais crescimento espiritual. Ou você pode correr o risco de abandonar tudo isso e seguir um caminho místico, sem saber onde ele a levará". De onde esse pensamento veio, não faço ideia, apenas emergiu da minha alma.

Eu sabia que teria de escolher a segunda opção e assumir o risco. Espiritualmente, estava bastante contente, mas me sentia compelida a ir além. Não estava abandonando Deus, mas sim a noção de Deus como uma pessoa — mesmo que agora, para mim, fosse uma figura feminina — para permitir a possibilidade de crescimento espiritual. Foi uma das decisões mais importantes da minha vida espiritual, talvez *a* mais importante.

Havia um risco muito real de que, ao abrir mão dessa segurança tão arraigada, não houvesse nada além disso. Como escreve o autor anônimo do livro *The Cloud of Unknowing*, publicado na segunda metade do século XIV como guia espiritual para a oração contemplativa: "A primeira vez que você pratica a contemplação, experimentará apenas uma escuridão, como uma nuvem de desconhecimento". Esse livro é como um manual prático: ensina como unir sua alma a Deus. Esse é o caminho. São João da Cruz, o místico e poeta espanhol do século XVI, também fala sobre isso em *Dark Night of the Soul*. É sobre entrar no caminho sem sentir nada, sem se preocupar, porque esse é o caminho espiritual.

Foi muito reconfortante descobrir isso. Não que algo estivesse errado. O caminho é a nuvem do desconhecimento. A nuvem sem palavras, sem experiências, sem coisa alguma. Você precisa atravessar isso para chegar ao outro lado, onde, espera-se, está Deus, Jesus. Mas levaria muito tempo até que eu chegasse ao outro lado.

O autor de *The Cloud of Unknowing* escreve: "Não podemos pensar nosso caminho até Deus... Ele pode ser amado, mas não pensado". Trata-se apenas de *ser*, não de dizer. E era exatamente onde eu estava: lançando-me aos oceanos em um barco sem leme, disposta a ir para onde fosse levada. O autor escreve: "Ataque essa densa nuvem do desconhecimento com a flecha afiada do desejo e nunca pare de amar, não importa o que aconteça". Esse é o ponto. Trata-se de amor. A vida é sobre amor.

Amar e ser amado.

RECUPERANDO OS SENTIDOS: UM *INSIGHT* SOBRE A DEPRESSÃO

Percebi que viver sozinha não era bom para mim, pois era uma fonte de depressão. Em 1981, eu e Kelly Egan, minha primeira orientanda de doutorado em Seattle, compramos uma casa juntas na quadra 5200 da avenida Brooklyn. Kelly estava se divorciando e precisava de um lugar para morar com seus filhos gêmeos de 7 anos, James e Joel. Minha única exigência era que a casa tivesse um porão, para que pudéssemos abrigar pessoas em situação de pobreza. Kelly não ficou exatamente feliz com essa ideia, mas concordou, contanto que eu gerenciasse quem viveria no porão.

A arquitetura da casa na avenida Brooklyn era típica do distrito universitário: dois andares, três quartos, uma varanda na frente com cadeiras de balanço. Meus alunos adoravam se reunir lá. "Era uma casa antiga, decorada com lindos móveis antigos, obras de arte e fotos de família nas paredes", diz Amy Wagner, outra aluna de doutorado. "Marsha sempre dava uma grande festa de Natal, com muitas pessoas, velas por toda parte, um bufê. Ela era conhecida pela mostarda caseira, doce e picante. Ao sair da festa, você ganhava sua mostarda." Ainda faço isso. Usei uma receita de uma amiga da minha mãe. As festas de Natal estavam sempre cheias — cerca de 60 pessoas. Sempre havia um quarto cheio de crianças no andar de cima, com brinquedos e jogos. Algumas delas tinham o privilégio de ser as "meninas dos casacos" (e meninos também).

Um dos motivos importantes para organizar essas festas anuais era proporcionar às crianças uma tradição de ir à mesma casa e à mesma festa todos os anos. Acho que tradições assim são boas para as pessoas. Um ano, por algum motivo, decidi não fazer a festa. As pessoas começaram a ligar, dizendo: "Marsha, ainda não recebemos nossos convites!". Elas ficaram arrasadas. Não cometi esse erro novamente.

Kelly se mudou depois de alguns anos, e eu comprei sua parte da casa. Morei lá por quase 20 anos, quase sempre dividindo o espaço com pelo menos outra pessoa. Aprendi bem essa lição: sou mais feliz vivendo com pessoas, não sozinha.

APRENDENDO A VIVER UMA VIDA AVESSA À DEPRESSÃO

Minha percepção de que viver sozinha era ruim demorou muito a surgir. Mas, quando finalmente surgiu, minha decisão ativa de nunca mais viver assim encapsulou outra habilidade que viria a se tornar parte da DBT: viver uma vida avessa à depressão. Isso significa tomar medidas para incluir hábitos na vida que façam a pessoa sorrir, que gerem felicidade, e evitar, sempre que possível, aquilo que causa infelicidade e depressão. Vejo isso funcionando com meus pacientes o tempo todo.

Pessoas deprimidas costumam dizer: "Ah, tem algo errado comigo". Elas agem como se a depressão fosse incontrolável. Na maioria das vezes, isso não é verdade. A maior parte das pessoas se deprime porque está fazendo algo que causa depressão. Apenas dizer: "Anime-se e pare de ficar deprimido" não ajuda, mas identificar o que está causando a depressão e fazer a pessoa parar com aquele hábito ajuda. É uma mentalidade completamente diferente.

ACUMULANDO EMOÇÕES POSITIVAS

Este é um dos melhores conselhos que posso dar aos meus pacientes. Atitudes que geram felicidade podem ser tão simples quanto colocar flores na mesa da cozinha, parar para observar e apreciar o pôr do sol, levar os cachorros para passear. Pode ser estar com pessoas de quem você gosta ou fazer atividades que gerem uma sensação de competência. Chamo isso de "acumular emoções positivas". Ao mesmo tempo, evite, sempre que possível, aquilo que causa infelicidade e depressão. No meu caso, isso significava garantir que eu não viveria sozinha. Esse é um exercício útil para qualquer um: faça uma lista mental daquilo que faz você feliz e daquilo que causa tristeza ou depressão. E então aja com base nessa lista. Recomendo que você tente.

MÃE

Em meio a todos esses ajustes à minha nova vida em Seattle, havia uma constante: minha mãe.

De tempos em tempos, eu a visitava, junto com meu pai, em Tulsa. Não era um momento que eu aguardava ou apreciava particularmente. Era sempre a mesma coisa. Nada mudava. Quase tudo o que eu fazia ou dizia enquanto estava lá era alvo de suas críticas, às vezes diretas, frequentemente passivas. Em determinado momento, decidi que não havia benefício algum em me colocar naquela posição. "Minha mãe critica tudo o que faço, tudo sobre mim, e ela não vai mudar", pensei. "Sempre fico deprimida quando volto de lá. Não vou mais fazer isso."

E foi isso. Eu não visitaria mais Tulsa. Não contei à minha mãe sobre minha decisão. Apenas parei de visitá-la.

Levou três anos para minha mãe perceber que as coisas não eram mais como antes, que eu não a visitava mais a cada seis meses. Quando ela perguntou "O que há de errado, Marsha? Por que você não vem mais para casa?", eu disse: "Bem, mãe, decidi que nunca mais vou ver você". Ela ficou perplexa, claramente angustiada e confusa.

Escrevi uma carta de oito páginas, incluindo muitos exemplos de suas falas direcionadas a mim. Não me lembro bem do conteúdo da carta, mas tratava de como seus discursos invalidavam minha pessoa. Por exemplo, falar frequentemente sobre como outras pessoas eram bonitas, bem-sucedidas, ou realizavam atividades de maneira maravilhosa. Isso sempre soava como: "Por que você não é assim?".

Depois que minha mãe recebeu a carta, ela me ligou chorando, dizendo: "Esse deve ser o motivo pelo qual todos os meus filhos me deixaram. Todos os seis". Eu disse: "Sim, mãe, é isso mesmo". Ela implorou, dizendo que queria mudar, queria ser uma mãe melhor para mim. Eu disse: "Se você quiser mudar, eu vou visitá-la, mas vou perguntar: 'Você pode fazer isso?' Porque não quero vê-la se você não puder". Ela me garantiu que poderia.

Dei o benefício da dúvida.

Logo após aquela troca de palavras, ela me visitou em Seattle. Parecia genuinamente feliz em me ver. Enquanto dirigíamos pela rodovia, ela disse: "Ah, adivinha só. Lembra da Mary Jones? Lembra como ela era gorda, tão acima do peso, lembra disso? Bem, ela perdeu bastante peso e conheceu um homem maravilhoso. Eles acabaram de se casar".

Eu quase explodi.

Parei o carro no acostamento, desliguei o motor, virei-me para ela e disse: "Mãe, vamos analisar essa frase linha por linha. Como você acha que eu poderia me sentir ao ouvir algo assim, considerando o que você sabe sobre mim?". Então, analisei toda a questão com ela, o histórico de críticas constantes, diretas e indiretas. E lá estava ela, fazendo aquilo de novo, depois de prometer que iria mudar.

Ela chorou, e disse: "Ah, por favor, me avise quando eu fizer isso — por favor. Eu realmente quero melhorar".

Dei muitos *feedbacks* ao longo do tempo e ela realmente mudou. Mas, alguns anos depois, descobriu que estava com câncer e sabia que estava morrendo. Ela voltou a ser como era antes. Não queria o estresse extra de se comportar bem nem queria se esforçar. Ela voltou a ser o centro do próprio universo. Eu não a culpo por isso nem a culpo pelo que fez comigo quando eu era criança. Ela fez o melhor que pôde, pensando que estava me ajudando.

Como uma verdadeira comportamentalista, entendo que o comportamento dela foi causado pelas experiências com tia Aline e moldado pelas normas da sociedade em que viveu e prosperou. Sentir julgamento ou culpa seria inútil. O triste fato é que minha mãe e eu somos parecidas nesse aspecto. Ambas, às vezes, somos insensíveis ao efeito de nossas palavras nos outros.

Então, ela não deve ser culpada, mas a dor que infligiu nunca irá embora.

NEGAÇÃO ADAPTATIVA NOVAMENTE

Eu era uma fumante inveterada, mas, pouco depois de chegar a Seattle, no final dos anos 1970, desenvolvi alguns problemas respiratórios. A menos que eu parasse de fumar, os médicos não poderiam fazer nada para me ajudar. Como a maioria dos fumantes, já havia tentado parar antes porque sabia que, em longo prazo, era um hábito ruim para minha saúde, embora eu gostasse muito. As tentativas nunca tinham dado muito certo, mas dessa vez tinha que ser para valer.

Seguir o caminho das resoluções de Ano Novo geralmente era ineficaz. Na maioria das vezes, as pessoas não cumprem suas resoluções. Então, decidi que pararia no dia 1º de fevereiro. O desafio era: "Como vou fazer isso?". (Isso foi antes de existirem os medicamentos que ajudam as pessoas a pararem de fumar.) Decidi que me recompensaria por não fumar. De certa forma, isso acabou levando a uma das ideias da DBT.

Comer como substituto não era uma opção; seria apenas outro comportamento problemático que eu teria de abandonar mais tarde. Mascar chicletes não funcionava. Eu precisava de uma atividade para me concentrar quando a vontade de fumar surgisse.

Peguei dois potes pequenos, deixando um vazio e enchendo o outro com moedas de US$ 0,10. Coloquei os dois potes na minha bolsa. Quando o desejo de fumar surgia, era muito intenso e, às vezes, achava que ia enlouquecer. (Sei que ex-fumantes entendem o que estou dizendo.) Mas, quando a vontade aparecia, eu negava que queria um cigarro e, em vez disso, dizia: "Preciso de uma moeda! *Preciso de uma moeda!*".

Então, pegava uma moeda do pote cheio e a transferia para o pote vazio. Fiz isso por um bom tempo e funcionou.

Por quê? Pegar uma moeda na bolsa era quase idêntico a pegar um cigarro na bolsa, mas eu pegava a moeda e a transferia. Isso replicava, de certa forma, os movimentos físicos envolvidos no ato de "vou fumar um cigarro".

Descrevi essa técnica de negação adaptativa anteriormente, quando a usei para gerenciar minhas finanças limitadas em Chicago. É uma habilidade para pessoas com comportamentos viciantes. Não se trata de negar que o desejo está presente, e sim de convencer a si mesmo, com veemência, de que deseja algo diferente do comportamento viciante que está tentando abandonar. Uma moeda em vez de um cigarro. Faça algo que seja uma ação similar. Convença-se de que você quer algo além do desejo que está sentindo.

A negação adaptativa é útil para lidar com qualquer tipo de vício — como comer chocolate em excesso ou exagerar no consumo de bebidas alcoólicas, por exemplo. Você provavelmente consegue pensar em outros exemplos. Essa estratégia pode ser muito eficaz, desde que você não desista.

ANTECIPAÇÃO: UMA HABILIDADE PARA ENFRENTAR SITUAÇÕES DIFÍCEIS

Pesquisas demonstraram que é possível aprender novas habilidades ao imaginar-se em uma situação difícil e desafiadora, desenvolvendo uma estratégia para superá-la. Incorporei essa capacidade mental na DBT, criando uma habilidade que chamo de "antecipação" (em inglês, *cope ahead*). Essa habilidade surgiu da minha própria experiência.

Há alguns anos, de repente, comecei a sentir medo de dirigir em túneis. Há *muitos* túneis em Seattle. O que me assustava? O medo de que ocorresse um terremoto enquanto eu estivesse no túnel e ele desabasse sobre mim. Sempre que me aproximava de um túnel, olhava ao redor e pensava: "*Ok, não há nenhum terremoto agora*". Mas o medo persistia.

Existe algo que os psicólogos chamam de sinal de segurança. Se você tem medo de elevadores, mas precisa usá-los, pode dizer a si mesmo: "Tudo bem, se eu tiver um celular comigo, estarei seguro". O celular, nesse caso, é o sinal de segurança — como uma coberta de conforto para uma criança. Meu sinal de segurança era dizer: "Não vai haver um terremoto". Mas, em Seattle, terremotos são comuns. Portanto, essa não era uma boa estratégia.

Então, perguntei a mim mesma: "Do que eu *realmente* tenho medo?". A resposta era: de que o teto desabasse e me esmagasse. Acidentes graves acontecem em túneis, e pessoas morrem, mas nem todas. Assim, comecei a imaginar: entro no túnel, o teto desaba, eu abro a porta do carro e estou vestindo um traje da mulher-maravilha. Começo a salvar todas as pessoas ao meu redor. Essa imagem ajudou bastante, mas não completamente.

Os psicólogos avaliam o grau de mal-estar de alguém usando a Escala de Unidades Subjetivas de Mal-estar, que vai de 0 (nenhum mal-estar) a 10 (mal-estar extremo). Antes do meu pequeno exercício para reduzir o mal-estar, estava em 8; depois, desceu para 3. Uma melhora significativa, mas ainda havia mal-estar. Eu sabia que havia algo mais me causando medo. Nem sempre identificamos o motivo certo de imediato.

Então, percebi que o que realmente me assustava era a ideia de que o teto desabaria, um pedaço de metal atravessaria meu pulso, me prendendo. Ninguém saberia que eu estava lá. Haveria um incêndio, e eu morreria. Quando contei essa história aos meus pacientes, perguntei: "Qual habilidade eu usaria agora?". Todos acertaram: aceitação. Comecei, então, a imaginar entrar no túnel e praticar mentalmente a experiência de estar enterrada, sentir dor, morrer. E funcionou — minha escala caiu para 0.

A habilidade de antecipação consiste, então, em identificar quais situações podem causar problemas ou ansiedade e, em seguida, planejar com antecedência como lidar com essas dificuldades esperadas. Além disso, envolve imaginar-se na situação e enfrentá-la de forma efetiva.

Neste ponto, gostaria de destacar uma observação importante: *um elemento comum a todas as habilidades da DBT — e, na verdade, a chave para toda a abordagem da terapia — é a determinação de ser efetivo no que quer que você esteja fazendo. Ser efetivo é o segredo do sucesso, em todas as áreas da vida.*

UM CAMINHO PARA COMPREENDER A MORTE E O SUICÍDIO

Em certo momento, durante meu tempo na Catholic University, considerei seriamente desistir de meu trabalho sobre o suicídio. Era frequente eu entrar em conflitos com psiquiatras que tornavam minha vida difícil. Quando eu viajava no fim de semana e algum paciente enfrentava uma crise suicida, a resposta imediata dos psiquiatras era interná-los em um hospital. Não existem dados que comprovem que a hospitalização salva vidas ou que seja útil de alguma forma para pessoas que desenvolvem condutas suicidas. Acredito que, na maioria dos casos, esses pacientes se saem bem em tratamentos ambulatoriais. De fato, um estudo conduzido por um dos meus alunos demonstrou que a hospitalização não é efetiva como a profissão tradicionalmente supõe.

Por mais frustrante que fosse em Washington, D.C., desistir não está nos meus genes. Pelo que eu sabia, ninguém mais estava realizando um trabalho bom e sério sobre suicídio. Quando cheguei à University of Washington, continuei focada nisso.

Em certo momento, desenvolvi um curso de pós-graduação sobre avaliação e intervenção com indivíduos com comportamento suicida. O curso existe até hoje, dura um fim de semana inteiro e é aberto a estudantes de psicologia clínica e residentes de psiquiatria. Na sexta-feira à noite, começamos com vinho e *pizza*, e os alunos devem responder a três perguntas. Primeira: "O que é a morte?". Segunda: "Os indivíduos têm o direito de morrer por suicídio? Você tem esse direito?". Terceira: "Alguém tem o direito de impedir outra pessoa de morrer por suicídio? Você tem esse direito?". Peço que todos escrevam suas reflexões sobre essas perguntas por cerca de 10 minutos. Após cada pergunta, os alunos compartilham seus pensamentos. Eles podem fazer perguntas para esclarecer, mas não podem começar uma conversa ou discordar de alguém.

Por muitos anos, a maioria dos alunos disse que adultos sem transtornos mentais têm o direito de morrer por suicídio, enquanto indivíduos com transtornos mentais não têm. Recentemente, mais alunos começaram a considerar a ideia de que mesmo pessoas com transtornos mentais deveriam ter esse direito. Ao mesmo tempo, todos acreditam que, como terapeutas de saúde mental, têm o direito de impedir uma pessoa de morrer por suicídio.

André Ivanoff, que trabalhou comigo nos primeiros anos, descreve a experiência do *workshop* como um preparo valioso para terapeutas: "Se você não estiver claro sobre sua posição quando for confrontado com um paciente que deseja tirar a própria vida, não conseguirá resolver essas questões no momento". Kelly Koerner concorda: "Se você acredita que existe uma vida tão desesperadora a ponto de o suicídio ser justificável, precisa estar ciente disso". "Eu acredito que as pessoas têm esse direito, mas meu trabalho como terapeuta é ser uma defensora da vida. Você descobre seus limites com este exercício e, assim, pode agir com mais clareza."

Michael Addis, estudante de pós-graduação, descreveu recentemente o *workshop* como uma experiência reveladora: "Você descobre como realmente se sente sobre alguém cogitar tirar a própria vida, e percebe onde estão seus pontos cegos. Surge todo tipo de questões ao contemplar esse tema — não apenas dilemas intelectuais, mas sentimentos intensos que podem surpreendê-lo ao trabalhar com pessoas em uma situação miserável".

Esse é um bom resumo dos meus objetivos para o *workshop*. Sempre compartilho minhas opiniões depois que os alunos expressam as deles. Acredito que não tenho o direito moral ao suicídio. Sou bem conhecida, e muitas pessoas seriam feridas se eu fizesse isso. Também acredito que adultos com capacidade de pensar claramente têm o direito ao suicídio, o que exclui indivíduos em episódios psicóticos. Acredito que tenho o direito de fazer tudo ao meu alcance (exceto retirar a liberdade de alguém) para impedir um suicídio. Isso inclui bater na porta deles, ligar para parentes, dizer que não vou cuidar de seus gatos se virem a óbito por suicídio, e assim por diante.

Como explico aos meus alunos, acredito que, assim como tenho o direito de tentar convencer as pessoas a votar como eu quero, a marchar por várias causas, a protestar em frente à casa do prefeito, também tenho o direito de tentar convencer alguém a não se envolver em comportamento suicida. Isso não significa que nunca internei alguém que estava em risco agudo de suicídio, porque já o fiz. O dilema é que, embora eu possa ser contra algo em princípio, aceito que, às vezes, pode ser necessário.

Somente quem deseja extinguir sua vida pode realmente entender o que é estar nesse estado. Eu já estive lá, é claro, mas ainda é difícil colocar em palavras que comuniquem completamente o que se *sente*. Quando você se depara com alguém nessa situação, não pode deixar de sentir compaixão. Mas, como um paciente meu disse recentemente em uma conferência nacional: "O amor pode ter me mantido vivo, mas não tratou meu sofrimento". Dr. John O'Brien, meu terapeuta no Institute of Living (IOL), veio à minha mente quando ouvi isso.

De acordo com dados da American Foundation for Suicide Prevention, em 2017, mais de 47 mil pessoas tiraram a própria vida nos Estados Unidos e, em 2015, mais de meio milhão de pessoas procuraram hospitais devido a comportamentos autolesivos.*

Isso representa muita dor no mundo, muitas pessoas com intenso sofrimento emocional em um lugar metaforicamente pequeno e sombrio.

---

* N. de R. T. Segundo a Organização Mundial da Saúde (OMS), os casos de suicídio já superam 720 mil/ano (https://www.who.int/news-room/fact-sheets/detail/suicide), sendo a terceira causa de mortes entre jovens de 15 a 29 anos. Em 2023, foram registrados mais de 49 mil casos nos Estados Unidos – a segunda causa de óbitos em pessoas dos 10 aos 34 anos (https://www.cdc.gov/suicide/facts/data.html). Já no Brasil, segundo o boletim epidemiológico do Ministério da Saúde que abrange os anos de 2010 a 2019, o índice de mortes por suicídio foi de 6,65 por 100 mil pessoas, sendo registradas 13.523 mortes decorrentes de comportamentos suicidas em 2019. Embora essa taxa seja mais baixa do que a dos Estados Unidos, esse índice teve um aumento de 43% de 2010 a 2019, e, em adolescentes, o aumento foi de 81% nesse período – um dado preocupante é que, na faixa etária de 14 anos, esse aumento foi de 114% (BRASIL. Ministério da Saúde. 2021). Mortalidade por suicídio e notificações de lesões autoprovocadas no Brasil [Boletim epidemiológico 33, volume 52]).

22

MINHA PRIMEIRA BOLSA DE PESQUISA PARA A TERAPIA COMPORTAMENTAL E O SUICÍDIO

Ao chegar a Seattle, eu era a maior defensora da terapia comportamental que já existiu. Para mim, tudo o que precisava era realizar um ensaio clínico para provar meu ponto: a terapia comportamental seria minha ferramenta para eliminar a dor das pessoas.

Isso exigiria alguns anos de preparação, montando meu espaço de trabalho, definindo os detalhes do tratamento, obtendo a aprovação da Divisão de Assuntos Éticos da University of Washington, garantindo um financiamento de pesquisa, entre outros passos.

Antes de conseguir dar início ao programa, John Clarkin, do Weill Cornell Medical College, pediu que eu escrevesse um capítulo sobre suicídio para um livro sobre depressão. Esse pedido acabou sendo um presente, pois passei um ano mergulhada em tudo que havia sido escrito sobre o tema.

Nesse processo, percebi que havia muitas questões ainda sem resposta. Desenvolvi um modelo de comportamento para ideação suicida baseado na teoria social comportamentalista de Arthur Staats, que tanto me fascinou na Catholic University. Essencialmente, ele propõe que pessoas nessa condição experimentam vergonha, desesperança e solidão. Para elas, a vida parece sem valor, e a morte surge como a única solução viável. Escrever aquele capítulo organizou minhas ideias de forma coerente e talvez seja o melhor texto que já escrevi. Foi, de certa forma, o resultado de uma primeira e ingênua incursão no estudo do suicídio, feita duas décadas antes, durante minhas aulas noturnas em Tulsa.

Quando o capítulo foi publicado, em 1981, eu já estava envolvida em um estudo-piloto sobre a eficácia da terapia comportamental na prevenção do suicídio, intitulado "Assessment and Treatment of Parasuicide Patients".

Historicamente, os termos usados para descrever suicídio e episódios de comportamentos suicidas sempre geraram confusão. Chamamos de suicídio quando alguém se fere a ponto de morrer. Mas, quando a conduta autolesiva causa internação hospitalar sem resultar em morte, a situação é mais ambígua. Os terapeutas costumam descrever isso como "conduta suicida", ou seja, um episódio de comportamento suicida que não levou a pessoa ao óbito. Contudo, enquanto os terapeutas veem o suicídio e as condutas autolesivas sem intencionalidade suicida (CASIS) como o problema, as pessoas que o fazem enxergam essas ações como uma solução. Pesquisas mostram que a CASIS pode ter um efeito calmante. Por isso, preferi usar o termo "parassuicídio", que abrange tanto o suicídio quanto as CASIS.

Para o estudo, entrei em contato com hospitais locais e disse: "Mandem-me os piores casos. As pessoas com mais alto risco, as mais difíceis de tratar". Eles ficaram muito felizes com isso. Recebi pacientes com múltiplos episódios recentes de comportamentos suicidas e episódios de CASIS. Minha lógica era prática: se conduzisse o estudo com pessoas sem um transtorno grave ou alto risco de suicídio, elas poderiam melhorar sozinhas, o que tornaria os resultados do estudo ambíguos.

Um ano antes, solicitei um financiamento de pesquisa ao National Institute of Mental Health (NIMH), detalhando um programa de terapia comportamental de 12 semanas que prometia ajudar as pessoas mais desesperadas. Estava muito confiante no resultado.

No entanto, descobri que minha confiança também escondia um toque de ingenuidade.

UMA VISITA DA EQUIPE DO NIMH — E UM BULE DE CAFÉ DERRUBADO

Barry Wolfe, que, à época, trabalhava na divisão de programas de pesquisa clínica do NIMH, recorda: "Minha reação inicial foi: 'Um programa de terapia comportamental de 12 semanas para indivíduos seriamente perturbados?'. Não achei que o programa de Marsha fosse levar a lugar algum em tão pouco tempo. Quero dizer, essas eram mulheres que se envolviam em comportamentos suicidas com bastante frequência".

No entanto, a equipe do NIMH parecia ter visto potencial no que eu estava tentando fazer e, naquela época, ainda tinha certa liberdade para oferecer orientações, algo que as regras burocráticas posteriores dificultariam muito. "Então, apesar de acharmos que essa proposta de financiamento não seria aprovada, percebemos que Marsha tinha muito talento", disse Barry, "e decidimos trabalhar com ela". Um colega de Barry, que não estava diretamente envolvido na minha proposta, comentou: "Achamos que Marsha era muito corajosa por trabalhar com essa população, já que a maioria dos terapeutas preferia evitá-la, se possível".

Nos meses seguintes, a equipe do NIMH passou horas comigo ao telefone, reformulando gradualmente um protocolo mais prático, ajustado à realidade do terreno. Mesmo com a ajuda deles, descobri que ainda tinha muito a aprender sobre essas populações. Encontrei-me por diversas vezes navegando entre problemas e soluções, de forma criativa.

Em certo ponto, uma comissão de revisão do NIMH fez uma visita de avaliação em Seattle. Barry relembra a ocasião: "A comissão incluía Hans Strupp, de Vanderbilt, que era um dos principais pesquisadores da perspectiva psicanalítica, e Maria Kovacs, uma terapeuta comportamental infantil da University of Pittsburgh, muito renomada". Essas visitas podem ser bastante intimidantes, especialmente com acadêmicos desse nível. Para mim, aquela era uma visita muito importante. Eu estava tão nervosa que deixei cair um bule de café no meu escritório. O líquido se espalhou por toda parte, fazendo uma grande bagunça. Perguntei, envergonhada, se queriam que eu fizesse outro café. A resposta foi um categórico "Não! Vamos ao trabalho".

Eles discutiram se meu plano de pesquisa e tratamento era promissor ou não, além de debaterem se o tratamento que eu planejava era idêntico a outros que já haviam sido estudados. Uma das avaliadoras comentou que achava que eu estava tratando indivíduos com transtorno da personalidade *borderline* (TPB). À época, eu mal tinha ouvido falar desse transtorno. Felizmente, um dos membros da nossa equipe era psiquiatra e conhecia bem a condição. Ele concordou com a avaliadora. Indivíduos com TPB apresentam alto risco de comportamento suicida, então foi uma boa opção para meus objetivos.

Para que eu fosse aprovada para o financiamento do NIMH, era necessário que meu estudo envolvesse pessoas com um diagnóstico formal. O TPB era uma dessas condições, enquanto o comportamento suicida, por si só, não era. Assim, meu estudo foi reestruturado para focar no transtorno. Apesar do incidente com o café, consegui o financiamento.

Muitos anos depois, um dos visitantes da comissão me confidenciou que a verdadeira razão pela qual o projeto foi aprovado era a minha paixão pelo trabalho. A comissão acreditava que, se alguém pudesse desenvolver uma intervenção de terapia comportamental eficaz para pessoas com risco de suicídio, seria eu.

23

CIÊNCIA E ESPIRITUALIDADE

Em 1978, cerca de um ano após minha chegada a Seattle, participei de um programa de verão no Shalem Institute for Spiritual Formation, em Washington, D.C., para aprender como ser uma diretora espiritual.

Tinha ouvido falar do Shalem Institute pouco depois de ingressar como professora na Catholic University, em 1973. Trata-se de uma organização cristã ecumênica, cuja missão é promover o crescimento espiritual em indivíduos e comunidades. Inscrevi-me em um curso de dois anos que exigia muita leitura obrigatória, redação de trabalhos e encontros em grupo uma vez por semana, culminando em um retiro mais intenso. Até então, além do conselho de Anselm, em Chicago, para que eu permanecesse em silêncio ao rezar, nunca tinha recebido nenhum ensino formal.

Minha experiência no Shalem Institute foi ambivalente. Por um lado, foi profundamente gratificante, no sentido de aumentar meu entendimento sobre como estar no mundo. Por outro, foi perturbadora, devido a uma reação surpreendente — e até hoje inexplicável — a uma parte do processo.

Tilden Edwards era o diretor do instituto. Ele era um sacerdote episcopal na National Cathedral. Seu codiretor era Gerald May, também sacerdote episcopal e irmão do psicólogo existencial Rollo May. Ambos eram professores maravilhosos. Gerald me ensinou o conceito de "disposição" (em inglês, *willingness*), que ele abordou em seu livro *Will and Spirit*.

O instituto ensinava e praticava a oração contemplativa cristã, com raízes profundas nos primeiros séculos do cristianismo. Esse método está lindamente descrito no livro *The Cloud of Unknowing*, que já mencionei. Um dos meus trechos favoritos do livro diz: "Entre na nuvem do desconhecimento com uma nuvem do esquecimento sob seus pés". Também adoro a orientação: "Escolha uma palavra composta por uma só sílaba e prenda essa palavra ao seu coração para que ela nunca se afaste de você. Essa palavra será seu escudo e sua lança. Com ela, golpeie essa nuvem e essa escuridão, e abata todos os pensamentos sob a nuvem do esquecimento".* Estar verdadeiramente presente e espiritualmente aberto requer tanto perseverança quanto desprendimento.

Na década de 1970, um monge trapista encontrou uma cópia de *Cloud* e viu em seu conteúdo o potencial para um ensinamento prático de união com Deus. Assim nasceu a oração centrante.

UMA RUPTURA COM A IGREJA — UMA GRANDE PERDA

O que fazíamos no Shalem Institute era algo semelhante a uma versão inicial desta prática: meditação silenciosa, uma abertura para Deus — e, é claro, minha compreensão do que significava "Deus" já havia mudado ao longo dos anos.

Aqui quero relatar uma ruptura importante com minha vida religiosa anterior. Foi no dia de Natal de 1980, durante a missa do meio-dia na Blessed Sacrament Church, em Seattle. Fui subitamente atingida pela percepção brutal do sexismo evidente ao meu redor — como se fosse um golpe no estômago. Não era a primeira vez que notava o sexismo naquela igreja, mas, na ocasião, algo se impôs à minha consciência de maneira inevitável. Senti que precisava fazer algo a respeito. Depois de refletir por alguns dias, permitindo que a emoção bruta passasse, escrevi a seguinte carta ao padre:

> *Estou escrevendo para expressar minha raiva e profunda frustração diante da incrível falta de sensibilidade às mulheres, evidente na liturgia do meio-dia no dia de Natal. Se houver dúvidas, por favor, observe as músicas selecionadas. Uma das primeiras canções,* Lo, how a rose e'er blooming, *tinha o verso final: "she bore to* <u>men</u> *a savior..."* [ela deu aos <u>homens</u> um salvador]. *Nenhum esforço foi feito para*

---

* *The Cloud of Unknowing with the Book of Privy Counsel*, trans. Carmen Acevedo Butcher (Boston: Shambhala, 2009).

substituir o verso por uma linguagem inclusiva. Assim que consegui me recuperar dessa canção, anunciaram que devíamos todos cantar Good Christian <u>MEN</u> rejoice [Bons <u>HOMENS</u> cristãos se alegram]*!!!! O QUE É ISSO!!! O mínimo de sensibilidade teria ditado a escolha de inúmeras canções com menos conteúdo sexista...*

Francamente, estou em total desespero quanto à possibilidade de que esta igreja institucional tenha interesse ou seja capaz de incluir as mulheres como seres humanos plenos. Linguagem não inclusiva, orientada para o masculino; um deus referido apenas como Senhor, Pai ou pelos pronomes masculinos ele/dele; liturgias em dias santos cercadas por uma variedade de homens ordenados ao redor do altar sugerem pouca consciência ou preocupação com as necessidades, direitos e valor das mulheres...

Já mencionei uma vez que a linguagem sexista e não inclusiva da oração da manhã me impede de participar. A experiência é simplesmente opressiva demais...

Paz e alegria em Deus!!!!
Que Suas bênçãos estejam com você.

Marsha

Eu me desliguei da Igreja como instituição, uma instituição administrada por homens. Era um lugar que considerava as mulheres inferiores aos homens. E eu considerava imoral continuar a dar dinheiro para aquela instituição, porque seria como dar dinheiro a um grupo que se recusasse a ordenar afro-americanos ou hispânicos. Isso não pode ser justificado. Por muito tempo, parei de ir à missa católica, com o coração muito triste. Foi uma das maiores perdas da minha vida. Perder sua Igreja é como perder sua família.

INCAPAZ DE OLHAR PARA O ESPELHO

Durante meu primeiro ano no Shalem, em meados dos anos 1970, as aulas de oração contemplativa eram semanais. Sentávamo-nos em círculo. Às vezes, meditávamos ou fazíamos outras práticas espirituais. Em outras ocasiões, nos davam perguntas simples que, na realidade, eram bastante profundas, um pouco como *koans* (enigmas destinados a provocar iluminação) no treinamento zen. Eu quase nunca entendia o que estava acontecendo.

Por exemplo, uma das perguntas era: "Quem sou eu?". Ora, isso era fácil, pensei. "Eu sou professora." Demorei a perceber que a pergunta era mais algo como: "Quem... sou... eu?". O que eles realmente queriam que eu considerasse era: "Como me vejo em conexão com todas as coisas e seres ao meu redor, em um sentido espiritual?". Outra pergunta era: "De onde vêm os pensamentos?". Respondi: "Do que você está falando? Eles vêm de sinapses disparando entre os neurônios no cérebro". Mais uma vez, eu estava sendo literal demais, prosaica demais.

Em um dos exercícios, precisávamos encontrar um parceiro, sentar-nos de frente para ele ou ela e, então, olhar nos olhos um do outro por meia hora. Sem dizer nada, sem expressar emoções de qualquer tipo. É uma experiência bastante intensa, e muitas vezes é difícil evitar que mesmo o menor vestígio de um sorriso surja em seu rosto. Experimente. Você verá o que quero dizer.

Na última aula, o exercício era sentar-se em frente a um espelho por uma hora, olhando para si mesmo. Simples: olhar para si sem se mexer. Mas enquanto eu estava ali, me observando no espelho, de repente, comecei a chorar e não consegui parar. Precisei sair. Até hoje, não faço ideia do que realmente estava acontecendo. Foi apenas uma experiência.

Por não ter concluído aquela aula, decidi refazer o curso inteiro no ano seguinte. Dessa vez, quando perguntaram: "De onde vêm os pensamentos?", respondi: "Da direita para a esquerda". Apenas isso. Não significava nada. Simplesmente era. Sabia que tinha avançado em relação ao ano anterior. A ideia é observar sua mente e ver que pensamentos surgem. Consegui completar o curso nessa segunda tentativa.

UM SEGUNDO MOMENTO DE ILUMINAÇÃO

Essa havia sido minha experiência no Shalem enquanto vivia em Washington, D.C., em meados da década de 1970, e deixou uma profunda marca em mim. Após me mudar para Seattle e sentir a necessidade de instrução para me tornar diretora espiritual, decidi voltar ao Shalem em busca de orientação.

Não me lembro de muitos detalhes sobre minhas visitas ao Shalem a partir de Seattle. Recordo, porém, que participei de um curso de extensão de três semanas ao longo de dois anos. Não consegui completar o trabalho final, por isso nunca obtive o certificado. Mas isso não me impediu de atuar como diretora espiritual para diversas pessoas.

Houve um incidente no Shalem que permanece muito claro para mim — um momento de iluminação.

Minha primeira experiência de iluminação havia ocorrido na Capela do Cenáculo, em Chicago, em 1967. Foi um momento de êxtase, e a experiência de unidade, de ser lançada em Deus, durou pelo menos um ano. Quando eu estava com Ed, o sentimento profundo de amor que tinha por ele era idêntico ao sentimento que tive na capela.

Lá, eu pensava que aquele sentimento extático era a experiência do *amor de Deus por mim*, algo que eu vinha buscando desesperadamente por muito tempo. Mas quando experimentei o mesmo sentimento extático ao lado de Ed — que era uma expressão do *meu amor por ele* —, percebi que estava enganada. Esse grande êxtase na capela era, na verdade, uma expressão do *meu amor por Deus*, não do amor de Deus por mim. Isso foi tudo. Meu ano de êxtase chegou a um fim repentino, evaporando em meros segundos. Espiritual e emocionalmente, eu estava de volta ao ponto anterior à minha experiência mística na capela. Fui forçada a retomar minha busca por Deus.

Mais de uma década depois, em uma de minhas visitas ao Shalem (já morando em Seattle), minha busca ainda estava inacabada, em uma espécie de noite escura da alma. Estava sentada participando de uma aula durante uma dessas sessões de verão no Shalem quando minha atenção se desviou do palestrante à frente da sala, e meus olhos se voltaram para a janela. Do lado de fora, movendo-se suavemente com a brisa, havia uma grande flor, uma hortênsia azul. Enquanto eu a observava distraída, uma certeza tomou conta de mim. Foi inegável. Foi a súbita percepção de que Deus nunca havia partido. Ele esteve presente o tempo todo. Deus está *em toda parte*. Deus é *tudo*.

Minha busca terminou. Eu havia encontrado Deus. Deus havia me encontrado. Foi um segundo momento de iluminação — meu momento da hortênsia.

Pode parecer um cenário mundano, mas é comum as pessoas terem experiências de iluminação em contextos do dia a dia. Enquanto dirigem pela rua ou olham para o grande relógio de uma estação de trem — *tic-tac* — e, de repente, conhecem alguma verdade profunda, talvez uma verdade eterna sobre si mesmas, o mundo, Deus.

No zen, dizem: "Aja com compaixão, e você descobrirá que sempre foi compassivo. Aja como iluminado, e você descobrirá que sempre foi iluminado". É essa noção de que você sempre esteve lá; apenas não sabia disso. Foi o que aconteceu comigo. Deus nunca me deixou. Percebi imediatamente que nunca fui abandonada.

TUDO É AMOR, TUDO É BOM

Esse segundo momento de iluminação foi um dos tesouros da minha experiência no Shalem. O outro foi o que Gerald May me ensinou sobre disposição.

A disposição é sobre se abrir para o que é. Trata-se de se tornar um com o universo, participando dele, fazendo o que é necessário no momento. É lavar a louça quando é preciso, ajudar alguém que caiu, deixar de lado batalhas que você nunca vencerá e até algumas que você poderia vencer. É abandonar a necessidade de estar certo, mesmo quando você está certo. É fazer coisas que talvez você não queira fazer, mas que faz porque são necessárias. Com disposição, você aceita com graça o que está acontecendo. Pode-se dizer que é se lançar na vontade de Deus, ou na aceitação dos fatores causais do universo. É abandonar os ataques de raiva. "Disposição", diz Gerald May, "é dizer 'sim' ao mistério de estar vivo em cada momento".

O oposto da disposição é a falta de disposição. A falta de disposição é caracterizada pela necessidade de controlar a realidade, pelo pensamento rígido do tipo "ou é do meu jeito ou não é de jeito algum". É uma batalha contra a realidade, que consome energia emocional sem levar a lugar algum. A falta de disposição causa o comportamento oposto do necessário.

O conceito de disposição ressoou profundamente comigo, e percebi que ele poderia ser muito eficaz com os pacientes com quem trabalho, ajudando-os a criar uma vida que valesse a pena ser vivida. Mais tarde, a disposição tornou-se parte das habilidades de tolerância ao mal-estar da terapia comportamental dialética (DBT, do inglês *dialectical behavior therapy*).

Anos atrás, tive uma experiência — hoje engraçada — com a falta de disposição, que me mostrou claramente que não é possível combatê-la com mais falta de disposição.

Aqui está o que aconteceu. Eu havia proposto um projeto no meu laboratório envolvendo pacientes de alto risco (viciados em opioides) que precisava ser aprovado pelo departamento. Sabia que a aprovação não era garantida e que teria de ser muito diplomática — a diplomacia não é minha maior força, especialmente quando sou apaixonada pelo assunto, como era o caso. Os detalhes do projeto não são relevantes aqui, apenas o fato de que eu enfrentaria uma reunião com o chefe do departamento e outros profissionais influentes da clínica, que estavam cautelosos devido ao risco envolvido.

Eu sabia que poderia comprometer meu projeto se deixasse minha paixão me levar à raiva diante de uma possível resistência. Decidi usar a habilidade da ação oposta para tentar entender o ponto de vista deles.

Na noite anterior à reunião, comecei a praticar compreender a perspectiva deles. Mas, toda vez que tentava, a falta de disposição surgia com força: "Não, você não pode fazer isso". E eu respondia: "Abaixo, falta de disposição! Abaixo, falta de disposição!". Repeti isso várias vezes: "Eu estou certa, eles estão errados". "Abaixo, falta de disposição." Nada disso funcionou.

No dia seguinte, durante a reunião, estávamos sentados em cadeiras com rodinhas. Quando comecei a me exaltar, movi minha cadeira para trás, e meus colegas avançaram as deles para falar enquanto eu me acalmava. Consegui passar pela reunião sem perder a compostura, embora tenha sido difícil.

Depois que tudo terminou, precisei entender por que a habilidade da ação oposta não funcionou. Percebi que não se pode tratar falta de disposição com falta de disposição (como se estivesse mandando um cachorro se deitar). Então me perguntei: "Do que eu tenho medo aqui?". Descobri que tinha medo de perder minha liberdade acadêmica, algo que valorizo acima de tudo. Mas, ao perceber isso, pensei: "Eles não podem tirar isso de mim. Podem tirar espaço, mas não minha liberdade acadêmica, porque tenho estabilidade no cargo". E me acalmei. Tudo acabou bem.

Quando uma habilidade não funciona para mim (como a ação oposta, nesse caso), preciso descobrir outra abordagem para ser efetiva. A habilidade que teria funcionado era a disposição — entrar no mundo e fazer o que é necessário.

O PODER DO CORPO

Uma das descobertas mais fascinantes da psicologia é o poder inesperado do corpo sobre as emoções. Não apenas pelo efeito de exercícios intensos ou da respiração compassada, que alteram a fisiologia do corpo, mas também pelo impacto direto da postura e da expressão facial.

Todos sabemos que quando estamos com raiva, isso transparece no corpo: os lábios se curvam para baixo, a testa se franze, os músculos faciais ficam tensos. O corpo inteiro fica rígido, e os punhos se fecham. Por outro lado, quando estamos felizes, o rosto relaxa, os lábios se curvam em um sorriso, e o corpo e os punhos ficam soltos e relaxados.

Ou seja, as emoções moldam a postura geral. Esse é o poder da mente sobre o corpo. Mas a pesquisa demonstra que o oposto também é verdadeiro — adotar a postura de raiva ou felicidade pode levar a experimentar essas mesmas emoções. Esse é o poder do corpo sobre a mente.

MEIO-SORRISO E MÃOS DISPOSTAS

Decidi incorporar o poder do corpo sobre a mente no contexto da disposição em duas habilidades específicas de tolerância ao mal-estar na DBT. Eu as chamo de meio-sorriso e mãos dispostas.

Digo aos meus pacientes que o meio-sorriso é uma forma de aceitar a realidade por meio do corpo. Por exemplo, se você fizer um meio-sorriso enquanto pensa em alguém de quem não gosta, isso pode ajudá-lo a se sentir mais compreensivo e aceitar melhor essa pessoa. Parece difícil de acreditar, mas é verdade.

Como fazer: relaxe o rosto, desde o topo da cabeça até o queixo e maxilar. Solte cada músculo facial (testa, olhos, sobrancelhas; bochechas, boca e língua; mantenha as arcadas dentárias ligeiramente separadas). Se tiver dificuldade, experimente tensionar os músculos do rosto e depois relaxá-los.

Levante levemente os cantos da boca, só o suficiente para sentir o movimento. Um meio-sorriso é isto: lábios ligeiramente curvados para cima com o rosto relaxado. Adote uma expressão serena no rosto. Esse exercício faz com que seu rosto comunique com seu cérebro. E funciona. A pesquisa e a experiência confirmam isso. Experimente.

Mãos dispostas é outra forma de aceitar a realidade usando o corpo. A raiva geralmente se opõe à aceitação da realidade, sendo uma motivação para mudar o que é. Às vezes, isso é apropriado, mas, em uma crise, pode ser necessário encontrar uma maneira de aceitar a realidade como ela é. As mãos dispostas ajudam nesse processo, e a ideia foi inspirada na prática do monge vietnamita Thich Nhat Hanh.

Como fazer: se estiver de pé, deixe os braços caírem a partir dos ombros; mantenha-os retos ou dobrados nos cotovelos. Com as mãos relaxadas, deixe-as abertas, com os polegares voltados para fora, as palmas para cima e os dedos relaxados. Se estiver sentado, coloque o dorso das mãos sobre as coxas. Se estiver deitado, deixe os braços ao lado do corpo, com as mãos relaxadas e as palmas voltadas para cima. Essas posições transmitem paz, ajudando na aceitação da realidade sem resistências.

Tanto o meio-sorriso quanto as mãos dispostas exigem prática e podem ser feitos a qualquer momento do dia. O efeito é maravilhoso. Uma paciente adolescente compartilhou como essas habilidades a ajudaram: "Eu estava em um lugar público e alguém estava sendo rude comigo. Fiquei cada vez mais irritada e queria responder com raiva. Então me lembrei do que você disse sobre as mãos dispostas, Marsha, e fiz o exercício. Não acreditei — toda a minha raiva diminuiu". Se você puder mudar suas emoções assim, poderá também mudar suas ações e evitar comportamentos impulsivos dos quais possa se arrepender depois.

A NECESSIDADE DE ACEITAR O INESPERADO

Costumava dizer a Ed que queria que em minha lápide estivesse escrito: "Ela disse 'Sim'". Isso significa que vivi minha vida com disposição, fazendo o que Deus queria que eu fizesse pelo bem das pessoas e do mundo.

No livro *Will and Spirit*, Gerald May escreve: "Enquanto a ciência for serva da falta de disposição, ela só poderá nos levar até o batente do significado. Para atravessar o batente, a falta de disposição deve ceder à disposição e à entrega. O domínio deve dar lugar ao mistério".*

Se você aborda a exploração científica com falta de disposição, ou seja, buscando controlar os resultados ou acreditando que já sabe quais serão, só conseguirá chegar até certo ponto. Para ter sucesso, a ciência exige disposição: aceitar descobertas que vão contra o que você previu — uma abertura ao mistério, por assim dizer. Ela exige a humildade total de estar errado, o que, às vezes, pode ser mais divertido do que estar certo. Exige também a disposição de admitir que a pesquisa de outra pessoa é melhor que a sua, quando for o caso; de compartilhar a autoria com outros que trabalharam duro ao seu lado; e, o mais importante, de divulgar a verdade das suas descobertas antes de considerar questões políticas, opiniões públicas e profissionais ou o financiamento de novos projetos, riqueza e outros interesses.

Passei por um longo período em que dizia: "Minha parte espiritual será reservada aos fins de semana e às manhãs, quando vou à igreja, e minha

---

* Gerald G. May, *Will and Spirit: a Contemplative Psychology* (New York: Harper Collins, 1982), p. 8.

parte científica ficará para os dias úteis". Fiz isso por anos. Até que um dia percebi que isso era ridículo. Com a orientação de um professor maravilhoso (Willigis, com quem você se familiarizará em breve), comecei a entender que o universo é o que é. Dizem que todos os físicos são místicos. Dizem que, do nada, algo nasceu. Massa essencial, realidade essencial — tudo é uno. Sempre digo aos meus pacientes que tudo tem uma causa. O fato de não conhecermos a causa não significa que ela não exista.

Há o domínio da experiência e há o domínio da articulação. A ciência pertence ao domínio de articular com palavras; a espiritualidade pertence ao domínio da experiência.

Você não consegue descrever a experiência de um sabor de forma que outra pessoa o vivencie da mesma maneira que você — a menos que ela própria prove. O caminho espiritual me levou a valorizar o não julgamento e a aceitação radical. A espiritualidade teve um impacto imenso e positivo na minha vida, e eu queria traduzir isso em termos comportamentais para criar tratamentos eficazes para meus pacientes.

Mas antes de fazer isso, eu precisava conseguir minha estabilidade acadêmica.

24
MINHA LUTA PELA ESTABILIDADE

Conseguir estabilidade no meio acadêmico é essencial, tanto para garantir segurança no emprego quanto para obter a liberdade de conduzir pesquisas inovadoras. Os membros do comitê que avaliam esse processo levam em consideração vários fatores, como o número de bolsas que você conseguiu, a quantidade e a qualidade dos artigos que publicou e a qualidade de suas aulas. Cartas de recomendação também contam, assim como o julgamento dos membros sobre como você se encaixará como parte da equipe em longo prazo.

Jogos políticos também têm peso. Infelizmente, eu não sou boa nisso.

Estava concorrendo à estabilidade em 1982, quase no final do ano. Na University of Washington, não há segunda chance: ou você é aprovado, ou precisa procurar outro emprego no próximo ano letivo. Meu histórico de publicações era adequado, incluindo o capítulo sobre suicídio. Não era exatamente garantia de aprovação, mas eu teria apostado em mim mesma. Embora algumas pessoas do departamento de psicologia se sentissem desconfortáveis com a minha presença e o tipo de trabalho que eu fazia, podia contar com fortes aliados, especialmente Bob Kohlenberg.

"Parte do problema de Marsha era a população de pacientes com quem ela trabalhava", diz Bob agora. "As pessoas provavelmente não admitiriam isso, e eu não sei até que ponto era consciente, mas sei que muitos se sentiam desconfortáveis com esses pacientes muito perturbados por perto. Esse é o primeiro ponto. O segundo é que Marsha precisava ser muito determinada para lidar com um trabalho tão incrivelmente difícil. Ela era muito exigente com os professores e os alunos, então, não surpreende o fato de que isso incomodasse algumas pessoas." Como disse, não sou uma boa política — ou, pelo menos, não era.

Os clínicos tinham regras muito rígidas sobre a "maneira apropriada" de interagir com pacientes. Bob explica isso bem: "A ideia deles era que os pacientes deviam ser bem-comportados, chegar na hora certa, sair na hora certa, voltar em uma semana e não incomodar ninguém". "Eles não tinham o direito de ligar para você quando quisessem. Fazer diferente era chamado de 'violação de limites'. Diziam que isso era para o bem do paciente, para dar estrutura a eles. Marsha dizia: 'Vocês estão, basicamente, se protegendo, e isso não ajuda as pessoas'. Ela era muito direta, um estilo muito característico seu. As pessoas não gostavam disso. Ela tinha ideias fortes sobre o que era mais útil para os pacientes, e os pacientes dela não se encaixavam bem no sistema."

"O comitê que aprovava a estabilidade era composto por 'cientistas das antigas'", lembra Ed Shearin, um doutorando que trabalhou comigo à época, "e Marsha estava fazendo pesquisa clínica, que alguns não viam como algo muito digno de respeito".

André Ivanoff, que fazia parte da equipe desde o início, diz: "Havia muita tensão em torno da Marsha conseguir estabilidade, e isso permeava todas as atividades que nós [a equipe de pesquisa] estávamos realizando na época. Do ponto de vista de alguém de 22 anos, era difícil entender como o departamento poderia não querer ela. Marsha era extremamente ativa, e sua pesquisa, embora de grande importância, acho que pode ter sido desconfortável para alguns de seus colegas, que trabalhavam com temas mais tranquilos".

Minha colega de casa, Kelly Egan, lembra que eu não era bem-vista no *campus*. "Ela era mulher, relativamente nova, ambiciosa", diz Kelly, e todo o corpo docente era masculino. "Os professores homens eram muito críticos dela, não recomendavam que se trabalhasse com ela e não ficavam impressionados se alguém estivesse trabalhando com ela. Isso não parecia incomodar Marsha. Ela já esperava ter de lutar para conquistar seu espaço, e ela lutou."

Havia quatro de nós concorrendo à estabilidade naquele mês. Em uma das primeiras reuniões do comitê de estabilidade, um dos membros lançou um ataque feroz contra as estatísticas que eu havia usado, dizendo que eram erradas e péssimas. Foi devastador. Felizmente, Allen Edwards, autor do maior livro de estatística para psicologia de todos os tempos, por acaso entrou na sala naquele momento e saiu em minha defesa. Ele disse: "As estatísticas dela são realmente boas. Do que você está falando?".

Acabei recebendo quase uma votação unânime, com apenas uma abstenção, por parte do corpo docente. Parecia promissor. Tudo o que eu precisava era um voto positivo do Conselho da Faculdade. A função do Conselho é garantir que os departamentos não concedam estabilidade a amigos, pessoas com referências ou pesquisas fracas, ou com outras falhas que justifiquem a negação da estabilidade.

No entanto, estávamos no início dos anos 1980, e o Estado de Washington, assim como o resto do país, passava por uma crise financeira. O Estado queria reduzir o número de professores nos departamentos universitários. Após a votação quase unânime do comitê, o Conselho da Faculdade rejeitou minha estabilidade, dizendo: "Ela é clínica, não uma cientista de verdade — ela está no lugar errado. Deveria estar no departamento de psiquiatria da faculdade de medicina". Outra mulher também estava concorrendo naquele ano e foi rejeitada. Os dois homens do grupo, que tinham algo como 60% de aprovação, conseguiram a estabilidade.

VOCÊ PODE ME DERRUBAR, MAS NUNCA ME VENCER

Meu chefe disse: "Não se preocupe, Marsha, você vai conseguir. Eles vão votar de novo. Estarei lá. Você vai conseguir". Havia uma segunda chance de votação se o corpo docente insistisse. Então, fui a cada membro do meu departamento e perguntei: "Estão dizendo que eu não deveria conseguir estabilidade neste departamento porque o que faço é pesquisa 'aplicada', não pesquisa real. O que você acha? O que acha que devo fazer?". Senti-me muito centrada durante esse episódio. Não gritei, não chorei, não disse "Isso não é justo". Apenas conversei calmamente com meus colegas.

Bob me apoiava. "Apresentei um caso forte na reunião do corpo docente, conversando com colegas, dizendo que seria uma desvantagem para nós se ela fosse para outro lugar", ele diz. "Havia murmúrios sobre como a pesquisa dela não havia avançado muito. Eu disse que Marsha estava tratando pacientes que ninguém mais trataria, e que eles não estavam reconhecendo como é difícil fazer pesquisa com essa população."

O reitor recusou-se a intervir e reverter a decisão negativa do Conselho. O diretor de treinamento clínico me apoiava e tentou interceder junto ao reitor, que novamente se recusou. Havia muita recusa acontecendo nessa altura. Mas, em certo momento, o reitor concordou: "Tudo bem, vou ler tudo o que ela escreveu e tomarei minha decisão, mas vou ficar fora da cidade por duas semanas". Foi uma tortura.

O reitor voltou à cidade. Era final de dezembro, uma sexta-feira, o último dia para uma decisão de "sim" ou "não". Eu estava fora de mim, ansiosa, esperando notícias. Meu chefe tentou me tranquilizar: "Não se preocupe, Marsha. Você vai conseguir". Já era meio da manhã e não tínhamos notícias. A essa altura, comecei a duvidar seriamente que conseguiria um "sim". O meio-dia chegou e passou. Nada.

Três da tarde, e ainda estávamos esperando. "Chega", eu disse. "Vou para casa." Caminhei os 20 quarteirões até minha casa. Já estava escurecendo. Comecei a sentir uma calma estranha.

Em casa, coloquei para tocar *I Am Woman*, de Helen Reddy, uma ótima opção para me encorajar:

> *You can bend but never break me*
> *'Cause it only serves to make me*
> *More determined to achieve my final goal*
> *And I come back even stronger*
> *Not a novice any longer*
> *'Cause you've deepened the conviction in my soul.**

Sentada em meu sofá, no escuro, disse a Deus: "Se você quer que eu faça este trabalho, você tem de me dar estabilidade. Se eu não conseguir, aceitarei que este não é o meu caminho agora. De qualquer forma, tudo bem para mim, mas se você quer que eu faça isso, preciso da estabilidade".

A campainha tocou. Era meu chefe, segurando uma garrafa de champanhe.

Ele estendeu a garrafa para mim, sorrindo de forma radiante, e disse: "Parabéns, Marsha!".

---

* N. de T. Você pode me derrubar, mas nunca me vencer / Isso só serve para me deixar / Mais determinada a buscar meu objetivo / E eu volto ainda mais forte / Não mais uma iniciante / Pois você aumentou a convicção na minha alma.

25

O NASCIMENTO DA TERAPIA COMPORTAMENTAL DIALÉTICA (DBT)

O objetivo do meu estudo financiado pelo National Institute of Mental Health (NIMH) era determinar se a terapia comportamental seria eficaz no tratamento de pessoas com alto risco suicida e, especificamente, se seria *mais* eficaz do que o tratamento-padrão da época, que era a psicanálise. Aqui está o que aconteceu.

A BUSCA PELO EQUILÍBRIO CERTO NA TERAPIA

Havia quatro objetivos principais na pesquisa. O primeiro era desenvolver uma medida confiável e válida para avaliar autolesões intencionais e comportamentos suicidas, isso denomina-se medida de desfecho. O segundo era conduzir um estudo-piloto para desenvolver o novo tratamento e determinar seu potencial. O terceiro era elaborar um manual de tratamento, um guia prático, que eu pudesse usar ao realizar um ensaio clínico randomizado e que outros terapeutas pudessem utilizar para tratar a mesma população de pacientes. O quarto objetivo era realizar um ensaio clínico randomizado, com base nos três primeiros objetivos, para avaliar adequadamente o novo tratamento.

O plano de tratamento consistia em combinar solução de problemas, treinamento de assertividade e terapia comportamental padrão. Eu seria a terapeuta principal no estudo, trabalhando individualmente com os participantes (em sua maioria, mulheres) por cerca de uma hora, uma vez por semana. Conversaríamos sobre os problemas que as incomodaram na última semana e exploraríamos quais novos exercícios poderiam ser úteis. Uma terapia comportamental bastante típica. Outros membros da equipe observavam as sessões de terapia por meio de um espelho unidirecional e tomavam notas sobre o que funcionava e o que não funcionava. Sabíamos que não estava funcionando se a paciente gritasse comigo, saísse dizendo que eu estava invalidando seus sentimentos e assim por diante.

Após cada sessão, nossa equipe (de cerca de sete ou oito pessoas) discutia o que havia acontecido. Eu usava esse *feedback* para decidir quais procedimentos deveriam ser mantidos no tratamento e quais deveriam ser descartados. O manual evoluía conforme avançávamos. Até onde sei, foi um dos primeiros manuais — senão o primeiro — a ser escrito dessa forma, ou seja, observando exatamente o que o terapeuta faz na sala de terapia, em vez de basear as instruções do tratamento apenas em teoria.

A TERAPIA COMPORTAMENTAL PADRÃO — UMA TECNOLOGIA DE MUDANÇA — NÃO FUNCIONA

Assim que estabeleci minha medida de desfecho, comecei a desenvolver e testar o tratamento-piloto. Imediatamente me vi em território desconhecido. A paciente entrava, conversávamos, ela me contava sobre seus problemas e por que achava que a vida não valia a pena. Precisávamos descobrir qual de seus muitos problemas estava impulsionando seus pensamentos suicidas. Poderia ser a crença de que ninguém a amava, de que as pessoas a odiavam, ou simplesmente o desejo de morrer. Eu dizia: "Sem problema. Posso encontrar um tratamento para isso". Eu pesquisava nos manuais existentes de terapia comportamental para encontrar o tratamento adequado.

Na semana seguinte, revisava com a paciente o que achava necessário para resolver o problema em que havíamos focado, o que poderíamos mudar juntas. Mas uma resposta típica a qualquer tentativa de mudar o comportamento da paciente era: "O quê? Você está dizendo que *eu sou* o problema?".

Elas ficavam muito irritadas, às vezes recuando em silêncio, outras vezes levantando-se, gritando, jogando cadeiras, saindo da sala pisoteando. "Você não está me ouvindo", diziam. "Você não está entendendo o que estou sofrendo. Você está tentando me mudar."

A maioria das pacientes havia passado por sofrimentos intensos. Suas histórias eram trágicas. Além disso, elas eram extremamente sensíveis a tudo que parecesse invalidar sua dor, tudo que sugerisse que elas mesmas precisavam mudar. A terapia comportamental padrão, focada em ajudar as pessoas a mudar, era como um alerta vermelho para elas.

Era como se essas pacientes não tivessem pele emocional, como se tivessem sofrido queimaduras de terceiro grau em todo o corpo. Mesmo o toque mais leve era de uma dor excruciante, e elas viviam em ambientes onde todos continuavam a cutucá-las. Percebiam sugestões de mudança como ataques pessoais ou mais invalidação. Isso as tirava completamente do eixo emocional.

MUITOS TIPOS DE INFERNO

Percebi que o que essas pessoas precisavam era que eu fosse compassiva, que as validasse, que mostrasse que os fatores que impulsionavam seu sofrimento faziam sentido para mim. Eu precisava ver o mundo do ponto de vista delas. Antes de começar o estudo, eu não fazia ideia de quão intensa era a dor na vida dessas pessoas. Precisava encontrar uma forma de que tanto a paciente quanto a terapeuta aceitassem as tragédias que haviam acontecido.

Naquela época, eu não conectava o sofrimento delas ao meu. Meu passado era tão diferente do de muitas delas. Eu entendia a dor, a solidão, a rejeição em geral. Mas não precisava relacionar a experiência delas ao meu passado para entender seu sofrimento. (Isso é difícil de fazer de qualquer forma, quando você está muito focada em outra pessoa.)

Quando eu as ouvia e as via, sentia com elas. De uma forma bem menor, mas significativa, eu vivenciava o que elas descreviam, enquanto descreviam. Isso não é incomum entre terapeutas. Todos nós já choramos com nossos pacientes; todos já sentimos aquela facada no peito com eles. A coisa específica da minha vida que foi útil era: eu sei o que é o inferno e sei como sair dele. O caminho é de trabalho árduo, um mar de sofrimento, mas sei que a pessoa pode vencer.

UM NOVO FOCO NA ACEITAÇÃO: ISSO TAMBÉM NÃO FUNCIONOU

Então, abandonei o foco na mudança e me dediquei completamente a ajudar os pacientes a aceitarem suas posições em suas vidas. Meu novo objetivo era validar as vidas trágicas dos meus pacientes. Eu conhecia o conceito de consideração positiva incondicional, um conjunto de estratégias desenvolvidas pelo psicólogo humanista Carl Rogers. Também conhecia a terapia de suporte, uma abordagem que se concentra em fornecer uma aliança terapêutica forte, em que o terapeuta é ao mesmo tempo confiável e validante. "Sem problemas", pensei, "a aceitação é a solução. Vou mudar minha estratégia".

A resposta a isso foi tão explosiva quanto a de minha ênfase anterior na mudança. "O quê? Você não vai me ajudar?", o paciente dizia. "Você vai simplesmente me deixar aqui, com toda essa dor?" Mais lágrimas, mais silêncio, mais pacientes saindo da sala.

Conforme o estudo progredia, comecei a ir de um lado para o outro, indo e voltando e tentando encontrar o equilíbrio certo na dinâmica entre pressionar pela mudança e oferecer aceitação. Era como andar na corda bamba. Se colocasse peso demais de um lado, você caía.

TERAPIA DE CHANTAGEM

Meus alunos brincavam, chamando nosso tratamento de "terapia de chantagem". Eu passava muito tempo na parte inicial validando os pacientes e pouco tempo no foco em mudanças, além de um compromisso básico: permanecer vivo até a próxima sessão. Uma vez que eu estabelecia um bom relacionamento com o paciente, usava isso como reforço, aumentando o calor emocional em resposta a comportamentos eficientes ou retirando-o como consequência negativa de comportamentos disfuncionais.

Com pacientes apresentando risco de suicídio, eu geralmente começava perguntando se acreditavam que seriam mais felizes mortos. Eles pareciam pensar que o sofrimento deles terminaria se viessem a óbito por suicídio. Eu apontava que não havia dados provando que isso era verdade. Há religiões que acreditam que, se você morrer por suicídio, irá para o inferno, e outras que acreditam que terá de viver toda a sua vida novamente. Isso seria suficiente para me impedir!

A equipe continuou observando e oferecendo *feedback* sobre as sessões de terapia. Logo, notamos um padrão. Os pacientes tinham muitas tragédias, problemas e transtornos, e continuavam mudando o foco sobre o que queriam trabalhar na terapia. Diziam que o problema da semana anterior não era importante e que algum outro problema agora era mais urgente. Se eu tentasse trabalhar em um problema, o paciente levantava outro que parecia ainda mais angustiante que o anterior. "Eu não aguento mais", "Vou me matar" e coisas assim. Eu percebi que um problema central para meus pacientes era a incapacidade de tolerar o sofrimento.

HABILIDADES PARA AJUDAR AS PESSOAS A TOLERAREM O SOFRIMENTO

Eu precisava ensinar os pacientes a aceitar algum nível de sofrimento no momento para que pudéssemos focar em problemas mais importantes, como comportamentos que ameaçavam a vida e relacionamentos interpessoais. No início dos anos 1980, não havia protocolos para ensinar aceitação ou métodos para lidar com a dor. Ensinar aceitação simplesmente não fazia parte do repertório de um terapeuta comportamental.

Isso me levou a desenvolver uma série de habilidades de tolerância ao mal-estar, que hoje somam mais de uma dúzia. Já falei antes sobre as habilidades TIP (modificação da temperatura, exercício intenso, respiração compassada e relaxamento muscular pareado), que teriam me ajudado a lidar melhor com o incêndio no meu apartamento em Washington, D.C. Meio-sorriso e disposição são outros exemplos.

Outros recursos incluem as habilidades STOP, que ajudam a evitar que uma situação ruim piore. Elas impedem que você aja por impulso. Pais dos meus pacientes me disseram que essas habilidades os ajudaram muito em situações difíceis com seus filhos. Desenvolver esses recursos os ajudaram a não perder a calma! E, acredito que você concorda, há momentos na vida de muitas pessoas (talvez de todas) em que as habilidades STOP podem ser muito úteis. São elas:

S: Pare (do inglês, *stop*) o impulso de agir imediatamente.
T: Dê um passo para trás (do inglês, *take a step back*) e se distancie da situação.
O: Observe para reunir informações sobre o que está acontecendo.
P: Proceda em *mindfulness*, avaliando a melhor opção com base nas metas e, finalmente, seguindo essa opção.

A seguir, vou detalhar cada etapa.

Pare (*Stop*)

Quando você sente que suas emoções estão prestes a tomar o controle, pare! Não reaja. Não mova um músculo! Apenas congele! Isso pode ajudá-lo a evitar fazer o que sua emoção quer — agir sem pensar. Mantenha o controle. Lembre-se: você é o chefe das suas emoções (ou, pelo menos, pode se tornar o chefe).

> *Exemplo:* Se alguém diz algo que provoca você (um insulto ou uma mentira dolorosa), você pode sentir o impulso de atacar essa pessoa física ou verbalmente. No entanto, isso talvez não seja o melhor para você, pois pode fazê-lo machucar-se, ser preso, perder o emprego ou fazê-lo dizer algo que também seja falso e doloroso. Então, pare, congele e não aja por impulso.

Dê um passo para trás (*Take a step back*)

Quando você enfrenta uma situação difícil, pode ser complicado pensar em como lidar no momento. Dê a si mesmo tempo para se acalmar e pensar. Dê um passo para trás (mental e/ou fisicamente), afastando-se da situação. Desprenda-se. Respire fundo. Continue respirando profundamente até retomar o controle. Não deixe que sua emoção controle o que você faz. Lembre-se: você não é sua emoção. Não deixe que ela o leve ao limite.

> *Exemplo:* Você está atravessando a rua e não percebe um carro se aproximando. O motorista para o carro, sai e começa a xingar e empurrar você. Seu impulso é socá-lo no rosto; no entanto, você sabe que isso pioraria a situação e o colocaria em problemas. Então, você para e dá um passo para trás, literalmente, para evitar o confronto.

Observe

Observe o que está acontecendo ao seu redor e dentro de você. Quem está envolvido? O que as outras pessoas estão fazendo e dizendo? Para fazer escolhas eficazes, é importante não tirar conclusões precipitadas. Reúna os fatos relevantes para entender o que está acontecendo e quais são suas opções. Tente ser imparcial.

Proceda em *mindfulness*

Pergunte a si mesmo: "O que eu quero dessa situação? Quais são minhas metas? Qual escolha pode melhorar ou piorar essa situação?". Acesse sua mente sábia (veja o Capítulo 32 para uma explicação completa) e pergunte como lidar com esse problema. Quando você está calmo e no controle, e tem alguma informação sobre o que está acontecendo, você está mais bem preparado para lidar com a situação de maneira efetiva, em vez de piorá-la.

> *Exemplo:* Você chega em casa muito tarde do trabalho porque o pneu furou no caminho. Seu parceiro começa a gritar, acusando-o de traição e usando palavras ofensivas. Você fica muito irritado, e seu primeiro impulso é gritar e revidar com ofensas. No entanto, você quer lidar com a situação de forma hábil. Então, você para e dá um passo atrás, literal e mentalmente, observando que há várias garrafas de cerveja vazias na cozinha. Você percebe que seu parceiro provavelmente bebeu demais e sabe que quando ele está bêbado não adianta discutir. É provável que ele peça desculpas pela manhã, então, você procede em *mindfulness* e explica calmamente sobre o pneu furado, pacifica a situação e vai para a cama, adiando a discussão para a manhã seguinte.

Tenho certeza de que você consegue pensar em uma situação passada em que, se tivesse usado as habilidades STOP, poderia ter evitado uma situação que depois lamentou.

E ISSO É NOVO?

Em poucos anos, eu já tinha uma versão inicial do que, depois, seria chamado de terapia comportamental dialética (DBT, do inglês *dialectical behavior therapy*). Ainda estava muito incompleta e faltavam algumas das principais inovações que tornam a terapia tão efetiva (como equilibrar aceitação e mudança, fornecer um conjunto de habilidades comportamentais e exigir que todos os terapeutas trabalhem em equipes). Minha grande dúvida à época era: "A DBT é algo novo e diferente?".

Escrevi para alguns colegas confiáveis descrevendo o que estava fazendo e perguntei diretamente: "Isso é algo inédito ou é apenas uma versão da terapia comportamental padrão?".

Terry Wilson, que hoje é professor de psicologia na Rutgers, recentemente tinha sido presidente da Association for Advancement of Behavior Therapy. Ele respondeu algo como: "Seu enfoque em tolerância ao mal-estar e aceitação é único, e não faz parte da terapia comportamental tradicional". Como acabou se confirmando, a aceitação era a diferença-chave.

MOVIMENTO, VELOCIDADE E FLUXO

Durante o desenvolvimento da DBT, eu precisava estar pronta para ir aonde meus pacientes queriam ir. Ao mesmo tempo, precisava guiá-los para onde eu queria que fossem. Isso exigia uma mente aberta, dançando com o que eu chamo de "movimento, velocidade e fluxo". Tanto o paciente quanto o terapeuta avançam juntos para um novo lugar, de forma suave e rápida. Isso se tornou um mantra para nós: saber quando pressionar, saber quando apoiar. Um movimento orgânico e levemente roteirizado.

Beatriz Aramburu, uma ex-aluna, descreve isso de forma única: "Marsha tem uma profunda mistura de calor humano e cuidado com seus pacientes, combinando isso com algo como: 'Isso não está certo — pare. Eu entendo por que você faz, sei que vem da dor e é difícil parar. Agora, pare com isso'. Marsha tem um excelente senso clínico para entrar na mente do paciente".

Essa nova terapia que estávamos desenvolvendo era mais exigente do que a terapia comportamental padrão, principalmente porque a população de pacientes com quem o terapeuta trabalha é bastante volátil no aspecto emocional e apresenta o risco real de óbito por suicídio. Você pode imaginar o quão emocionalmente exaustivo isso pode ser. O terapeuta precisa ser compassivo sem ser consumido pelos horrores da crise atual do paciente. Além disso, os pacientes podem ligar para seus terapeutas a qualquer hora do dia ou da noite. Mais uma vez, o terapeuta deve ser compassivo, mas focado em direcionar o paciente às habilidades da DBT que são relevantes para a crise em questão. Muitos terapeutas relatam que a DBT é libertadora. "É um tratamento que me permite ser eu mesma, usar quem sou como pessoa no papel de terapeuta, em vez de apenas apoiar o paciente", diz Beatriz.

Outra aluna, Anita Lungu, concorda: "Para ser bom nessa terapia, você precisa conhecer muito bem os componentes do tratamento. Ao mesmo tempo, permite que eu seja quem sou. Não preciso vestir um 'chapéu de terapeuta' ou assumir uma persona diferente porque estou no papel de terapeuta. Posso ser genuína, direta, dizer o que penso, enquanto mantenho os tratamentos em mente para guiar minhas decisões. Não preciso me tornar uma pessoa diferente para ser terapeuta".

O PAPEL DA IRREVERÊNCIA

Uma das técnicas definidoras da DBT é a irreverência. Sou naturalmente irreverente, digo o que penso, não me censuro e chamo as coisas por seu nome, o que já me causou problemas mais de uma vez. Mas os alunos perceberam que minha irreverência costumava produzir efeitos positivos, destravando a terapia quando ficava estagnada.

Ser irreverente significa dizer o inesperado. Pesquisas mostram que informações inesperadas são processadas de forma mais profunda do que as informações esperadas. Isso capta a atenção do paciente, talvez o tire de uma rotina mental — como odiar a terapia ou estar consumido pelo desprezo a si próprio. Um exemplo seria:

PACIENTE: Vou largar a terapia!
TERAPEUTA: Ah. Gostaria de uma indicação para outro terapeuta?

Isso não significa ser frio e sem emoção. A irreverência deve ocorrer em um contexto de calor humano e validação, demonstrando ao paciente que você entende o quão miserável ele se sente e o porquê disso. A população com quem trabalho geralmente tem uma maneira bastante direta e intensa de se comunicar, e muitas vezes responde de forma positiva a uma comunicação igualmente direta.

> **PACIENTE:** Minha vida é horrível. Estou tão miserável. Só quero morrer, escapar de toda essa dor!
>
> **TERAPEUTA:** Sabe, não há nenhuma evidência de que você vai se sentir melhor quando estiver morto. Por que correr esse risco?

Para Charles Swenson, a primeira pessoa fora da clínica que treinei na nova terapia, no final dos anos 1980, a irreverência foi um desafio. Ele tinha treinamento psicanalítico, então estava entrando em um território muito diferente. Vou deixar que ele conte sua história.

> Marsha me supervisionava no começo. Eu gravava as sessões, enviava para ela, e discutíamos por telefone. Ela sempre começava dizendo: "Ok, assisti à fita. Você quer as boas ou as más notícias primeiro?". Eu dizia: "Vamos começar pelas boas". Ela dizia: "Você é incrivelmente validante e tem milhões de ideias. Acho que seu treinamento psicanalítico deve ter ajudado nisso".
>
> Então eu perguntava: "E quais são as más notícias?". Ela dizia: "Você é engraçado? Porque você não é engraçado nas sessões. É como se estivesse em uma igreja. Isso precisa mudar. Você tem irreverência em você? Na próxima semana, quero que, pelo menos uma vez, você fale sem pensar. Apenas fale. Veja o que acontece". Ela estava certa. Eu pensava demais. Era meu treinamento psicanalítico.
>
> Em certo momento, entendi. Havia um adolescente com quem eu estava trabalhando, e adolescentes podem ser muito sombrios. Ele me disse: "Por que eu deveria fazer qualquer coisa em terapia com um adulto? Você já olhou para o mundo ultimamente? Já viu o quão ferrado está o mundo? Quem fez isso? Foram as crianças? Não! Os adultos ferraram o mundo inteiro, e fazem isso todos os dias, e eu devo fazer terapia com um *adulto*?". Minha resposta foi: "Eu sei o que você está dizendo, mas está errado. É muito pior do que você está dizendo e pior do que pode imaginar. Eu nem consigo dizer o quão ruim é". O garoto respondeu: "Sério?". Isso chamou a atenção dele. Eu disse: "Sim, mas não posso seguir esse caminho ou nós dois acabaremos mortos". Isso foi bastante irreverente, porque não era o que ele esperava ouvir. Ele realmente mudou depois disso.

A maioria das pessoas é muito séria ao falar sobre suicídio. Claro, é um assunto sério, mas ser sério o tempo todo não é a resposta. Uma declaração irreverente ocasional, dita com humor, calor e apoio, pode ser uma ferramenta eficaz. Pode produzir resultados surpreendentes, às vezes quando menos se espera; tudo depende do momento certo. Por exemplo, uma paciente pode ficar brava e gritar comigo que uma amiga cuidará de seu cachorro quando ela estiver morta. Eu responderia: "Bem, vou dizer para ela não fazer isso. Então, se você quer que seu cachorro viva, precisará ficar viva também".

ACEITAÇÃO: PARA O PACIENTE E PARA O TERAPEUTA

Acredito que uma das razões pelas quais desenvolvi uma terapia fora do convencional foi porque minha formação acadêmica era em ciência e metodologia de pesquisa científica. Não tive treinamento formal como clínica para lidar diretamente com pacientes. Isso me poupou do "terapês" — a abordagem de tratamento repleta de regras rígidas, que muitas vezes "fragiliza" os pacientes de forma excessiva, com vozes suaves demais de um lado, tratando-os como pessoas danificadas que precisam ser mimadas, e com invalidações críticas de outro. Aprendi a aplicar tratamentos baseados em ciência em Stony Brook, mas cheguei lá com uma filosofia de tratamento já desenvolvida. Essa filosofia, de compaixão e amor, foi o que mais tarde impulsionou o desenvolvimento da DBT.

Pode-se dizer que duas realizações me colocaram no caminho da DBT. Primeiro, eu precisava aceitar os pacientes como eram, bem como aceitar a tragédia de suas vidas. Segundo, os *próprios* pacientes precisavam aceitar a tragédia de suas vidas. Precisei aceitar o ritmo lento de mudança, os ataques e a raiva dos pacientes e sua recusa em fazer o que eu queria que fizessem. Também precisei aceitar o risco real de que poderiam morrer; eu poderia até ser processada. Sabia que o que era necessário era aceitação, mas não sabia como aplicá-la a mim mesma e tampouco como ensiná-la.

EQUIPES DE TERAPEUTAS

Trabalhar com pessoas com alto risco para suicídio é extremamente desafiador. Suas emoções podem puxar o indivíduo em direções opostas. Em um extremo está a tentativa de controlar a vida do paciente, para salvá-lo de si mesmo; em outro, o mergulho em compaixão e empatia, compartilhando a miséria e o desespero do paciente. Nenhuma dessas respostas é útil. Terapeutas que trabalham com pessoas nessa situação precisam de apoio emocional. Foi por isso que desenvolvi o requisito de equipes de terapeutas.

As equipes têm duas responsabilidades principais: primeiro, manter os terapeutas eficientes e em conformidade com a DBT; segundo, fornecer suporte para reduzir o desgaste emocional do profissional. As equipes funcionam como uma forma de terapia para o terapeuta, servem como treinadores e consultores uns para os outros. As equipes também concordam que todos os terapeutas são responsáveis por todos os pacientes. Se um paciente morrer por suicídio e um terapeuta da equipe for questionado posteriormente com a pergunta: "Você já teve um paciente que veio a óbito por suicídio?", o terapeuta deve responder "sim", mesmo que não tenha tratado diretamente aquele paciente. Isso é uma responsabilidade significativa.

SEIS ACORDOS PARA GUIAR OS TERAPEUTAS

Desenvolvi um conjunto de seis acordos de consultoria para terapeutas. Entre os seis, meu favorito é o Acordo de Falibilidade. Nenhum terapeuta é perfeito ou pode ser. Essa regra, portanto, determina que devemos aceitar que todos os profissionais são falíveis e podem cometer erros que causam dor e sofrimento aos pacientes. "Todos os terapeutas são idiotas", como expressamos no acordo. Essa regra, chamada de Acordo de Falibilidade, junto com as outras cinco,* é vital para fornecer apoio a cada terapeuta na equipe.

Estávamos fazendo um bom progresso nesse ponto (no início dos anos 1980), e eu estava encorajada pela direção que estávamos seguindo. A combinação de habilidades de mudança e habilidades de aceitação era algo novo para a psicoterapia. Precisávamos, então, de um nome para essa nova terapia.

---

* As outras são o Acordo Dialético, o Acordo de Consultoria ao Paciente, o Acordo de Consistência, o Acordo de Observação de Limites e o Acordo Fenomenológico.

26
DIALÉTICA:
a tensão, ou síntese, entre opostos

Por volta dessa época, eu tinha uma assistente executiva, Elizabeth Trias, cujo marido era um filósofo marxista na universidade. Um dia, enquanto conversava com Elizabeth sobre a terapia, ela disse: "Marsha, seu tratamento é dialético!".

Dialética? Eu nunca tinha ouvido falar disso. Procurei no dicionário Merriam-Webster e encontrei a seguinte definição: "um método de examinar e discutir ideias opostas para encontrar a verdade". Eu gosto de pensar nisso como "a tensão, ou síntese, entre opostos".

"Terapia comportamental dialética (DBT, do inglês *dialectical behavior therapy*)" parecia um nome apropriado, refletindo a tensão entre buscar mudanças em uma pessoa e encorajá-la a abraçar a aceitação.

DIALÉTICA ESTÁ EM TODO LUGAR: ABRAÇANDO OS OPOSTOS

Tudo na natureza é um equilíbrio dinâmico entre forças opostas. O planeta Terra tem uma tendência a voar no espaço devido às forças centrífugas, mas a gravidade do Sol se opõe a isso. Cada movimento de cada membro do corpo é uma tensão entre forças opostas, músculos flexores e tensores: os músculos do bíceps flexionam os braços enquanto os tríceps os estendem. Esses são exemplos concretos, mas, mais estritamente falando, a dialética trata de buscar uma resposta por meio do abraço aos opostos.

Foi essa tensão básica que chamou a atenção de Elizabeth. Após a observação dela, aprendi que a dialética tem sido a base de grande parte das ciências sociais e naturais nos últimos 150 anos. "Tudo bem", pensei comigo mesma. "Se é bom para a ciência, é bom para mim. Será 'terapia comportamental dialética'." Foi como uma epifania, como aprender algo que, intuitivamente, eu já sabia ser verdade.

Pouco tempo depois, liguei para o departamento de filosofia e disse: "Podem mandar alguém para cá para ensinar a mim e aos meus alunos sobre dialética?".

A dialética permite que opostos coexistam: você pode ser fraco e forte, pode estar feliz e triste. Na visão dialética do mundo, tudo está em constante estado de mudança. Não existe verdade absoluta, nem verdade relativa; não existe certo ou errado absolutos. A verdade evolui ao longo do tempo. Valores que eram sustentados no passado podem não ser mais aceitos no presente. A dialética é o processo de buscar a verdade no momento, baseando-se em uma síntese de opostos.

Há ecos do que eu disse sobre disposição em um capítulo anterior: "A disposição é abrir-se ao que é. É tornar-se um com o universo, participar dele, fazer o que é necessário no momento".

Disse aos meus alunos que iria abraçar essa nova perspectiva e que precisava da ajuda deles. "Tudo bem", eu disse, "precisamos encontrar tudo que não é dialético no tratamento e mudar para ser dialético". Pode ter havido olhares de impaciência, mas eles já estavam acostumados com esse tipo de situação. Eu sempre tinha novas ideias sobre para onde deveríamos levar a terapia.

Abraçar a dialética foi uma mudança de direção maior do que qualquer outra anterior. Era como pular em um daqueles trens-bala europeus elegantes enquanto ele entrava na estação. É o *Expresso Dialético*! As portas se abrem, eu salto a bordo, e o trem parte a toda velocidade rumo ao desconhecido. E eu penso: "Bem, vamos ver aonde isso vai me levar. Se colidir com uma parede, vou apenas pensar em outra coisa".

Até agora, não colidiu.

TRANSAÇÕES: A TERAPIA EQUILIBRANDO-SE EM UMA GANGORRA

Muitos de nós tendemos a ver a realidade em categorias polarizadas de "ou isto ou aquilo", em vez de "tudo" ou "isto e aquilo". Frequentemente, ficamos presos na tese ou na antítese, incapazes de avançar para a síntese. Uma incapacidade de acreditar em ambas as proposições: "Quero estar com você e quero tempo sozinho", ou "Você esqueceu de me buscar na balsa e ainda assim me ama", ou "Quero terminar este capítulo antes de ir para casa, e quero ir para casa agora e parar de trabalhar". Todos enfrentamos isso. O que nos coloca em apuros é a incapacidade de perguntar "O que estou deixando de lado aqui?" e "Onde estou sendo extremo?".

Na visão dialética do mundo, como tudo está conectado, a culpa é retirada da equação. Porque tudo está conectado, tudo é causado. Na perspectiva não dialética, A é culpa de B — uma via de mão única. No mundo dialético transacional, A influencia B e B influencia A, de um lado para o outro, repetidamente. (A transação era uma ideia nova na psicologia quando desenvolvi a DBT.)

Quando você pensa de forma transacional, em que tudo tem uma causa, não há nada a culpar. Existe uma razão para cada ação. Se você conhece a causa por trás de um determinado comportamento — não importa o quão desagradável ou prejudicial ele seja —, então esse comportamento faz sentido.

Muitos dos meus pacientes sofreram traumas graves causados por um ou ambos os pais. Acredito que a maioria das pessoas se sente melhor amando seus pais do que não os amando, não importa o que os pais tenham feito. Muitos daqueles traumatizados pelos pais ainda querem, de alguma forma, amá-los. Tento ajudá-los a compreender que indignação e compreensão podem coexistir. O comportamento dos pais foi repreensível, e foi causado, o que significa que eles agiram daquela forma por algo que aconteceu em suas próprias vidas (como os esforços da minha mãe para me "melhorar" derivaram dos esforços bem-sucedidos de tia Aline para melhorá-la). Posso amar um pai e desaprovar suas ações ao mesmo tempo.

O terapeuta deve ajudar a encontrar as sínteses dos opostos, a procurar o que está sendo deixado de fora. Passei muitas sessões dizendo a mim mesma: "Procure a síntese. O que estou perdendo?". Um paciente quer ir para o hospital, mas eu não quero que ele vá. Uma batalha surge. Qual é a dialética? O paciente acredita que provavelmente irá se envolver em comportamento suicida se não for ao hospital (um ponto que não consigo entender por completo); eu acredito que é provável que ele vá fazer isso se for ao hospital (um ponto com o qual o paciente discorda completamente). Qual é a síntese?

Precisamos encontrar uma maneira de ele estar seguro de qualquer forma. Temos um problema a resolver.

Demorei a perceber a dialética inerente ao planejamento de um comportamento suicida ou de condutas autolesivas sem intencionalidade suicida (CASIS). Ambos fazem você se sentir melhor e pior. Ambos os lados são verdadeiros. Quando não consigo obter um acordo de um paciente para permanecer vivo para sempre, tento por um período específico. Se ele me der uma semana, tento por duas, e continuo até onde puder. Se não consigo um acordo, procuro uma síntese: "Se encontrarmos uma maneira de fazer com que sua vida seja vivida como algo que vale a pena, você estaria disposto a trabalhar nisso?". Quase todos dizem "sim". Para uma pessoa que se autolesiona intencionalmente, posso perguntar: "Se pudéssemos encontrar uma maneira de resolver os mesmos problemas que estão incomodando sem as CASIS, você estaria disposto a fazer essa troca?". Até agora, todos disseram "sim".

A terapia é como estar em uma gangorra, comigo em uma ponta e o paciente na outra. A terapia é o processo de subir e descer, cada um de nós indo e voltando na gangorra, tentando equilibrá-la para que possamos chegar juntos ao meio e subir a um nível mais alto, por assim dizer. Esse nível mais alto, que representa crescimento e desenvolvimento, pode ser pensado como uma síntese do nível anterior. Então o processo começa novamente. Estamos em uma nova gangorra, tentando chegar ao meio, na tentativa de avançar para o próximo nível, e assim por diante.

O desafio de fazer terapia com um paciente disposto a tirar a própria vida é que, em vez de estar em uma gangorra, estamos equilibrados em um bambu, precariamente suspensos em um cabo esticado sobre o Grand Canyon. Quando o paciente recua no bambu, se eu recuar para ganhar equilíbrio, e então o paciente recuar novamente, e assim por diante, corremos o risco de cair no cânion. (O bambu não é interminável.) Minha tarefa não é apenas manter o equilíbrio, mas mantê-lo de tal forma que ambos avancemos em direção ao *meio*, em vez de para as extremidades.

O terapeuta precisa ser capaz de falar pelos dois lados: "Você está infeliz e quer morrer; consigo entender como se sente, como sua vida é dolorosa às vezes e como é difícil permanecer vivo. Por outro lado, também posso imaginar a tragédia de você morrer por suicídio. Sei que muitas vezes você acha que ninguém se importa, mas tenho certeza de que sabe que me importo, que seu gato se importa e, se pensar bem, que seu pai ou sua mãe também se importam. Acredito totalmente que você pode construir uma vida que verá como algo que vale a pena. Mesmo em suas lágrimas, você precisa acreditar, quer acredite ou não, deixando de lado a descrença, agarrando-se à esperança".

Aqui está uma maneira muito prática, quase mundana, pela qual aceitar a noção de mudança contínua alterou nossa terapia. Nos anos 1980, os psicanalistas insistiam que era vital para o bem-estar psicológico do paciente manter a terapia muito estável. A sala deveria ser a mesma em todas as sessões, tudo no mesmo lugar. Eu disse: "De jeito nenhum. Não faremos isso". Nossa tarefa é ajudar os pacientes a se sentirem confortáveis em todos os ambientes. Todos nós precisamos aprender a conviver com a mudança. Mudar a disposição da sala era uma pequena maneira de ajudar.

COMEÇA UMA JORNADA ESPIRITUAL INESPERADA

Você já se encontrou fazendo algo como se fosse impulsionado por uma força superior?

Eu estava caminhando pelo corredor do prédio principal de psicologia. Era início de 1983, pouco depois de ter conseguido estabilidade acadêmica. A porta do escritório do chefe do departamento estava aberta. Entrei e disse algo como: "Se eu puder concentrar toda minha carga de ensino de um trimestre em outro, e fizer o trabalho dobrado nesse período, posso tirar o outro trimestre de folga sem precisar de um sabático?". O chefe do departamento perguntou: "Bem, o que você quer fazer?". E eu simplesmente soltei: "Quero ir para um mosteiro zen".

Ele respondeu: "Isso tem algo a ver com o seu trabalho?". Respondi: "Claro que tem. Preciso aprender os métodos de aceitação por mim mesma para poder ensinar aceitação de forma mais eficaz aos meus pacientes. Não sei muito sobre a prática zen, mas o que sei é que ela trata de aprender a aceitar onde você está no mundo. Preciso ir para um mosteiro zen e aprender a prática da aceitação".

Ele concordou. Saí para o corredor e quase desmaiei. Não estou brincando. Pensei: "Meu Deus, *o que* acabei de fazer?".

UMA EXPERIÊNCIA MÍSTICA FUGIDIA

À época, eu liderava um grupo de meditação na minha igreja. Toda semana era a mesma coisa. Sentávamo-nos em círculo, a maioria das pessoas com as pernas cruzadas no chão (eu não, pois nunca consegui fazer isso quando criança, e ainda não consigo, então me sentava em uma cadeira). Meditávamos em silêncio por cerca de uma hora e, depois, cada um de nós compartilhava suas experiências, aquilo que considerássemos importante.

Toda semana, eu me sentia entediada. Não que ouvir as experiências dos outros me entediasse — eu adorava. Estava entediada *comigo mesma*. Durante a meditação, esperava algum tipo de experiência espiritual que me tirasse de mim mesma, algo como a experiência mística que tive na Capela do Cenáculo quase duas décadas antes. Esperava um novo momento de iluminação e ficava irritada quando não acontecia.

Eu tinha aprendido com o momento da hortênsia (alguns anos antes, no Shalem Institute, em Washington, D.C.) que Deus está em tudo e em todos. Então, não estava procurando Deus nesse sentido. O que eu esperava e ansiava era uma experiência mística de Deus, e ficava entediada quando ela não acontecia. Eu precisava de conselhos espirituais para me ajudar a aceitar minha vida como ela era. (Em certo momento, aprendi que, no que diz respeito à espiritualidade, quanto mais você deseja ativamente, menos provável é que aconteça. Você precisa se jogar na vida como ela é e estar aberto ao que vier. Isso é aceitação.)

Uma década antes, em Washington, D.C., eu tinha abraçado o conceito de disposição de Gerald May, que é uma forma de aceitação, mas, obviamente, isso não era suficiente. Eu precisava de mais, para que pudesse abandonar minhas expectativas constantes de uma nova e mística experiência espiritual e, assim, ensinar aceitação aos meus pacientes. Então, liguei para meus amigos do Shalem e perguntei: "Quem são os melhores professores contemplativos do mundo?". Pensei que, se era para fazer isso, era melhor buscar os melhores. Eles sugeriram dois: Shasta Abbey, um mosteiro zen no norte da Califórnia, cuja abadessa era Roshi Houn Jiyu-Kennett; e Willigis Jäger, um monge beneditino na Alemanha. Decidi tentar ir aos dois.

À época, eu era uma pessoa muito espiritual e participava com frequência de retiros silenciosos na Kairos House of Prayer. De vez em quando, brincava com amigos, dizendo algo como: "Ah, eu deveria ir para um mosteiro zen".

Eu tinha pouca ideia do que era o zen, mas estava me preparando para fazer exatamente isso.

Dois elementos deviam estar fervilhando em minha mente. Um era a necessidade prática de ensinar aceitação de forma mais eficaz. O outro era um forte desejo, mas pouco articulado, de descobrir uma identidade espiritual mais profunda. Foram esses dois aspectos que me levaram à sala do chefe do departamento naquele dia. E eu simplesmente segui meu instinto.

Liguei para Shasta Abbey e disse: "Gostaria de passar três meses aí". Eles responderam: "Não, você só pode vir por um fim de semana". Perguntei por que, e disseram: "Porque você pode não gostar. E achamos importante que as pessoas que nunca estiveram aqui experimentem antes de decidir entrar no nosso programa de treinamento de longo prazo". Pensei: "O que uma coisa tem a ver com a outra?". Eu não me importava se ia *gostar* ou não.

Mas, na verdade, eu tinha pouca ideia daquilo em que estava me metendo. Estava apavorada. Judith Gordon, uma amiga minha, continuava dizendo: "Você sabe, Marsha, nem todos os momentos serão terríveis e dolorosos".

Perguntei a mim mesma: "O que tenho a perder, realmente? Nada tão importante quanto o que tenho a ganhar". Então, arrumei meu escritório, informei ao diretor de treinamento clínico o que estava fazendo, empacotei meu equipamento de *camping* e roupas para três meses e, em 20 de agosto de 1983, parti para a viagem de 800 quilômetros até Shasta Abbey.

27
APREENDENDO HABILIDADES DE ACEITAÇÃO

Eu poderia ter pego a Interestadual 5 durante todo o caminho até a cidade de Mount Shasta. A viagem teria levado cerca de 10 horas se eu tivesse ido direto. Mas escolhi, em vez disso, percorrer estradas secundárias, apreciando a paisagem espetacular e procurando lugares adequados para acampar à noite. Levou 10 dias. Mantive um diário da minha jornada, e ele se lê como um relato de viagem de uma caminhante contemplativa pelo noroeste do Pacífico.

Aqui está um exemplo do começo:

> 22/8/1983: Acampamento McKay's Crossing, Oregon
>
> Bem, aqui estou eu, sentada ao lado da minha fogueira, a um passo de um riacho caudaloso, com minha lanterna acesa, um livro por perto, a barraca armada e pronta para mim, e já jantei (até fiz pão de farelo colocando mistura de *muffin* — já misturada — na minha frigideira de *camping*, com uma panela de cabeça para baixo sobre ela e outra embaixo — diretamente no fogo — e ficou bom).
>
> Na noite passada, fiquei num acampamento à beira de um lago, bem de frente para o Monte Hood — era lindo! Uma família à minha esquerda, duas mulheres *gays* à minha direita, um grupo de jovens alguns espaços acima, casais e famílias por todo lado, em um ambiente de alegria — e eu nem precisei dos meus tampões de ouvido, fui dormir às 22h e dormi até as 9h da manhã! Só acordei uma vez...

NA ESTRADA PARA A LIBERDADE

Shasta Abbey é um mosteiro budista da tradição da meditação de reflexão serena (Soto zen), que enfatiza observar os próprios pensamentos sem se deixar levar por eles. É um mosteiro de treinamento aberto a visitantes que, como eu, querem aprender sobre meditação zen-budista e treinamento espiritual.

A 4 mil pés de altitude, meia dúzia de edifícios rústicos de pedra se aninham entre pinheiros altos e arbustos floridos e frutíferos em um terreno de 16 acres. A poucos quilômetros a leste, o majestoso Monte Shasta se ergue mais 10 mil pés acima do mosteiro. É um cenário verdadeiramente espetacular, ao mesmo tempo pacífico e de tirar o fôlego. Os edifícios foram erguidos por pedreiros italianos na década de 1930, quando o local funcionava como um hotel para motoristas. Outras estruturas, com estátuas de Buda, sinos de bronze e gongos, estão espalhadas entre caminhos sinuosos.

Roshi Jiyu-Kennett fundou o mosteiro em 1970. Nascida na Inglaterra em 1924, cresceu questionando os papéis de gênero na sociedade. Sentiu-se chamada por Deus para ser sacerdotisa na Igreja da Inglaterra, mas as regras da Igreja não permitiam a ordenação de mulheres, então ela se voltou para o budismo. Estudou no Japão, tornando-se a primeira mulher sancionada pela Escola Soto do Japão para ensinar no Ocidente. Era uma feminista fervorosa. Adaptou a liturgia budista tradicional para ser cantada com base em cânticos gregorianos.

> Final do primeiro dia:
> Notas do tempo em Shasta Abbey
>
> Estou aqui, num mosteiro zen
> Sinto-me ao mesmo tempo muito deslocada
> & de certa forma em casa
>
> Devemos meditar com os olhos abertos nove vezes ao dia, e em todas as vezes tem sido uma luta enorme contra fechá-los, estou vendo tudo em dobro, um olho se movendo para o outro lado. Quando contei isso ao diretor, ele disse para parar de me preocupar e apenas decidir em qual olho focar e seguir em frente — então fiz isso.
> — Além disso, minhas costas doem o tempo todo.

Sinto-me tão completamente sozinha
Quero muito ir para Kairos, em Washington (Spokane), com Florence
— talvez eu fique aqui apenas um mês.
— depois vá para o *sesshin* em Spokane.

Talvez eu venha a encontrar paz aqui
Tenho de dar o meu máximo
Tenho de me esforçar de verdade aqui
& lembrar que sempre me sinto desconfortável quando estou diante do novo.

Os dias eram altamente regimentados, começando às 4h30min com sinos tocando na escuridão, seguidos pelo suave arrastar das sandálias e dos mantos dos monges, a caminho da primeira meditação do dia. Nosso grupo de leigos tinha oito pessoas, a maioria homens. As mulheres dormiam no chão da sala de meditação, ou Zendo. Tínhamos 15 minutos para nos arrumar pela manhã. Precisávamos enrolar nossos sacos de dormir e cobertores e guardá-los em uma gaveta, fazer nossa higiene matinal, nos vestir. É impressionante o que se aprende a fazer em 15 minutos.

Uma hora de meditação era seguida pelo café da manhã, servido em longas mesas de madeira no refeitório. Era a melhor comida vegetariana que já provei. Cada um tinha seu próprio conjunto de panelas, talheres e um pano, que pegávamos em nossos lugares designados nas prateleiras da cozinha. Antes de sentar, juntávamos as palmas das mãos e fazíamos uma reverência (*gassho*) ao Buda cósmico e seguíamos para nosso lugar à mesa. (Nas religiões orientais, o gesto de *gassho* envolve pressionar as palmas das mãos juntas em frente ao peito. É um gesto de respeito e reverência.) Alguém tocava um sino. Levantávamos as mãos em *gassho*. Orações eram lidas enquanto descobríamos nossos pratos. A comida era passada de pessoa para pessoa. *Gassho*. Esperava-se que pegássemos apenas o que iríamos comer — nem mais, nem menos. Tudo era feito em silêncio, com os olhos baixos, focando no momento. Tudo muito ritualizado. O diretor principal me disse: "Marsha, notamos que você não está mantendo sua prática durante o café da manhã". (Eu continuava olhando para a mesa para ver o que estava vindo.)

Depois vinha o trabalho na fazenda. As tarefas eram distribuídas após o café da manhã. Eu amava toda essa experiência. Ao passar por outro membro da equipe, era esperado que olhássemos para baixo, sem fazer contato visual, e permanecêssemos em silêncio. Quando se vive tão próximo a muitas pessoas, como em um mosteiro, a única privacidade que se tem é que os outros não olhem ou prestem atenção em você nem você neles.

O almoço seguia os mesmos rituais. Mais meditação. Instrução sobre zen. Às vezes ouvíamos fitas com ensinamentos de Roshi Jiyu-Kennett. Um dos rapazes sempre adormecia durante essas sessões e roncava alto. Era uma ótima oportunidade para praticar a aceitação. Outro período de trabalho, seguido pelo jantar, e depois as vésperas, cantadas em canto gregoriano. Em seguida, vinha o tempo livre, que para nós, leigos, significava passar algumas horas em uma sala minúscula, lendo, costurando, escrevendo cartas, bebendo chá, apenas existindo. Ali, podíamos conversar. Finalmente, vinha a última meditação do dia, e então íamos para a cama.

Parecia-me tudo muito estranho. Tenho certeza de que não fui a única a se perguntar no que havia me metido. Ao mesmo tempo, eu sabia que aquilo fazia parte da jornada espiritual que eu havia iniciado alguns anos antes, na Kairos House of Prayer. Sentia como se estivesse reencontrando meu eu essencial.

AJUSTANDO-ME A UMA NOVA ROTINA

O que logo me entusiasmou mais foi o trabalho na fazenda. Às vezes, era transportar esterco de ovelha em um carrinho de mão; outras vezes, colher vagens, cavar valas ou despejar concreto para um novo caminho no jardim. Uma semana, uma amiga e eu fomos pegas conversando enquanto colhíamos vagens. Isso fez com que todo o nosso grupo perdesse a hora do chá à noite, incluindo as incríveis sobremesas. Felizmente, todos aceitaram isso com tranquilidade.

> Tive um dia maravilhoso no trabalho hoje. Fui designada para a equipe de construção e ajudei a cavar e a nivelar o chão para uma nova calçada. Que divertido! Aprendi a cavar há dois dias, quando estávamos preparando um jardim (também foi divertido). Era a única mulher na equipe. Me senti muito macho!
> *I am woman* [Eu sou mulher]
> *I am strong...* [Eu sou forte...]

O mais incrível do trabalho — e de tudo, na verdade — era a igualdade de gênero. Foi o ambiente mais isento de sexismo que já experimentei em toda a minha vida. Sentia como se estivesse voltando ao útero: seguro, acolhedor. Eu estava tão feliz que, dentro de poucos dias, comecei a considerar seriamente abandonar minha vida em Seattle, treinar para me tornar monja budista e viver ali mesmo, em Shasta Abbey. Isso virou quase uma obsessão, como fica claro em meus diários. Esses pensamentos insistiam em aparecer durante a meditação — um grande erro. Lutei contra isso.

A meditação já era difícil o suficiente fisicamente, sem essa distração mental. Minhas costas doíam muito. Todo o meu ombro esquerdo estava tenso. Eu não conseguia descobrir onde focar meus olhos. Estava exausta. Minhas mãos pareciam desconfortáveis. Era tudo que eu podia fazer para não adormecer. Nada da imagem de serenidade espiritual que se espera quando se fala em meditação zen, não é? Meu professor zen me disse que a dor nas costas e o cansaço provavelmente vinham de uma resistência interna, de algo dentro de mim que eu não queria aceitar ou enfrentar. Duvido disso. Eu talvez só precisasse de uma maneira melhor de me sentar.

Outro desafio era manter os olhos baixos, sem olhar ao redor. Sou cientista, e cientistas, por natureza, são curiosos. Sabia que isso seria difícil para mim.

Na primeira tarde, um dos mestres assistentes me disse que eu estava olhando muito ao redor. Me senti humilhada no início, mas depois aceitei seu comentário como uma instrução valiosa. Foi preciso muita prática, mas consegui aprender a focar. Eu precisava estar completamente no momento. Era a noção de nem sempre fazer o que se quer. De abrir mão da necessidade de saber tudo e abrir mão do que se deseja. Esse era o caminho para a liberdade. Isso mais tarde se tornaria parte da terapia comportamental dialética (DBT, do inglês *dialectical behavior therapy*), em que adaptei essa ideia para a tolerância ao mal-estar — apenas uma das muitas traduções da prática zen para as habilidades da terapia. A aceitação é a liberdade de não precisar que seus desejos sejam satisfeitos.

ACEITAÇÃO EXIGE PRÁTICA, PRÁTICA, PRÁTICA

No Shasta Abbey, era necessário trabalhar duro, mas ao mesmo tempo, não se podia ver nenhuma tarefa como um "bom" trabalho, melhor ou mais merecedor de seu tempo do que outro. Se você estivesse varrendo e o sino tocasse — o sinal para a próxima atividade —, você deveria parar imediatamente.

Considerava-se egocêntrico pensar: "Não, preciso terminar o que estou fazendo, e então irei para a próxima tarefa". Isso significava obedecer ao que você queria fazer, e não ao que deveria estar fazendo.

Outra regra: você não ajuda outra pessoa a menos que seja solicitado, porque, se está ajudando sem ser chamado, provavelmente está fazendo isso para si mesmo. Essa é uma verdade também para terapeutas. Eu sempre digo aos meus terapeutas para se certificarem de que estão fazendo o que é melhor para o paciente, e não o que os faz se sentirem bem como profissionais.

> "June" (outra treinanda leiga) me irrita
> — Ela se curva de uma forma profunda demais.
> — Faz tudo com precisão demais, "perfeita demais".
> — Sinto que quer se mostrar melhor que os outros.
> — Ela raspa toda a comida do prato com os dedos — com certeza está exagerando!
> — Come tudo separadamente, camada por camada (o queijo da torrada primeiro, o recheio da torta, etc.), talvez como uma maneira de comer um alimento de cada vez.
> — Me vejo irritada com isso.
> — E percebo que eu também sou hipócrita e, na verdade, uma grande esnobe.
> June era bibliotecária antes de vir para cá e, de alguma forma, vejo sua decisão de se tornar monja como uma forma de...
>   Acredite se quiser:
> ...trapacear para subir na hierarquia! Ou algo assim!!!

Esse trecho do diário, com minha reação quase alérgica a June, mostra como esse processo de aprendizado não veio facilmente. Em minha defesa, esse desabafo aconteceu pouco depois que entrei para o treinamento. Mas, se tivesse absorvido e assimilado o princípio central do zen desde o início, June não teria me incomodado tanto. Encontram-se várias outras entradas semelhantes sobre ela mais tarde no diário. Tentei ao máximo usar minha reação negativa como uma oportunidade para praticar a aceitação.

Mas o processo de aprendizado foi lento. Acho que essa é a experiência da maioria das pessoas. Aceitação exige prática, prática, prática — e nunca termina, na verdade. É como aprender qualquer coisa nova e desafiadora. Mesmo agora, três décadas depois, após muitos anos praticando o zen e me tornando uma mestra zen, ainda é prática, prática, prática.

AS HABILIDADES DA DBT SÃO HABILIDADES PARA A VIDA

Quando penso nos meus primeiros anos em Seattle, acreditando que poderia ajudar pessoas com risco de suicídio a saírem de seu sofrimento profundo com apenas 12 semanas de terapia comportamental, a humildade me inunda. A DBT não oferece uma "cura" para pessoas cujas vidas são insuportáveis, como um antibiótico que pode curar uma infecção bacteriana, ou como uma terapia de exposição que pode erradicar uma fobia específica. Em vez disso, a DBT é um caminho para construir uma vida que seja experimentada como digna de ser vivida.

Já introduzi algumas habilidades da DBT em páginas anteriores, como a ação oposta, a tolerância ao mal-estar (como as habilidades TIP), a regulação emocional e as habilidades STOP. Ao longo da minha história, descreverei mais delas — em particular, *mindfulness* e aceitação radical. Essas habilidades, que ajudam meus pacientes na construção de uma vida que vale a pena ser vivida, também são habilidades para a vida de modo geral. Na verdade, são habilidades para *todas* as vidas, para todos nós, não apenas para aqueles com transtornos comportamentais severos. Essas "habilidades para a vida", como você pode chamá-las, podem ajudá-lo a viver uma vida mais plena, mais espiritualmente consciente e a fortalecer sua conexão consigo mesmo e com os outros. Qualquer que seja o contexto, as habilidades da DBT — assim como as do zen — precisam ser praticadas, praticadas, praticadas. Com o tempo, fica mais fácil, mas ainda exige prática constante.

Assim como o zen.

Na verdade, escrevi no diário: "Estar aqui é como estar em terapia". O Shasta Abbey oferecia suporte e fornecia um retorno não julgador. Logo percebi que essa experiência poderia ser profundamente curativa para meus pacientes. Não digo curativa no sentido de eliminar uma doença, mas curativa no sentido de nutrir a pessoa pelo que ela realmente é — acolher sua alma. E isso vem com um desafio, porque, como escrevi no diário: "Aqui, assim como na terapia, é preciso confrontar a si mesmo!". E eu realmente tentei.

Mas estava lutando muito para entender para onde estava indo e o que era esperado de mim na vida.

Sinto-me confusa. Por um lado, sinto que fui chamada para fazer o trabalho que faço. Prometi ajudar as pessoas a se libertarem de seus infernos & sinto que a maneira como estou fazendo isso é a melhor maneira de prosseguir.

Acredito que tenho algo com o que contribuir & que, para isso ter impacto, preciso permanecer na comunidade científica.

Luz: e se eu passasse a ganhar meio salário? Isso seria mais do que suficiente para viver...
 & assim eu poderia vir para cá, treinar para ser monja
 & ainda manter meu emprego.

Fiquei indo e voltando, tentando descobrir como equilibrar essas partes conflitantes da minha vida. Cerca de um mês depois de minha chegada, uma mulher verdadeiramente maravilhosa, Sunder Wells, juntou-se ao nosso grupo de leigos. Assim como eu, ela era católica e estava em uma jornada espiritual. Seu plano era se tornar monja e estabelecer algum tipo de comunidade contemplativa.

Sunder e eu passamos muito tempo conversando sobre como poderíamos realizar um projeto assim juntas. (Na verdade, conversamos até demais — estava com ela quando fomos repreendidas por causar "uma algazarra" enquanto colhíamos vagens. Tenho certeza de que não era nada parecido com o que você e eu consideraríamos uma algazarra.) Continuamos a planejar e passamos muito tempo escrevendo ideias sobre como transformar o projeto em realidade, discutindo-as durante o tempo casual das noites.

Mas essas ideias — de treinar para ser monja, de criar uma comunidade contemplativa, de trabalhar meio período — chegaram a um fim inequívoco com uma única, porém poderosa, realização. Como expressei no meu diário:

 NÃO! Meus pacientes!

Eu não poderia fazer nada que me afastasse dos meus pacientes. Sim, eu os havia deixado temporariamente para minha estadia no mosteiro, mas fiz isso para me tornar mais eficaz em ajudá-los. Quando alguém está em sofrimento, a melhor compaixão que se pode oferecer é ser eficaz.

Cerca de duas semanas depois de chegar ao mosteiro, liguei para a clínica e soube que Angela (nome fictício) estava em uma situação muito ruim desde minha saída. Ela havia sido hospitalizada e estava tão descontrolada que precisaram transferi-la para outra unidade. Ela se enrolou em cobertores e ateou fogo neles. Ninguém sabia o que fazer. Angela disse que eu era sua terapeuta, mas não mencionou que eu estava fora.

Escrevi o seguinte no meu diário:

> EU SINTO a dor dela!
> Ela está fora de controle, & ainda assim eu sei que, em algum lugar profundo dentro dela, existe tudo o que ela precisa para retomar esse controle.
> — Eu consigo sentir com ela
> — Eu já estive lá
> Ela ainda está procurando fora de si mesma aquilo de que precisa
>
> Deus! O vazio que ela está sentindo, eu conheço!
> Eu o conheço bem!
>
> Eu quero chorar as lágrimas dela, tomar seu lugar — mas só poderia tomar o lugar de uma pessoa — & então, o que seria das outras que restam? Só Deus pode tomar o lugar de todos — & então, tenho que deixar isso para Ele/Ela.

RECONECTANDO-ME COM QUEM EU REALMENTE SOU

Minha mãe foi diagnosticada com câncer pouco antes de eu ir para o Shasta Abbey. Eu enviava cartões-postais para ela sempre que podia, quase todos os dias. Ocasionalmente, ela me escrevia cartas, que eram ao mesmo tempo confusas e comoventes:

> Ela está me escrevendo todas essas cartas maravilhosas, amorosas, especiais & fico me perguntando o que farei quando souber que nunca mais receberei outra. (Bom, claro, estou chorando de novo.) Eu não quero que ela morra! Ela pode ser terrível pessoalmente, mas é maravilhosa em suas cartas, então talvez seja o seu verdadeiro eu escrevendo. Ah! Isso está me fazendo chorar demais.

Quando eu estava com ela, sua atenção estava sempre voltada para minha aparência, minha maneira de falar, como eu comia ("Coma mais devagar, Marsha"), e geralmente desaprovava — ela nunca me validava ou aceitava quem eu era. Ela me amava, tenho certeza, mas não gostava nem admirava o tipo de pessoa que eu era. Casamento e filhos eram o mais importante para ela, como era para a maioria das mulheres de sua geração em Tulsa.

Mas então, aquelas cartas. Aquelas cartas amorosas. Tão tristes.

Nos meus cartões-postais, eu contava qualquer novidade que tivesse. Pouco depois de sair do mosteiro, escrevi no diário:

> A experiência no Shasta Abbey me reconectou com quem eu realmente sou — uma expressão de Deus na Criação. Quem todos nós somos. Certamente o Reino de Deus está dentro de cada um de nós!

Eu sempre soube que era uma pessoa espiritual, mas havia esquecido como a espiritualidade estava integrada à minha vida como um todo.

Eu não sabia, mas estava embarcando em uma jornada espiritual que mudaria muito essa concepção de mim mesma e de Deus. Alguém no mosteiro me disse: "Se você duvida de sua experiência, pode perdê-la". Bem, eu sou psicóloga, cientista, então minha natureza é questionar. Duvidar da minha relação com Deus teve um preço. Lembra-se da minha experiência de iluminação na Capela do Cenáculo, que interpretei como "Deus me amando" e depois percebi que era, na verdade, "eu amando a Deus", assim como amei Ed com uma paixão profunda? Em algum momento da minha estadia no Shasta Abbey, de fato, duvidei da minha fé, e isso ampliou ainda mais o abismo entre mim e Deus. Hoje, estou confortável em não ter um Deus pessoal, como tive por tanto tempo. Eu sou eu no universo, e o universo está em mim, em todos nós juntos.

Penso em como costumava rezar com fervor, no êxtase que fluía através de mim. A mudança é quase chocante. Embora eu ainda me entregue a Deus quase todos os dias, raramente rezo.

Ok, admito que rezo às vezes... E isso acontece quando os Huskies — o time de futebol americano da University of Washington — estão perdendo e precisam de ajuda. Esse é o único momento em que rezo. Afinal, nunca se sabe.

A ILUSÃO DA LIBERDADE NA AUSÊNCIA DE ALTERNATIVAS

Durante cerca de metade do tempo que passei no Shasta Abbey, senti que Deus me chamava para meditar por um longo período, sozinha. Achei que precisava passar por essa meditação intensa, e, imagino, Deus iria aparecer ou sentar-se no quarto comigo, ou algo assim. Eu não podia quebrar minha rotina sem permissão, então fui até o diretor de treinamento e expliquei o que queria fazer, o que sentia que *precisava* fazer.

Ele me olhou e, com um pequeno sorriso, disse: "Bem, se você precisa fazer isso, certamente deve fazê-lo". Fiquei empolgada. Então ele acrescentou: "Agora, você sabe que não fazemos isso aqui, mas há um Holiday Inn logo ali na rua. Você pode ir para lá por três dias e voltar quando terminar". Fiquei completamente atônita. Murmurei algo como "Talvez eu tenha cometido um erro. Deixe-me pensar sobre isso".

Claro que não fui para o Holiday Inn. Ele me forçou a perguntar a mim mesma: "O que eu realmente quero? Quero me isolar? Ou quero fazer parte desta comunidade?".

Eu queria fazer parte da comunidade.

A tradução disso para a terapia foi imediata. Quando um paciente diz: "Cansei disso… Vou procurar outro terapeuta", geralmente ele não quer mesmo outro terapeuta. O que ele quer é ajuda para aliviar seu sofrimento. Minha resposta então é "Quer que eu ajude a encontrar um?". Ou quando uma criança diz "Chega. Vou fugir de casa", ela não quer realmente fugir. Ela quer que sua mãe desfaça o que quer que a tenha magoado. E a mãe responde: "Quer que eu ajude a arrumar suas malas?".

Essa é a ilusão da liberdade na ausência de alternativas. É a ilusão de ter uma escolha — de aceitar a ajuda oferecida para alcançar um objetivo declarado —, mas, no fundo, não querer realmente esse objetivo. O paciente não quer realmente um novo terapeuta. A criança não quer realmente fugir de casa. Uso isso o tempo todo. Respostas irreverentes forçam os pacientes a focar no que desejam de verdade. Pode ser muito eficaz.

Essa foi uma lição fácil do zen que pude implementar na terapia. Mas eu queria mais. Queria incorporar aspectos da meditação zen. Minha jornada para a Alemanha, para estar com Willigis, faria exatamente isso.

Mas antes de chegar lá, preciso descrever o que quero dizer com aceitação, e, em particular, *aceitação radical*.

28

NÃO UMA SIMPLES ACEITAÇÃO, MAS UMA ACEITAÇÃO *RADICAL*

Quero contar uma história pessoal sobre um fracasso de aceitação da minha parte.

No início de 1991, tive a sorte de passar férias em Israel com minha amiga e colega Edna Foa, que tem uma filha lá. À época, estava em um ano sabático em Cambridge, na Inglaterra, escrevendo meu livro profissional sobre a terapia comportamental dialética (DBT, do inglês *dialectical behavior therapy*). Como você já sabe, adoro viajar, explorar novos lugares. Então, aluguei um carro e planejei visitar a região das Colinas de Golã, onde havia bastante conflito naquele período. Edna e sua filha estavam preocupadas com minha segurança, por ir dirigindo sozinha. Elas me deram todo tipo de instruções. "Não pare para ninguém, nem mesmo para um policial", Edna disse, "porque você pode acabar sendo sequestrada".

Saí dirigindo. À minha frente, vi uma estrada que parecia ser a direção que eu havia planejado. Peguei essa estrada e segui com determinação. E segui. E segui. A estrada asfaltada começou a se deteriorar. De repente, eu estava sacolejando em uma trilha de terra, até que não havia mais trilha nenhuma. Vi carros à distância, no topo da colina, mas não conseguia enxergar um caminho para chegar até lá. Comecei a pensar que devia ter pego um caminho errado e que aquela estrada não era a certa. *Brilhante dedução, Marsha*. Fiquei com medo e resolvi voltar. Então, parei o carro e disse a mim mesma, com severidade: "Eu não aprovo que você aja com medo. Você tem que virar e seguir por aquela estrada". Então virei e segui adiante.

Depois de um tempo, cheguei a um *kibutz* e parei para conversar com algumas pessoas. O entardecer estava se aproximando, e eu precisava pensar em como voltar. O problema era que eu não conseguia encontrar o caminho de volta. Toda estrada parecia terminar à beira de um penhasco. Comecei a me preocupar com o fato de que meu combustível pudesse acabar. Depois, minha preocupação era que Edna pudesse sair para me procurar. Um homem a cavalo passou por mim em alta velocidade. Tudo estava começando a parecer um pesadelo, e comecei a me angustiar com a possibilidade de acabar presa, e meus amigos descobrirem que eu sou uma pessoa horrível.

Finalmente, parei o carro e disse para mim mesma: "Ok, Marsha. Você tem um PhD. Isso significa que deveria ser capaz de descobrir como sair daqui". Então, criei uma nova regra para mim mesma: "Se você pegar um caminho uma vez e for o caminho errado, não pode pegá-lo novamente, porque continuará sendo o caminho errado". Mas os caminhos que pareciam certos também estavam errados. E todos os outros pareciam levar a um penhasco. Eu já estava dirigindo há horas.

No fim, consegui voltar em segurança.

Essa nova regra que impus a mim mesma — "Se você pegar um caminho uma vez e for o errado, não pode pegá-lo de novo, porque continuará sendo o errado" — foi um exemplo de *aceitação radical*, algo que até aquele momento eu não havia seguido. O mesmo acontece quando você perde suas chaves e começa a procurá-las. Você olha em todos os lugares óbvios. Não as encontra. Então começa a procurar em lugares menos óbvios. Ainda assim, nada. Então, revisita os lugares óbvios. Sem sucesso. Você precisa aceitar o fato de que, se já procurou nos lugares óbvios e não encontrou as chaves, olhar novamente nesses lugares é perda de tempo, pois elas não estarão lá. Acho que todos já cometemos esse erro em algum momento.

A seguir, uma história sobre aceitação que adaptei de outra história contada pelo meu professor de zen, que a leu em um livro de outro mestre espiritual, Anthony de Mello:

> Um homem comprou uma casa nova e planejou criar um belo jardim. Ele trabalhou duro, fez tudo o que os livros de jardinagem instruíam. Mas os dentes-de-leão continuavam aparecendo no gramado. A primeira vez que os viu, achou que arrancá-los resolveria o problema. Não resolveu. Então, ele usou um herbicida. Isso funcionou por um tempo, mas depois os dentes-de-leão voltaram. Ele trabalhou ainda

mais, arrancando as ervas *e* aplicando o herbicida. Elas desapareceram — assim ele havia pensado.

No verão seguinte, as plantas voltaram. Ele decidiu que o problema estava no tipo de grama que havia usado no gramado. Então, gastou muito dinheiro e colocou um novo gramado. Funcionou: nenhum dente-de-leão. Ele ficou muito feliz e começou a relaxar em seu belo jardim. Um dia, as ervas voltaram mais uma vez.

Um amigo disse ao homem que a fonte das ervas daninhas eram os jardins dos vizinhos. Ele, então, foi até todos os seus vizinhos e os convenceu a eliminar todos os dentes-de-leão. Eles o fizeram. Mas foi em vão. As ervas voltaram como antes.

No terceiro ano, ele estava exasperado. Depois de não encontrar soluções com especialistas locais e mais livros de jardinagem, decidiu escrever para o Departamento de Agricultura dos Estados Unidos em busca de conselhos. Certamente eles poderiam ajudá-lo.

Meses depois, um envelope oficial chegou. Ele ficou tão animado. Ajuda, finalmente! Rasgou o envelope e leu a carta: "Prezado Senhor, analisamos seu problema e consultamos todos os nossos especialistas. Após cuidadosa consideração, acreditamos que podemos lhe dar um excelente conselho. Senhor, nosso conselho é que o senhor aprenda a amar esses dentes-de-leão".

Eu costumo contar essa história para meus pacientes. Minha ideia é levá-los ao ponto em que possam dizer "Eu sei que isso é um dente-de-leão", ou seja, um problema que não vai desaparecer facilmente, então a melhor maneira de seguir em frente é lidar com ele da melhor forma possível.

A aceitação radical é uma abertura completa e total para os fatos da realidade como são, sem lutar contra eles e ficar com raiva. Qual é a diferença entre aceitação e aceitação radical? É isto que digo aos meus pacientes:

> Aceitação é reconhecer ou admitir fatos que são verdadeiros e parar de lutar contra a realidade (e de fazer birra).
> Aceitação radical é aceitar por completo, com a mente, o coração e o corpo — aceitar nas profundezas da alma, abrindo-se para experimentar plenamente a realidade como ela é neste exato momento.

Um paciente preferiu o termo "reconhecimento radical" em vez de "aceitação radical". Dá no mesmo.

A seguir, uma descrição típica de aceitação radical feita por pacientes que passaram pela DBT:

> Uma das habilidades que me ajudou no começo a superar foi a aceitação radical. Eu deveria aceitar que estava deprimido, mas que ainda estava bem. Aprendi que podia estar deprimido e ainda assim ir trabalhar. Você precisa aceitar radicalmente que está aqui e agora, mas ainda pode funcionar no mundo. Aprender a aceitar que você pode estar deprimido e ainda ter uma vida. E que pode ser bom o suficiente. Aprender que coisas ruins e boas coexistem. Eu posso ter um dia ruim hoje e ainda assim sair e levar meus cachorros para passear. E isso é agradável de verdade. Trata-se de aprender a encontrar uma vida que valha a pena ser vivida. Saber que talvez eu tenha depressão ou tristeza, mas isso não significa que não haja situações prazerosas na minha vida, ou que isso nunca vá acabar. "Isso também vai passar" foi uma lição muito importante que a DBT me ensinou.

Os adolescentes gostam mais da aceitação radical; é a habilidade favorita deles porque significa "o que é, é". Tudo tem uma causa. Eles querem que seus pais aceitem radicalmente que eles são quem são. Eles percebem que é preciso aceitação para posterior modificação.

ACEITAÇÃO PARA TERAPEUTAS E PACIENTES

O terapeuta precisa aceitar o paciente — não apenas aceitar, mas aceitar *radicalmente*. Aceitar o paciente a partir das profundezas da alma do terapeuta. Isso nem sempre é fácil. As pessoas que trato, a maioria dos terapeutas não trata, mas sim os expulsa da terapia. Então, preciso aceitar meu paciente como ele é e o ritmo lento do progresso. Preciso aceitar o fato de que ele pode vir a óbito por suicídio no dia seguinte, e eu posso ser processada.

Chegar a essa realização significou o momento em que realmente entrei no caminho para desenvolver a DBT.

Para meus pacientes, a aceitação é muito, muito difícil, porque suas vidas costumam ser trágicas. Eles são as pessoas mais miseráveis do mundo, raivosas, angustiadas, e frequentemente atacam seus terapeutas. Já fui alvo de muitos desses ataques. É comum estudantes entrarem no meu escritório, soluçando. "Eles gritam comigo, são abusivos comigo, como podem dizer aquilo para mim, eles são tão terríveis, eu não aguento." Respondo: "Olha, você não pode odiar seus pacientes por terem os problemas com os quais estamos aqui para ajudá-los a lidar. É só isso. Os problemas que tratamos apareceram no seu consultório. Isso é uma boa notícia. Não é uma má notícia. Mas, sim, é difícil".

Para os pacientes, a aceitação é o primeiro passo para a mudança. Para mudar quem ou o que você é, primeiro é preciso aceitar quem ou o que você é. Você precisa aceitar a realidade para poder mudá-la. A realidade é o que é. Se você não gosta dela, pode mudá-la. A seguir estão os seis principais pontos sobre aceitação radical:

- A liberdade do sofrimento exige a aceitação profunda do que é. Deixe-se ir completamente com o que é. Pare de lutar contra a realidade.
- A aceitação é a única saída.
- A dor cria sofrimento apenas quando você se recusa a aceitá-la.
- Decidir tolerar o momento é aceitação.
- A aceitação é o conhecimento do que é.
- Aceitar algo não é o mesmo que julgá-lo como bom.

Se você se render e aceitar radicalmente a vida como ela é — com disposição, sem ressentimento, sem raiva —, estará em um lugar de onde poderá seguir em frente. Não diga: "Por que eu?". O que quer que tenha acontecido, aconteceu. Aceitar radicalmente significa parar de lutar contra o que de fato ocorreu.

O problema é que dizer o que é a aceitação radical e dizer como fazê-la são dois pontos diferentes. A aceitação radical não pode ser explicada por completo. É algo interior, que acontece dentro de você. Pode-se dizer que é a vontade de Deus. Aceite com graça. Você pode não ter uma experiência de iluminação como eu tive, mas pode avançar em sua vida, crescer e ser transformado ao abraçar a aceitação radical.

Pessoas que passaram pelo tratamento com a DBT costumam dizer algo assim:

> A aceitação radical mudou minha vida. Minha terapeuta estava constantemente me perguntando: "Você quer escapar do seu inferno?". E eu dizia: "Bem, é claro". Ela respondia: "Então, você precisa praticar

a aceitação radical". Às vezes, é muito, muito difícil, especialmente se o sofrimento parece insuportável. Mas funciona.

A próxima habilidade envolvida com a aceitação radical é "redirecionar a mente". A aceitação radical não é algo que se faz apenas uma vez. É algo que você deve fazer repetidas vezes. Você precisa praticar redirecionar a mente em direção à aceitação. É um pouco como andar por uma estrada e continuar chegando a bifurcações. Uma direção: aceitar; outra direção: rejeitar. Redirecionar a mente significa continuar direcionando sua mente para a estrada da aceitação.

Isso pode ser muito difícil. Você precisa praticar sempre. É como andar por um nevoeiro, sem ver nada, nada, nada. E então, de repente, você emerge para a luz do sol. A boa notícia é que, se você praticar virar a mente para a aceitação, você passará a praticá-la com mais frequência. E se fizer isso, o que acontece? O sofrimento se torna menos intenso, reduz-se a ser apenas dor comum.

ENCONTRE UM JARDIM DE TULIPAS

A aceitação radical é semelhante à disposição, o belo conceito de Gerald May que originalmente me apontou nessa direção. Disposição é quando você permite que o mundo seja o que é — não importa o que seja, você concorda em participar do mundo.

Quando tento explicar a disposição, digo que a vida é muito parecida com um jogo de cartas. Imagine que você está em um jogo desse tipo. Você recebe uma mão de cartas, assim como todos os outros jogadores. Qual é o objetivo desse jogo? Jogar com as cartas que você recebe, certo? Esse é o jogo. Você recebe as cartas e joga com elas.

Então você recebe suas cartas e outras pessoas recebem as delas. Um dos jogadores fica bravo com as cartas que recebeu, não gosta delas, joga-as no chão e diz: "Não gosto das minhas cartas. Quero cartas diferentes". Você diz: "Bem, essas são as cartas que você recebeu". Ele responde: "Não me importo. Isso não é justo!". Você diz: "Bem, essas são as suas cartas". Mas ele não escuta. "Não! Não vou jogar com essas cartas."

O que você pensaria? Você gostaria de jogar com essa pessoa? Provavelmente não. E quem você acha que vai ganhar o jogo? Não será a pessoa que jogou as cartas no chão. Para ter uma chance de ganhar o jogo, você precisa estar *no* jogo, jogando com as cartas que recebeu. Aceitar essa realidade é disposição.

Usei este dito em um capítulo anterior, mas ele captura tão bem a essência da disposição e da aceitação radical que vou reutilizá-lo aqui:

> Se você é uma tulipa, não tente ser uma rosa. Vá encontrar um jardim de tulipas.

Como disse naquele capítulo anterior, meus pacientes são tulipas e estão tentando ser rosas. Isso não funciona. Eles enlouquecem tentando. Reconheço que algumas pessoas não têm as habilidades para plantar o jardim de que precisam, mas todos podem aprender a jardinar.

29

UM BOM CONSELHO DE WILLIGIS:
siga em frente

Willigis Jäger, monge beneditino alemão, foi descrito como "um dos grandes místicos e professores espirituais do nosso tempo". Ele estudou no Japão e, em 1981, abriu um centro de zen e contemplação no norte da Baviera, na Alemanha. Era um visionário e, de certa forma, um radical, combinando o misticismo cristão com tradições zen, além de *insights* científicos modernos. O resultado foi uma espiritualidade sem vinculações rígidas com confissões ou religiões específicas. Ele minimizava o conceito cristão de Deus como uma pessoa e enfatizava a experiência mística em detrimento das chamadas verdades doutrinárias.

Ele irritou tanto a Igreja Católica que, em 2002, o Cardeal Joseph Ratzinger (que mais tarde seria o Papa Bento XVI) o proibiu de falar em público na Alemanha. Após um breve período de silêncio, desafiou as autoridades e continuou falando de qualquer maneira.

Meu tipo de líder.

Mas essa notoriedade ainda estava por vir para Willigis quando o conheci em um retiro em Portland, Oregon, em novembro de 1983, poucos dias depois de deixar Shasta Abbey. Cabelos brancos, bronzeado, firme em si mesmo, Willigis era a definição da palavra "carismático". Nosso encontro foi em uma pequena sala particular, e eu estava intimidada.

Willigis me perguntou: "Quantos anos você tem?". Pergunta estranha, pensei. Eu disse: "Quarenta". Ele olhou para mim e disse: "Isso é muito entediante". Ficamos sentados por um minuto, talvez menos, e então ele perguntou novamente: "Quantos anos você tem?". Dessa vez, respondi: "Para sempre". Ele sorriu e disse: "Ótimo. Você tem uma experiência profunda".

No zen, não há nascimento nem morte, apenas o para sempre. Willigis descreveria isso como a experiência de que cada um de nós é uma expressão do ser essencial (Deus para alguns, Buda para outros). Em essência, somos um.

ESTOU EM UM AMBIENTE COMPLETAMENTE DIFERENTE

Meus amigos do Shalem Institute haviam me aconselhado a estudar com Willigis, mas as pessoas do grupo leigo de Shasta Abbey disseram: "Não vá. Você sentirá muita dor com aquele grupo". Eles queriam dizer que seria exigente tanto física quanto emocionalmente. Não escutei. Em 11 de novembro de 1983, quase um mês depois de deixar Shasta Abbey, parti para o centro zen de Willigis, em Würzburg, animada, mas sentindo certo receio. Planejava ficar um mês e acabei ficando quatro meses.

Em Shasta Abbey, eu estava cercada por pessoas que falavam e nos davam aulas espirituais duas vezes ao dia, em inglês. Um monge em treinamento circulava e observava nosso pequeno grupo, o que significava que recebíamos bastante *feedback* individual. Estar em Shasta Abbey era como estar em um seminário católico, treinando para se tornar um padre.

Em Benediktushof (ou casa de Bento), por outro lado, não havia muito *feedback* sobre nossa espiritualidade. O treinamento zen, na maior parte do tempo, ocorria em encontros individuais com Willigis. De tempos em tempos, ele dava palestras de meia hora sobre o zen. A audiência ficava sempre fascinada, mesmo que já tivesse ouvido a palestra 10 vezes antes.

Mas essas palestras formais eram em alemão. Na verdade, a maior parte da instrução era em alemão. Não tinha ninguém para me traduzir, então não aprendi nada com elas — mas, ainda assim, as achei cativantes. Eu conseguia me *sentir* completamente parte de uma conversa sem entender uma única palavra. Era uma experiência visceral, assim como o zen é uma experiência visceral.

Antes de ir para a Alemanha, falei para mim mesma: "Ou você vai para agradar o professor ou vai para aprender, mas não pode fazer os dois. Tem de escolher". Escolhi aprender. Definitivamente, uma das melhores decisões que já tomei. As pessoas me veem como uma líder, e claro que sou de tempos em tempos. O que muitos não percebem é que também amo ser seguidora.

OS DESAFIOS DA MEDITAÇÃO

Willigis realizava retiros, ou *sesshins*, a cada duas semanas no Benediktushof. *Sesshin* significa, literalmente, "tocar o coração-mente" e expressa o princípio central do zen: céu, terra e eu somos de um único espírito, todas as coisas e eu somos um só. O objetivo do *sesshin* de seis dias é *ser* essa unidade, junto com os demais participantes — não necessariamente atingir algum objetivo pessoal de iluminação, embora isso possa acontecer como um benefício colateral.

Expliquei isto em uma nota para minha mãe, já perto do fim do meu tempo no Benediktushof: "É difícil descrever o que aconteceu comigo aqui. Há pouco a dizer. Estou tão profundamente imersa nessa experiência que as palavras não têm muito papel nela".

O cerne do *sesshin* é a meditação intensiva (*zazen*), feita três ou quatro vezes ao dia, cada sessão durando cerca de meia hora. A maioria das pessoas senta-se de pernas cruzadas sobre um tapete no chão, com as costas retas, olhos abertos, em silêncio, talvez elevadas um pouco sobre uma almofada de meditação, voltadas para a parede. O propósito é voltar-se para dentro e perceber a realidade como ela é no presente, sem analisar — a parte difícil para um psicólogo. Observar sem analisar é a essência da meditação.

Como já mencionei antes, nunca fui capaz de me sentar de pernas cruzadas sem sentir uma dor extrema, então encontrei uma cadeira e fiz assim mesmo. As mãos, geralmente com as palmas voltadas para cima, repousam no colo ou sobre as coxas, e então começa-se a prática da meditação. Às vezes, isso se resume à respiração zen: contar a inspiração (1), a expiração (2), a inspiração (3), a expiração (4), e assim por diante, até 10; depois, começar de novo, repetindo esse ciclo durante toda a meditação. Costumo ensinar aos meus alunos que esse exercício se trata de prestar atenção em uma única coisa por vez, seja ela qual for, com o objetivo de alcançar clareza mental e calma emocional.

ANDE COMO UM BÚFALO

Tradicionalmente, os períodos de *zazen* são intercalados com a meditação caminhando, que dura cerca de cinco minutos. Quando perguntei a uma das professoras residentes como deveria andar, ela respondeu, sem hesitar: "Ande como um búfalo" — como se eu devesse saber o que isso significava. Então, inventei minha própria regra: *faça o que a pessoa à sua esquerda está fazendo*.

Willigis era um grande defensor da caminhada. Às vezes, durante os períodos de *sesshin*, ele nos mandava caminhar pelos jardins ou pela floresta, de olhos baixos. "Apenas seja a caminhada", dizia. Parece simples, mas não é — não pensar, não olhar, não ouvir; apenas caminhar e tornar-se a caminhada. É difícil se você se distrai. Em alguns momentos, minha experiência foi mais de ser caminhada do que de caminhar por conta própria, de ser o próprio caminhar.

Certa vez, enquanto caminhava durante um *sesshin*, lembrei-me de quantas vezes vi pessoas em hospitais psiquiátricos andando de um lado para o outro, torcendo as mãos. Enquanto caminhava, comecei a torcer minhas próprias mãos, como um gesto simbólico por todos os pacientes psiquiátricos do mundo. "Hoje, vocês não precisam torcer as mãos, porque eu estou fazendo isso por vocês", dizia para mim mesma. Até hoje, faço isso nos *sesshins* que realizo nos Estados Unidos.

A PRÁTICA DOS *SESSHINS*

Os *sesshins* no Benediktushof duravam seis dias — mesma rotina todos os dias. Levantar-se antes do amanhecer, meditação sentada, café da manhã, mais meditação sentada, caminhada, almoço, e assim por diante até o final do dia. Os *sesshins* são exaustivos. Isso pode parecer estranho, mas o fato é que meditar intensamente consome uma quantidade enorme de energia, queimando muitas calorias. Focar a mente é um trabalho árduo para o cérebro, o que é comprovado por pesquisas. Meu amigo Martin Bohus me disse sobre seu primeiro *sesshin*: "Fiquei mais cansado fazendo isso do que escalando montanhas".

Os *sesshins* acontecem em quase completo silêncio, exceto pela interação com o professor zen. Normalmente, mais de 100 pessoas participavam dos *sesshins* no Benediktushof. Fazíamos fila para nossa vez de falar com Willigis ou outro professor. Ele tocava um pequeno sino, a pessoa entrava, fazia uma pergunta ou levantava uma preocupação, ele respondia e tocava o sino novamente para chamar o próximo participante.

Havia uma hierarquia. Os alunos mais avançados ocupavam os primeiros lugares da fila. Eles estavam trabalhando nos *koans*, que são histórias ou parábolas paradoxais do zen, usadas para aprofundar o autoconhecimento e expressar a natureza de Buda, a natureza de Deus, a natureza de Jesus, a natureza essencial — ou como quiserem chamá-la — para o professor, geralmente sem palavras. Depois vinham os alunos que ainda não haviam iniciado os *koans*; por último, estavam aqueles que não eram alunos oficiais, como eu. Adorava estar no fim daquela fila. Em casa, no meu laboratório, eu era a primeira da fila, e estar em último no Benediktushof equilibrava isso. Eu amava.

APRENDENDO POR MEIO DOS *KOANS*

Aqui estão alguns exemplos de *koans* simples: "Quantas estrelas existem no céu?", "Pare o som de um sino de templo", "Faça o Monte Fuji dar três passos". E há o clássico: "Um cachorro tem natureza de Buda?". Posso ouvir você perguntando: "Bem, Marsha, quais são as respostas?". Não vou dizer, assim como não digo aos meus alunos de zen. Se eu dissesse as respostas aos *koans*, eles não aprenderiam nada.

Os *koans* não têm respostas no sentido convencional, como "Qual é a distância entre o Sol e a Terra?" ou "Quantos continentes existem?". Tampouco são visões etéreas ou sobrenaturais. O aluno não deve analisar a pergunta, mas chegar a uma resposta por meio da meditação e do pensamento holístico. Não é um exercício intelectual. Você deve se abrir para permitir que a resposta surja. E quando você vê a resposta, sente-se em êxtase. É como dizer: "Não acredito que consegui! Uau!". (O *koan* "Quantas estrelas existem no céu?" não tem uma resposta numérica, a propósito.)

Pensar sobre *koans* é uma forma de obter *insight* sobre a natureza da realidade — uma realidade que normalmente percebemos de maneira fragmentada. É enxergar a natureza de Buda, a natureza fundamental de todas as coisas, a unidade do universo.

O aluno apresenta sua resposta ao mestre como se fosse a única solução, porque os *koans* podem ter múltiplas soluções, desde que cada uma capture a essência de sua verdade universal. O aluno transmite sua resposta por meio de gestos ou mímicas. Ocasionalmente, eu me tornava intelectual demais, analítica demais, e Willigis me repreendia dizendo: "Conceitos, Marsha, conceitos". Então ele tocava seu pequeno sino, e eu saía para tentar encontrar outra maneira.

MEU TEMPO COM WILLIGIS FOI UMA BÊNÇÃO

Eu amava a simplicidade da Abadia de Münsterschwarzach. Tudo ali era belo, por dentro e por fora. Grandes gongos dourados estavam posicionados em frente ao Zendo. No interior, havia arranjos florais de *ikebana*, dispostos com atenção em cada um dos cômodos simples, e pequenas flores decoravam as mesas durante as refeições. Do lado de fora, havia jardins floridos, riachos serpenteando e várias estátuas espalhadas pelo terreno. Tudo muito zen.

A abadia foi construída no final da década de 1930, mas há um mosteiro naquele local desde o século VIII. O anterior foi destruído por um incêndio no início do século XVIII. O rio Main ficava a menos de 1 quilômetro dali, e os arredores eram rurais e tranquilos.

Na maior parte do tempo, eu estava muito feliz. Estava tão feliz ali quanto estive no Shasta Abbey. No entanto, uma pessoa no Benediktushof estava profundamente deprimida e parecia ressentida com minha felicidade. Um dia, ela me disse algo ressentido, e minha resposta foi direta: "Não posso evitar se estou feliz". Lembre-se da dialética: ao mesmo tempo em que eu podia estar muito feliz, também podia estar muito triste sobre aspectos da minha vida e jornada.

Mas minha pobre coluna... Tentei de tudo. Caminhar ajudava, mas não resolvia o problema. Um dia, durante uma sessão particularmente dolorosa de meditação, percebi de repente que a dor era irrelevante. Eu não precisava prestar tanta atenção a ela, desde que não representasse um perigo, e a minha não representava. Esse foi um grande avanço e me ajudou a suportar muitos outros momentos difíceis.

Não queria falar sobre dor física, mas quando finalmente contei a Willigis, ele se concentrou em encontrar uma solução. Disse-me para me deitar no chão da capela do andar de cima. Fiz isso e logo fui cutucada por alguém que me informou que não se devia deitar durante a meditação. Recusei-me a abrir os olhos ou reagir e permaneci ali durante todo o período de meditação, mas não quis repetir essa experiência. Depois disso, experimentamos outra abordagem: uma cadeira com braços e encosto. Colocaram uma almofada no meu colo para que eu apoiasse meus braços e ombros, o que tornou a dor muito mais suportável.

Sentar-se dessa forma durante o *zazen* exigia certo grau de humildade. A tendência natural é conformar-se, fazer o que se supõe que deve ser feito. Durante a meditação, você "não deveria" usar cadeiras com braços e encosto — deveria sentar-se no chão, de pernas cruzadas. Mas eu estava ali para impressionar os outros ou para aprender? Optei por aprender. Assim, fiquei com minha cadeira de braços e encosto e aprendi a prática da meditação em relativo conforto. Sempre que me viam chegando, os funcionários riam e diziam: "Tragam a cadeira da rainha, a Marsha chegou!". E lá vinha uma enorme cadeira vermelha com braços, minha cadeira especial para o *zazen*.

Willigis falava um inglês muito bom quando nos encontrávamos individualmente. Logo, meus tempos com ele se estendiam de 5 para 10 minutos, depois para 15 — mais do que qualquer outro aluno. Parte disso era sua forma de compensar o fato de eu não entender suas palestras em alemão. Muitas vezes, ele dizia: "Marsha, gostaria que você tivesse entendido minha palestra hoje". Com o tempo, um vínculo cresceu entre nós, muito parecido com o que eu tinha com Anselm, meu diretor espiritual na Loyola.

Eu alternava entre estados de êxtase e profunda tristeza. Em uma ocasião, Willigis disse: "Você sofreu, Marsha. Eu nunca sofri, mas entendo o sofrimento". Foi um gesto de validação e carinho, como se ele tivesse olhado dentro da minha alma, visto minha dor e angústia e as segurado suavemente em suas mãos. Senti-me cuidada por Willigis, mas ao mesmo tempo, lutava com o desafio de estar ali — aprofundando-me no zen, lidando com os *koans*, enfrentando a dor física da meditação e os vulcânicos acessos de sofrimento emocional. Em um momento de fraqueza, devo ter expressado minha insatisfação. "Então você quer desistir, quer ir embora?", ele me perguntou.

A verdade era que eu tinha pensado em desistir, mas assim que ele disse aquilo, minha resposta imediata, visceral, foi: "Não, eu NÃO quero desistir. Eu não sou uma desistente. Sou sua aluna mais leal". Praticamente gritei isso para ele. Foi um momento decisivo para mim.

ZEN E UNIDADE

A experiência dos *sesshins* é apenas isso: experiência. Não há nada de intelectual. Esse é o zen. É apenas *ser*, a experiência do puro existir. Você pode estar em uma estação de trem, olhar para o relógio e, de repente, perceber: isso é tudo. Tudo apenas é. Não há mais nada.

Tendemos a ver o universo como uma coleção de entidades separadas, que interagem de forma criativa. Mas, no zen — na realidade —, tudo está conectado, tudo é um só. Somos apenas uma expressão da unidade, de Deus, do ser essencial, da realidade fundamental, da natureza de Buda.

LIÇÕES SIMPLES, MAS IMPORTANTES

Fui ao Shasta Abbey e ao Benediktushof para aprender aceitação. Afinal, a essência do zen é aceitar o que é, aceitar onde se está na vida. Duas atividades simples e práticas durante os *sesshins* no Benediktushof tiveram um grande impacto no meu desenvolvimento da aceitação radical.

Primeiro, todos nós, incluindo Willigis, tínhamos de permanecer sentados até que absolutamente todas as pessoas no refeitório tivessem terminado de comer. Para a eterna frustração da minha mãe, eu sempre fui uma pessoa que come muito rápido. Todas as refeições no Benediktushof eram a mesma tortura para mim. Estava completamente exausta de tanto meditar e só queria acabar logo, tirar um cochilo antes da próxima sessão de meditação. Mas algumas pessoas eram inacreditavelmente lentas na sala, e todos nós precisávamos esperar até que o último terminasse. *Click, click, click* — o som de uma faca raspando o prato. *Click, click, click*. E eu lá, praticando aceitação radical a cada segundo. Só quando havia silêncio absoluto é que podíamos sair. Se alguma coisa me ensinou aceitação radical, foi isso.

Essa regra de esperar todos terminarem de comer foi tão eficaz como prática que passei a implementá-la em meus próprios *sesshins*.

Outra experiência que reforçou minha aceitação radical foi o trabalho na cozinha. Todos tinham um trabalho, e o meu quase sempre era lavar pratos. Sou sistemática e, portanto, muito rápida nessas tarefas, mas, como você pode imaginar... as pessoas com quem eu trabalhava eram completamente sem sistema e lentas, muito lentas. Mais uma vez: aceitação radical. Eu deveria ser paciente, gostando ou não. Em homenagem a essa experiência, instalei uma grande torneira industrial de *spray* na minha cozinha em casa, igual à que usávamos para lavar os pratos no *sesshin*. A torneira me lembra, todos os dias, de continuar praticando.

PARTE DE UMA FAMÍLIA, FINALMENTE

As simples e deliciosas refeições vegetarianas às vezes eram feitas na "mesa da família", uma longa mesa onde Willigis e outros professores podiam ver todos os participantes na sala. Havia membros da equipe, visitantes de curta duração e eu, a primeira e única visitante de longo prazo. Quando as refeições eram feitas na mesa da família, todos permaneciam de pé até que todas as pessoas esperadas estivessem presentes, e então, juntos, fazíamos uma reverência e nos sentávamos.

Sentar-me à mesa principal da família não era algo pequeno para mim. Willigis muitas vezes me chamava para sentar ao seu lado, sobretudo nos anos seguintes à minha primeira visita, em novembro de 1983. "Venha sentar ao meu lado, Marsha", ele dizia, e aquele se tornava meu lugar até minha partida. Foi um gesto profundamente acolhedor. Essa foi a experiência mais curativa que já tive: a sensação profunda de fazer parte de uma família, de ser completamente aceita.

Minha irmã Aline me disse mais tarde: "Você não teve um lar com uma família quando cresceu, Marsha, pelo menos não do jeito que precisava". Ela estava certa. Pela primeira vez, entendi o que as pessoas queriam dizer quando falavam que estavam "indo para casa" no Natal. Por muitos anos, de fato, passei o Natal no Benediktushof. Até hoje, eles ainda são minha família.

Com o tempo, fui conhecendo a maioria das pessoas da abadia. Uma das figuras mais importantes foi Beatrice Grimm, uma professora de oração contemplativa e dança espiritual. Apaixonei-me pela dança. Após o jantar, o grupo se reunia do lado de fora e dançava na grande entrada da abadia nos dias quentes. Muitas das danças eram acompanhadas por canções espirituais e de oração chamadas de "canções de Taizé". Era uma experiência gloriosa.

A dança era feita em círculos, de mãos dadas com a pessoa ao lado. Hoje, a dança se tornou um componente essencial dos retiros e encontros que organizo nos Estados Unidos. O motivo pelo qual faço os pacientes dançarem — caso eu consiga convencê-los a fazer isso — é para lhes proporcionar uma experiência de unidade, lembrando a todos para permanecerem atentos e presentes. A música que usamos é *Nada Te Turbe* (em inglês, *Let nothing disturb you* ["Que nada o perturbe"], uma peça bela, profunda e significativa. No Capítulo 36, você conhecerá o significado dessa música. Quando reúno terapeutas, também os faço dançar. Para isso, usamos *The Shepherd's Song*, que tem um ritmo forte e é fácil de acompanhar. Todos a chamam de "a dança da terapia comportamental dialética (DBT)". Incentivo os terapeutas a levarem esse modelo para suas práticas e a dançarem com seus pacientes, assim como fizemos juntos.

(Aliás, ambas as músicas que uso para as danças vieram das minhas visitas a Willigis.)

UM MOMENTO EGOÍSTA, MAS COM BOAS INTENÇÕES

Logo após minha chegada, em novembro de 1983, meu período planejado de um mês estava chegando ao fim. Não suportava a ideia de partir. Além disso, precisava aprender muito mais se quisesse transformar essa experiência em um tratamento eficaz para meus pacientes.

Sem pensar muito, liguei para o chefe do meu departamento e pedi uma extensão de três meses na minha licença sem vencimentos. Acreditei que era uma proposta razoável, afinal, eu aprimoraria a qualidade do tratamento para meus pacientes, e o departamento economizaria meu salário nesse período.

No entanto, de todas as atitudes insensíveis que já tive na vida, essa provavelmente foi uma das piores.

Primeiro: eu estava ignorando o fato de que tinha aulas programadas para o semestre seguinte. Segundo: meus alunos ficariam sem um orientador durante minha ausência. Quem cuidaria deles? Minha aluna André Ivanoff, que mais tarde se tornou professora na Columbia University e presidente do Linehan Institute, ficou tão furiosa por eu a ter abandonado no meio de sua dissertação que não falou comigo por cinco anos. (Hoje, já reparamos nossa relação.) Terceiro: eu havia acabado de obter a estabilidade no cargo, e meus colegas começaram a se perguntar: "Por que demos estabilidade para alguém que simplesmente desaparece assim que consegue?".

Acredite, paguei um preço alto por esse erro, ainda que de forma sutil, ao longo dos anos.

A resposta inicial do chefe do departamento foi algo como: "O quê? Agora que você tem estabilidade, vai sumir e deixar todo mundo lidando com as consequências? Que atitude egoísta". Por fim, no entanto, ele concordou em estender minha licença por mais três meses. Mais tarde, me disse algo que ficou comigo por muito tempo: "Marsha, você não tem más intenções, mas às vezes não percebe o impacto do que faz ou diz sobre os outros ao seu redor." Ele estava certo. Foquei apenas em mim mesma, no que eu precisava, no benefício para minha pesquisa. Não pensei nem por um momento em como isso afetaria as pessoas ao meu redor.

UMA SENSAÇÃO MISTERIOSA E ASSUSTADORA

Se um *sesshin* ficasse muito intenso — se eu me visse chorando por minha mãe ou ansiando por Deus —, Willigis me mandava sair, caminhar, estar na natureza. O vale era tão bonito, com montanhas cobertas de neve ao longe. Foi o primeiro lugar que vi que desafiava Seattle em sua reivindicação de beleza natural. Todos os meus sentidos eram inundados durante essas caminhadas — as cores e o cheiro das flores, a brisa no meu rosto, o som dos pássaros cantando nas árvores. Se eu me concentrasse, podia literalmente sentir o gosto da abundância da natureza ao meu redor. Cada um dos meus cinco sentidos era tocado por aquele vale.

Essa inundação dos sentidos não poderia ter ocorrido na minha primeira visita a Benediktushof porque era inverno. Mas, ao longo dos anos, minhas memórias de estar lá em diferentes épocas se fundiram em uma só. Assim, tornou-se fácil imaginar que, naquela primeira visita, eu realmente podia ver e cheirar as flores, sentir a brisa no rosto e ouvir os pássaros. Essa é a magia da imaginação humana.

Ficar quatro meses e participar de um *sesshin* a cada duas semanas foi, de fato, intenso. Eu não perderia a chance de aprender tudo o que pudesse. Mas foi um grande esforço para o meu cérebro, como descobri depois. Um dia, enquanto meditava virada para a parede, de repente senti como se meu corpo estivesse sendo empurrado para o chão. Ao mesmo tempo, parecia que minha cabeça ia se desprender do corpo. Eu ansiava por um lenço para segurá-la no lugar. Lancei-me na prática da meditação como se isso pudesse me impedir de afundar pelo chão. Isso continuou por algumas semanas.

O lado positivo é que, quando você acha que sua cabeça pode sair voando e seu corpo pode atravessar o chão a qualquer momento, você se mantém focado.

À medida que essas sensações desconcertantes continuavam, comecei a me preocupar. Disse a mim mesma: "Você é psicóloga. Pode fazer algo a respeito". Saí para uma caminhada longa. Fui até a cidade e andei por horas, contando cada pedra nos muros, quarteirão após quarteirão. Lembrei-me de que isso era apenas parte da prática da meditação. Contanto que permanecesse focada, ficaria bem. Por fim, tudo se acalmou.

EU PRECISAVA ABRIR MÃO

No Shasta Abbey, os professores nos disseram que o objetivo final do zen era experimentar a iluminação. Nunca me ocorreu que eu já havia experimentado essa iluminação naquele momento transformador na Capela do Cenáculo, em Chicago. Eu não sabia que minha experiência era exatamente a de que falavam. Mais uma vez, estava procurando por algo que já tinha.

Frequentemente, eu caminhava à noite porque não conseguia dormir. Uma vez, enquanto voltava para o mosteiro, parei em uma esquina. Apenas fiquei ali, parada. De repente, percebi que o que passava pela minha mente o tempo todo era como uma novela. Eu estava sempre ruminando, como fazem as pessoas deprimidas — ruminando, preocupando-me, sentindo culpa, sentindo-me mal, sendo autocrítica. De repente, pensei: "Espere. Eu não preciso ligar essa maldita novela. Isso tudo é sem sentido". Senti uma enorme sensação de liberdade. À época, ainda estava buscando reviver a experiência que tive na Capela do Cenáculo, mas percebi que precisava deixar ir. Sabia que precisava abrir mão daquilo, abrir mão de Deus.

UMA JORNADA A SER SUPORTADA, NÃO NAVEGADA

De tempos em tempos, Willigis sugeria que fizéssemos pequenas viagens de um dia, ou que passássemos a noite fora, comigo assumindo o papel de turista. Continuei escrevendo cartões-postais para minha mãe. Olhando para eles agora, vejo que tive uma bela aventura de viagem. 17 de janeiro, Zurique... 23 de janeiro, Lucerna... 24 de janeiro, Tirol... 1º de fevereiro, Munique... 4 de fevereiro, Garmisch... 18 de fevereiro, Innsbruck. Você entendeu. Alguns cartões mostravam paisagens ou montanhas, mas a maioria era de igrejas e outros belos prédios antigos. A nave da catedral em Würzburg, por exemplo. A capela real em Innsbruck. A famosa rua principal de Munique, com seu portão medieval. Em cada igreja que entrei, acendi uma vela para minha mãe.

Minhas mensagens eram, na maioria, simples observações:

> Oi — estou no carro voltando para Würzburg. O curso terminou esta manhã &, depois, ficamos para que Willigis batizasse duas crianças. Você teria adorado! A menininha (3 anos) com um vestido branco longo & uma fita cor-de-rosa no pescoço. O menininho (5) com calças de veludo azul & um colete bolero sobre uma longa blusa branca com pregas & uma fita cor-de-rosa. Uma menina de 9 anos tocou flauta & todos nós cantamos, acendemos velas, etc. O próximo curso (contemplação) começa quarta-feira à noite, dura quatro dias, & depois teremos um *sesshin* de zen por seis dias (para mim, são a mesma coisa), & então volto para casa.

Esse cartão foi enviado no final de fevereiro, apenas algumas semanas antes do meu retorno a Seattle. Eu havia suportado uma longa jornada e estava em um lugar muito diferente de quando cheguei quatro meses antes. Digo "suportado" a jornada, em vez de "navegado", porque, na verdade, tinha pouco ou nenhum controle sobre o que estava acontecendo comigo.

Eu lutava contra uma onda indomável de emoções de autodesvalorização, além da dor de uma busca espiritual não realizada, e muitas vezes me via tomada pelas lágrimas.

Então, recebi uma carta de minha mãe, que começava com "Marsha, minha querida filha". Foi como ser atropelada por um caminhão. Comecei a chorar em todas as sessões de meditação que se seguiram. E quando digo chorar, quero dizer *realmente* chorar, por um dia inteiro, incluindo durante as meditações da manhã, da tarde e da noite.

Perto do fim daquela noite, fui ver Willigis. Entre lágrimas, disse algo como "Estou chorando e não sei por quê". Eu não fazia ideia do motivo do meu choro, porque não o conectava de forma alguma à minha mãe. Ainda hoje, não tenho certeza se era sobre ela. Willigis apenas olhou para mim e disse: "Continue". Tocou seu sino, e eu saí. Sua posição era: "Isso não precisa ter um significado. Você não precisa pensar sobre isso. Você não precisa fazer nada a respeito. Tudo é o que é".

Em certo momento, depois de alguns dias, o choro passou. Eu devia estar exausta, física e emocionalmente. Voltei para Willigis e disse: "Parei de chorar". Ele perguntou: "Ah, você sabe o que estava acontecendo?". Respondi: "Não". Ele disse: "Tudo bem". E tocou seu pequeno sino. Saí de novo. Era a mesma coisa. No zen, não se pensa. Tudo vem e vai, vem e vai. Zen é ver e experimentar a realidade como ela é.

Infelizmente, eu perdia essa lição em muitos momentos. Quando isso acontecia, Willigis dizia: "Marsha, é só isso". E então fazia um gesto como se estivesse segurando e tocando um violino, dizendo: "É só isso, nada mais, apenas isso". Uma noite, eu estava agitada ou melancólica. Liguei para ele e pedi: "Willigis, você pode vir e tocar o violino para mim só uma vez?". Ele veio até mim e o fez. Levantou os braços como se estivesse movendo o arco para a frente e para trás. "É só isso, Marsha", ele disse. "Nada mais, apenas isso." Era tudo de que eu precisava.

Minhas sessões com Willigis não eram todas focadas na minha noite escura da alma. Às vezes, eram muito práticas. Havia um homem que costumava sentar-se ao meu lado. Ele não fazia a barba e ficava se balançando na cadeira, acariciando o queixo. Eu ouvia cada movimento dos dedos contra a barba por fazer. Disse a Willigis: "Você não pode fazer algo para impedir isso?".

Ele me contou uma história: "Certo, Marsha. Antigamente, os mestres zen desciam até o riacho, onde a roda d'água girava com o fluxo da corrente. Eles se sentavam e ouviam o barulho da roda d'água: *clic-clac, clic-clac*. Eles ficavam ali, com esse ruído constante à frente. *Clic-clac, clic-clac, clic-clac*. Eles faziam isso apenas para praticar o desapego". "Para você, esse homem e suas manias são como a roda d'água. *Clic-clac, clic-clac*. Apenas pratique deixar ir. Volte, continue. Isso é uma roda d'água."

Como eu disse antes, é prática, prática, prática.

DOIS PRESENTES PARA LEVAR

Levei comigo presentes preciosos do meu tempo com Willigis, tanto no primeiro ano quanto nos anos seguintes.

Primeiro, reconheci logo no início que a prática do zen continha elementos que poderiam ser traduzidos para a prática clínica. No entanto, essa confiança inicial era um tanto equivocada, pois o processo de tradução se mostrou muito mais complexo do que eu imaginava. Minhas primeiras tentativas foram um completo fracasso. Depois de anos indo e voltando para a Alemanha, consultando Willigis para obter *feedback* sobre o que tentar a seguir, finalmente consegui traduzir a prática do zen para a base das habilidades da DBT. O que passei a chamar de habilidades de *mindfulness* se tornou tão essencial que foram os primeiros recursos ensinados na DBT — são o núcleo da abordagem. *Mindfulness* é focar no momento presente e aceitá-lo como ele é, sem julgamentos. Alcançar *mindfulness* é o portal para a aceitação. Falarei mais sobre *mindfulness* em um capítulo posterior.

O segundo presente que recebi foi profundo e completamente inesperado.

Quando fui para Benediktushof, não tinha intenção alguma de me tornar professora ou mestre de zen, mas, ao longo dos anos, acabei me tornando ambas. Essa foi uma fase inesperada e marcante na minha jornada espiritual, e contarei mais sobre isso no próximo capítulo.

NÃO MAIS COM SAUDADES DE CASA

Acabei levando algo ainda mais pessoal do que isso.

Quando fui pela primeira vez a Benediktushof, era assolada por sentimentos quase incessantes de inadequação, dúvidas sobre meu próprio valor, desespero — tudo combinado com uma dor constante de um anseio não realizado — por Deus, ou pelo que quer que fosse. Muitas vezes, sentia-me péssima, sem entender o que havia de errado comigo.

Tive bastante sorte nos meus primeiros anos em Chicago, com meus orientadores espirituais Ted Vierra e Anselm. Ambos viam a espiritualidade que é a essência de quem eu sou, e ambos me amavam. Mas nunca tinha sido o suficiente. Quando comecei a conversar com Willigis, percebi que aquilo era diferente, algo importante. Pude falar sobre meu anseio de um jeito que nunca havia conseguido antes.

E Willigis o reconheceu como ninguém jamais havia feito.

Certa vez, perguntei: "Por que me sinto assim? O que há de errado comigo? Qual é o meu problema?". Ele ficou quieto por um tempo e, então, disse: "O problema, Marsha, é que você está com saudades de casa". Eu já havia dito antes que encontrei um lar em Benediktushof, e de fato encontrei. Mas não era isso que Willigis queria dizer. Ele quis dizer que eu sentia saudades de casa no sentido de estar distante de Deus. Eu costumava me deitar à noite e sentir como se houvesse um véu, ou alguma barreira, entre mim e Deus. Tentava fazer esse véu desaparecer, mas nunca conseguia.

Então, quando Willigis usou aquelas palavras simples — "saudades de casa" — tudo passou a fazer sentido. Disse a mim mesma: "Ah, tudo bem, isso faz sentido. Não há nada de errado comigo. Não estou mentalmente doente. Só estou sentindo falta de algo — é um anseio". A noite escura da alma não se dissipou naquele momento, mas certamente se suavizou.

O outro tesouro que Willigis me deu foi o amor. "Deu" não é bem a palavra certa, porque amor não é um objeto que alguém pode entregar, como uma caixa de chocolates. O amor *é*. Com ele, senti-me amada de um jeito que parecia ser pela primeira vez — como se, pela primeira vez, eu estivesse realmente experimentando o que era ser amada. Ted Vierra e Anselm me amavam, mas não era a mesma coisa. Anselm, de certa forma, me colocou em um pedestal, então era mais uma adoração do que um amor puro. Ed me amava, claro, mas, novamente, era um amor diferente. Com Willigis, senti um senso de pertencimento, de voltar para casa. Ele viu a parte espiritual de mim, a minha essência, como se fosse pela primeira vez.

Seu amor era puro e forte, vindo de sua aceitação radical de quem eu era. Isso me transformou. Eu não estava mais sem família. Não estava mais com saudades de casa. Não estava mais sozinha.

Eu era eu, finalmente.

30

TORNANDO-ME UMA MESTRA ZEN

Um dia, em junho de 2010, entrei no quarto de Willigis no mosteiro. A essa altura, eu já tinha feito muitos, muitos *koans*. Ele pegou um pedaço de papel e o jogou para mim. "Agora você é uma professora de zen", disse ele. Fiquei completamente surpresa e respondi: "Não posso ser uma professora de zen. Ainda não terminei meus *koans*". Ele respondeu: "Se você conseguiu resolver tantos *koans*, pode fazer todos os que precisar. Você, agora, é uma professora".

Nesse ponto, espera-se que o aluno vá até outro mestre zen para ser avaliado, por assim dizer. Willigis me enviou para Pat Hawk, que era um padre católico e mestre zen, assim como ele. Pat estava em Tucson, no Arizona, e não demorou muito para que começasse a conduzir retiros zen para psicoterapeutas a meu pedido.

O Redemptorist Renewal Center, localizado em 150 acres de terreno árido, fica na borda do Parque Nacional Saguaro West, ao noroeste de Tucson. O lugar é de uma beleza impressionante. As montanhas são tingidas de tons lilás e carmesim ao nascer e ao pôr do sol. O povo Hohokam considerava o local sagrado e, há muito tempo, deixou petróglifos sagrados espalhados pelos terrenos do centro.

A Igreja de Nossa Senhora do Deserto faz parte do centro. Em sua parede há uma frase que parafraseia Oséias 2:14: "O deserto te conduzirá ao teu coração, onde eu falarei contigo". Eu amo essa pequena igreja.

O objetivo dos retiros de Pat era trazer aos psicoterapeutas o tipo de *mindfulness* que eu havia descoberto por mim mesma e guiá-los no zen tanto quanto eles desejassem ir. Eu era assistente de Pat, junto com Cedar Koons, uma estudante experiente de zen e também terapeuta. Pat se tornou uma figura muito importante na minha vida; nosso relacionamento era semelhante ao que eu tinha com Willigis.

Pat concordou em me ajudar a me tornar uma boa professora de zen. O que eu não pedi foi para me tornar uma mestra zen. (Um professor de zen é como um padre católico, enquanto um mestre zen é equivalente a um bispo. Claro, no zen não há equivalente a um papa.)

Mas Pat me nomeou mestra zen em 2012, cerca de 10 anos depois de eu ter começado a trabalhar com ele. Pat estava morrendo e queria nomear quatro mestres zen, incluindo eu. Disse que eu o representava. À época, muitos estudantes queriam se tornar mestres zen. Um amigo próximo de Pat me disse uma vez: "Marsha, você é a melhor professora aqui". Perguntei o que ele queria dizer com isso. Ele respondeu: "Você é a única que não se importa se vai se tornar uma mestra zen ou não".

Foi uma cerimônia linda, cheia de rituais. Pat não estava presente porque estava muito doente. Ele faleceu logo depois, mas está sempre comigo quando conduzo retiros zen. Sua presença desce sobre mim como um véu, um conforto.

Quando penso em Pat, como faço com frequência, uma conversa específica sempre me vem à mente. Eu costumava acreditar que um objetivo importante da terapia — depois de lidar com comportamentos que ameaçam a vida e aqueles que interferem na própria terapia — era alcançar a alegria. Todo mundo quer ter alegria na vida. Um dia, enquanto conversava com Pat, mencionei essa ideia. Disse: "Pat, você é um mestre zen. Você não se sente alegre o tempo todo?". Ele respondeu: "Marsha, você não preferiria ter a liberdade de não precisar ter o que deseja, seja o que for? Você não se sentiria melhor se fosse livre para não precisar ter todas as coisas que acha que quer?".

Pat estava certo. É melhor aceitarmos o que a vida tem a oferecer do que vivermos sob a tirania de precisar ter aquilo que ainda não temos. Isso não significa ser completamente passivo, de jeito nenhum. Significa que devemos buscar objetivos importantes, mas também precisamos aceitar radicalmente que talvez não os alcancemos. Trata-se de abrir mão da necessidade de ter.

E aceitar o que é.

Essa é uma mensagem maravilhosa que transmito aos meus alunos de zen. Também os guio nos Quatro Grandes Votos do Bodhisattva no início de nossas sessões, repetidos três vezes:

> Os seres são inumeráveis,
>   faço voto de libertá-los.
> A ganância, o ódio e a ignorância surgem sem fim,
>   faço voto de abandoná-los.
> Os portões do aprendizado são infinitos,
>   faço voto de despertar para eles.
> O caminho sem caminho é inigualável,
>   faço voto de encarná-lo plenamente.

NÃO HÁ NECESSIDADE DE BUSCAR SIGNIFICADO

Sou uma mestra zen nada convencional. Não sou como os outros. Integro danças à prática do zen e não sigo muitos rituais tradicionais. Uma vez, perguntei a Willigis se ele assistiria às minhas práticas, se ouviria minhas palestras, para ver se aprovava. Ele disse: "Não preciso, Marsha. Não há necessidade. Eu sei que você é boa".

Ser uma mestra zen é como pular em uma piscina. Antes, eu afundava, subia, afundava, subia. Mas agora apenas me sento no fundo. Não preciso mais subir para respirar. Essas coisas são impossíveis de expressar com palavras. Agora, sou o que sou e não preciso mais subir para respirar.

Existe uma expressão no zen: mente de principiante. Mente de principiante significa que cada momento é a primeira experiência que você tem daquele momento. Cada novo instante é um começo. Agora, neste exato momento, a única coisa que existe é este momento. Isso é milagroso, se você parar para pensar. Só este momento, nada mais. A mente de principiante é o reconhecimento disso. O universo inteiro é este momento. Isso me fascina. Eu apenas me jogo nele.

No início, eu analisava tudo. "Qual é o significado disto?" "Qual é o significado daquilo?" Penso nisso como algo muito católico, essa busca incessante por significado.

Agora, não busco mais significado. Tudo simplesmente é.

31
TENTANDO INCORPORAR O ZEN NA PRÁTICA CLÍNICA

Retornei da Alemanha com o fervor de um convertido. Queria que meus alunos de pós-graduação aprendessem o que eu havia aprendido com as práticas zen para que pudéssemos incorporá-las às habilidades da terapia comportamental dialética (DBT, do inglês *dialectical behavior therapy*).

Convidei um *roshi* (mestre zen) para ensinar meus alunos. Antes de sua chegada, dei algumas instruções: eles deveriam tirar os sapatos antes de entrar na sala e não poderiam se atrasar. Se chegassem tarde, a porta estaria fechada e precisariam esperar até que um sino fosse tocado.

O *roshi* chegou, vestindo suas longas vestes. Sentou-se, completamente imóvel. Os alunos entraram sem seus sapatos, e ninguém se atrasou. Ele deu uma palestra sobre a prática e a filosofia zen e, depois, abriu para perguntas. Um aluno perguntou: "Marsha nos disse que, se chegássemos atrasados, perturbaríamos tudo. Isso é verdade?".

O *roshi* respondeu: "O que há para perturbar?". É claro que ele estava certo. Não há nada a perturbar. Tudo é como é, nada mais, nada menos. Eu deveria ter compreendido isso, mas, por óbvio, ainda não tinha absorvido totalmente o conceito, dado o que havia dito aos meus alunos.

Muitas vezes, conto essa história para meus alunos de zen e para aqueles que aprendem DBT. Também digo: "Se o seu telefone tocar durante a prática de *mindfulness*, não o desligue. Se começar a tossir, não se levante para resolver. Se começar a chorar, não se preocupe em como isso pode estar incomodando os outros. Apenas permaneça ali".

Eu estava entrando em um território muito sensível. Shasta Abbey era zen-budista, Willigis era zen e cristão, e eu era professora de psicologia, desenvolvendo um tratamento rigorosamente científico para a saúde mental em uma universidade pública e secular. Como meu colega Bob Kohlenberg diz hoje: "À época, isso era heresia. Eu teria dito a Marsha: 'Isso é loucura'. Mas, agora, é algo aceito no meio acadêmico". Meu mentor Jerry Davison, de Stony Brook, me aconselhou a não falar sobre zen em círculos de terapia comportamental.

Fui cuidadosa para não mencionar zen para meus pacientes, nem falar sobre oração contemplativa. A menos, é claro, que soubesse que um paciente era espiritualizado. Mas eu queria que meus pacientes experimentassem o que eu havia experimentado. Sentia em minha alma que era disso que eles precisavam. Queria encontrar um jeito de trazer essa experiência para a clínica.

"EU NÃO SEI RESPIRAR, MARSHA"

Decidi testar minhas novas ideias para as habilidades da DBT no Harborview Medical Center, no centro de Seattle, que é afiliado à University of Washington. Pacientes com diversos transtornos comportamentais se voluntariaram para participar do meu grupo de habilidades.

Pedi a todos que tirassem os sapatos antes de entrar na sala, como é costume na prática zen. Isso não foi bem aceito. A maioria se recusou, e eu não conseguia explicar um motivo convincente para que o fizessem. Então, desisti dessa ideia. Depois, pedi que se sentassem no chão. Mais uma vez, a resposta foi negativa, e eu não conseguia me lembrar exatamente por que isso era importante. Mais tarde, uma paciente me disse que se sentar no chão era constrangedor. Talvez ela se sentisse exposta ou tola. Não era algo que fazia parte da sua experiência.

Estando todos acomodados em suas cadeiras, expliquei que faríamos uma breve meditação, observando a respiração conforme entrava e saía. Antes mesmo de terminar minhas instruções, alguém disse: "Eu não sei respirar, Marsha". Em seguida, outra pessoa comentou: "Se eu prestar atenção na respiração, eu morro". E assim, a prática da respiração chegou ao fim antes mesmo de começar.

Pensei: "Ok, esquece a respiração. Vamos tentar a meditação caminhando". "Todos fiquem de pé", eu disse. "Vamos andar juntos em fila única. A ideia é caminhar devagar, focando a atenção nas sensações dos pés e deixando os pensamentos irem embora". Coloquei todos em uma fila atrás de mim e comecei a caminhar lentamente pelo corredor, assim como fazia nas práticas de meditação caminhando. Alguns minutos depois, olhei para trás e descobri que não havia ninguém atrás de mim. Todos tinham ficado na sala!

Definitivamente, não foi um começo promissor para minha nova abordagem!

O DESAFIO DE TRADUZIR A PRÁTICA ZEN EM UM TRATAMENTO

O que aprendi no Shasta Abbey e com Willigis foi importante, mas não sabia como descrever o que tinha aprendido. Precisava traduzir tudo em passos comportamentais concretos, desenvolver um conjunto de habilidades que todos pudessem praticar e que não afastasse as pessoas.

Eu estava testando essas habilidades com pacientes no Harborview e, ao mesmo tempo, pedia *feedback* a Willigis. Ele apontava onde via falhas, onde eu tinha acertado e errado. Era um processo de idas e vindas constantes.

Após alguns anos, consegui escrever no manual de treinamento as habilidades fundamentais da DBT, a base sobre a qual todas as outras habilidades se apoiam. Eu as descrevo como "traduções psicológicas e comportamentais das práticas meditativas do treinamento espiritual oriental". As habilidades centrais, como mencionei no capítulo anterior, são as habilidades de *mindfulness*.

32

MINDFULNESS:
todos nós temos uma mente sábia

Há muitas variantes envolvidas na definição de *mindfulness*. Aqui está como eu vejo isso.

Mindfulness é o ato de focar a mente de forma consciente no momento presente, sem julgamento e sem apego ao momento. *Mindfulness* contrasta com o comportamento automático, habitual ou mecânico. Quando estamos atentos, estamos alertas e despertos, como um sentinela vigiando um portão. Quando estamos atentos, estamos abertos à fluidez de cada momento conforme surge e desaparece.

A prática de *mindfulness* é o esforço repetido de trazer a mente de volta à consciência do momento presente; inclui o esforço repetido de deixar de lado julgamentos e de se desapegar de pensamentos, emoções, sensações, atividades, eventos ou situações da vida atuais.

É muito difícil aceitar a realidade de olhos fechados. Se quisermos aceitar o que está acontecendo conosco, precisamos saber o que está acontecendo conosco. Precisamos abrir os olhos e olhar. Muitas pessoas dizem: "Eu mantenho meus olhos abertos o tempo todo". Mas elas não estão olhando para o momento, estão olhando para o passado, o futuro, suas preocupações, seus pensamentos — enfim, estão olhando para todo mundo, para absolutamente tudo, exceto para o momento presente.

Mindfulness é a prática de direcionar nossa atenção para apenas um ponto. E esse ponto é o momento em que estamos vivos, o próprio momento em que estamos. A beleza do *mindfulness* é que, se olharmos para o momento, descobriremos que estamos olhando para o universo. E se pudermos nos tornar um com o momento — apenas este momento —, o momento se abre e ficamos chocados ao perceber que a alegria está neste momento. A força para suportar o sofrimento de nossas vidas também está neste momento. Passar pelo processo apenas uma vez não nos leva até lá. *Mindfulness* não é um lugar onde chegamos, mas um lugar onde estamos. O verdadeiro exercício é ir e voltar para o *mindfulness*. É apenas esta respiração, apenas este passo, apenas esta luta. *Mindfulness* é estar exatamente onde estamos agora, de olhos bem abertos, conscientes, despertos, atentos.

O SIGNIFICADO DA MENTE SÁBIA

Os psicólogos há muito reconhecem que cada um de nós possui dois estados mentais opostos: a mente racional e a mente emocional.

Você está na mente racional quando a razão está no controle e não é equilibrada por emoções e valores. É a parte de você que planeja e avalia tudo de forma lógica. Quando você está completamente na mente racional, é governado por fatos, razão, lógica e pragmatismo. Emoções como amor, culpa e luto são irrelevantes. Enquanto está na mente racional, sua cognição pode ser descrita como "fria".

Você está na mente emocional quando as emoções estão no controle e não são equilibradas pela razão. Quando está completamente na mente emocional, é governado por seus humores, sentimentos e impulsos. Fatos, razão e lógica não são importantes. Na mente emocional, sua cognição pode ser descrita como "quente". Alguns podem dizer que você está sendo irracional.

Tanto a mente racional quanto a emocional são capazes de tomar boas decisões, mas existem poucas circunstâncias em que *apenas* informações racionais ou *apenas* informações emocionais são suficientes. A maioria das situações é mais complexa do que isso e exige uma visão mais ampla.

As habilidades de *mindfulness* ajudam a equilibrar a mente emocional com a mente racional, com o objetivo de tomar decisões sábias. Existe um terceiro estado mental que segue o caminho do meio — é o que eu chamo de mente sábia. A mente sábia é a síntese da mente emocional com a mente racional. Ela adiciona um conhecimento intuitivo à experiência emocional e à análise lógica. A intuição escapa a definições fáceis, mas todos nós sabemos o que ela é. É aquele senso de *saber* algo em determinada situação, sem saber exatamente *como* você sabe. Você conhece alguém e, dentro de segundos, sente que não pode confiar nessa pessoa. Você entra em uma sala e sente na hora que há perigo à espreita em algum lugar.

Ser capaz de praticar *mindfulness* e acessar a mente sábia é um passo essencial na jornada para construir uma vida que valha a pena ser vivida. Ela possibilita à pessoa a capacidade de abraçar habilidades mais práticas de efetividade interpessoal, regulação emocional e tolerância ao mal-estar, que são as habilidades para a vida que tornam a terapia comportamental dialética (DBT, do inglês *dialectical behavior therapy*) o que ela é.

Muitas vezes, os pacientes acham o *mindfulness* difícil de compreender no início, mas quando entendem, adoram. Aqui está um comentário típico de alguém ao compreender *mindfulness*:

> Eu já conhecia *mindfulness*, mas não sabia como ele poderia me ajudar. Ao fazer a DBT, aprendi como isso poderia me auxiliar. Me ajudou a lidar com a ruminação e com o ódio a mim mesma. Em vez de alimentar tudo isso, consegui desacelerar meus processos de pensamento, desacelerar os pensamentos ruins, apenas redefinir e perguntar: "Qual foi o primeiro pensamento que me levou a esse processo de pensamento triste?". E então você entende o que o levou a um lugar ruim.

ORIGEM DO CONCEITO DE MENTE SÁBIA

Criei o conceito de mente sábia a partir de duas perspectivas diferentes.

Primeiro, queria que meus pacientes entendessem que eles são muito mais do que os transtornos que apresentam. Com muita frequência, é assim que as pessoas veem aqueles que são diagnosticados com certas condições comportamentais: "Ah, ela é esquizofrênica", "Ele é *borderline*", "Ela é depressiva" e assim por diante. É um rótulo que gruda e parece definir a pessoa. Minha mensagem para os pacientes é: "Não, você é mais do que isso. Você tomou decisões ruins no passado, não há dúvida quanto a isso, mas ainda tem a capacidade para a sabedoria, tem a capacidade de saber o que é certo para você. Você só não sabe como acessá-la ainda. Eu vou lhe ajudar".

Os pacientes costumam dizer: "De jeito nenhum. Eu não tenho uma mente sábia". Respondo dizendo: "Todos os humanos têm mente sábia, e o fato de você não sentir isso não significa que você não a tenha". É como dizer que você não tem um fígado só porque não o sente.

Um paciente descreveu assim: "No começo, era 'Como vou saber o que preciso?'. No fim, eu sabia. Sei o que preciso fazer para ficar seguro. Sei o que preciso fazer para não ficar sozinho".

Em segundo lugar, olhei para os comportamentos disfuncionais dos meus pacientes. "Qual é a dialética aqui? Qual é o oposto funcional desses comportamentos?" Decidi que o oposto de disfunção é a sabedoria. Daí veio o conceito de mente sábia, que logo se consolidou nas habilidades de *mindfulness* da DBT.

Porém, cometi um erro no meu raciocínio. O oposto de comportamento disfuncional não é sabedoria, é comportamento funcional. No entanto, quando percebi essa distinção, o conceito já estava firmemente enraizado em nossa prática de DBT.

Após o ceticismo inicial dos pacientes, a maioria acaba adorando a ideia de mente sábia. É algo pessoalmente muito validante, e meus pacientes têm fome de validação — todos nós temos. Era tarde demais para abandonar a mente sábia como uma habilidade, porque a mente sábia não só era bastante eficaz para os pacientes, como também poderia ser realmente verdadeira: todos nós *temos* a capacidade para a sabedoria.

Um evento me convenceu de vez sobre a mente sábia. No meio de um treinamento de habilidades em grupo, um paciente levantou-se e disse "Vou embora", e começou a caminhar em direção à porta. "Ok", respondi, "você pode ir, mas primeiro me diga se isso é mente sábia". O paciente parou, respirou fundo, olhou para mim e disse: "NÃO!". Então ele acrescentou: "Mas vou embora mesmo assim". A mente sábia dele sabia o que ele *deveria* fazer, que era ficar, mas não era o que sua mente emocional queria naquele segundo, então ele foi embora. Foi incrível que uma pessoa tão emocional naquele momento pudesse, ao mesmo tempo, acessar a mente sábia. A mente sábia cria um novo contexto no qual uma pessoa pode acessar comportamentos eficazes ou sabedoria. Se a pessoa escolhe ou não seguir a mente sábia, é outra questão.

Inicialmente, não havia nada de espiritual na mente sábia. Isso viria depois.

Meus terapeutas também amam o conceito. Algo nele ressoa profundamente na relação paciente-terapeuta. Katie Korslund, minha ex-diretora associada na clínica, fala sobre o poder da mente sábia:

Pensando nos pacientes com risco de suicídio, na noite mais sombria de sua vida, esperando que possam sentir a conexão, a clareza de propósito, que possam se abrir para uma conexão com o universo praticando a mente sábia, praticando outras habilidades da DBT — que incrível poder oferecer isso a alguém. Conexão com o universo. Por meio da prática de habilidades. Posso dizer, com pacientes que estiveram no limite para perder a própria vida por suicídio, ao telefone, isso trouxe conforto e os fez atravessar a noite.

A mente sábia se encaixa perfeitamente com o que aprendi com Willigis. A ideia de entrar na mente sábia é a mesma de reconhecer e mergulhar em nossas conexões com o universo como um todo.

APRENDENDO A RECONHECER A MENTE SÁBIA

Encontrar a mente sábia é como procurar uma nova estação no rádio. Primeiro, você ouve muito chiado e não consegue distinguir a letra da música, mas, se continuar ajustando, o sinal se torna mais claro. Com o tempo, você aprende onde está a estação, e a música se torna parte de você.

É difícil saber com certeza se você está na mente sábia. Quando ensino meus pacientes, desenho um poço e digo o seguinte:

> O poço está dentro de você; ele desce até um lago ou oceano, que representa a sabedoria do universo. Você pode descer pelo poço para alcançar a mente sábia, mas, no caminho para baixo, há uma porta de alçapão. Se estiver aberta, você vai direto para a sabedoria. Se estiver fechada e estiver chovendo, a água da chuva se acumulará ali, e você pode confundir essa água com a sabedoria. Isso significa que você não pode ter certeza de que está na mente sábia sem dar tempo ao tempo e sem obter *feedback* de outras pessoas. Apenas acreditar que está na mente sábia não significa que está. Você precisa verificar para ter certeza.

ALGUMAS IDEIAS PARA PRATICAR A MENTE SÁBIA

- Imagine que você está à beira de um lago azul cristalino em um lindo dia ensolarado. Agora, imagine que você é uma pequena lasca de

pedra, plana e leve, que foi lançada no lago e agora está flutuando suavemente, lentamente, através da água calma e azul, descendo em círculos lentos até o fundo liso e arenoso do lago.
  - Observe o que você vê, o que sente enquanto flutua para baixo.
  - Perceba a serenidade do lago; tome consciência da calma e do silêncio profundo dentro de você.

- Imagine que dentro de você há uma escada em espiral que desce até o seu centro mais profundo. Comece do topo e desça muito devagar, indo cada vez mais fundo dentro de si mesmo.
  - Perceba as sensações. Descanse sentando-se em um degrau, ou acenda luzes no caminho para baixo. Não se force a descer mais do que deseja. Perceba o silêncio. Quando alcançar seu centro, concentre sua atenção ali — talvez em seu abdome ou na sua intuição.

- Inspire profundamente e diga a si mesmo: "mente"; expire e diga: "sábia".
  - Foque toda a sua atenção na palavra "mente"; expire e diga: "sábia".
  - Continue até sentir que se estabilizou na mente sábia.

COMO CHEGUEI AO TERMO "HABILIDADES DE *MINDFULNESS*"

Eu estava determinada a manter minha jornada espiritual separada da DBT. A última coisa que queria era que a DBT fosse percebida como um tratamento baseado em religião ou espiritualidade; isso poderia ser uma distração da eficácia da terapia. Mas, quando estava buscando um termo adequado para esse novo conjunto de habilidades, li o livro de Thich Nhat Hanh, *O milagre da atenção plena*. É uma das melhores introduções à prática da meditação e hoje é considerado um clássico.

Aqui estão algumas citações dele:

> Ser bonito significa ser você mesmo. Você não precisa ser aceito pelos outros. Você precisa aceitar a si mesmo.

> Inspirando, eu acalmo meu corpo e minha mente. Expirando, eu sorrio. Habitante do momento presente, sei que este é o único momento.

Você pode ver como me identifiquei com o que ele estava dizendo e fui imediatamente atraída pelo uso do termo "*mindfulness*". Parecia capturar o objetivo do treinamento de habilidades: oferecer às pessoas um meio de serem eficazes em seus mundos — no mundo relacional e no mundo prático.

Mas há um importante "porém" aqui. Thich Nhat Hanh é um monge budista e ensina meditação. Isso parecia estar firmemente dentro da esfera espiritual, o que eu queria evitar. Pensei: "Que pena!". E continuei procurando.

Foi então que me deparei com o trabalho de Ellen Langer, psicóloga social de Harvard. Desde o final dos anos 1970, ela vinha desenvolvendo a ideia de que a maioria de nós opera em um estado de *falta de atenção* e que, para sermos eficazes no mundo, precisávamos estar *atentos*. O psicólogo de Stanford Philip Zimbardo disse o seguinte sobre o trabalho de Langer: "Sua extensa e inovadora pesquisa e sua escrita envolvente tiraram o *mindfulness* das cavernas de meditação zen e o trouxeram para a luz do dia da vida cotidiana".

Isso fez diferença para mim. "Se há uma ciência por trás do *mindfulness*, posso me sentir confortável com o termo." Langer também havia publicado um livro intitulado *Mindfulness*, que recebeu grande aclamação. "É isso", pensei. "Posso usar esse termo. Eu não o criei, mas isso não importa. Ele captura perfeitamente o que essas habilidades fazem." Elas cultivam o *mindfulness*.

Mais tarde, aprendi sobre o trabalho de Jon Kabat-Zinn, psicólogo do Departamento de Medicina da Faculdade de Medicina da University of Massachusetts. Em 1979, ele introduziu um programa chamado "Redução do estresse baseado em *mindfulness*" (do inglês *Mindfulness-based stress reduction*). Ele percebeu o poder do *mindfulness* antes de mim, mas em campos diferentes: da fisiologia e da medicina. Ele estava no mundo secular, e eu entrei no *mindfulness* exclusivamente pelo campo espiritual. Não sou uma *pesquisadora* do *mindfulness*, e sim uma *praticante* do *mindfulness*. Minha principal contribuição, se é que posso reivindicar uma, é que fui a primeira a introduzir o *mindfulness* na psicoterapia, dentro da DBT. Hoje, o *mindfulness* está presente em diversas formas de terapia.

A prática do *mindfulness* tem milhares de anos. Ela existe tanto nas tradições espirituais ocidentais quanto orientais — só recebe nomes diferentes. Recentemente, a ciência ocidental tem investigado essa mesma prática. Em outras palavras, as antigas tradições espirituais e a ciência moderna chegaram às mesmas conclusões. O *mindfulness* está sendo reconhecido como uma fonte de grande poder em muitas áreas da atividade humana.

Mindfulness permeia toda a DBT. Começa com o terapeuta praticando *mindfulness* em si mesmo. Quando dizemos ao terapeuta "Seja atento", estamos dizendo: "Esteja presente. Esteja consciente. Fique totalmente focado na sessão. Concentre-se no seu paciente. Não fique planejando o jantar ou pensando na última sessão que teve".

Para o paciente, a ideia é que muitas vezes não experimentamos o momento em que estamos porque nossa atenção está voltada para outro ponto. Ensinar habilidades de *mindfulness* aos pacientes promoverá mudanças comportamentais que os ajudarão a funcionar de maneira mais eficaz no mundo.

Ensinar os pacientes a serem eficazes é o objetivo principal da DBT.

* * *

Quero terminar com algumas das minhas citações favoritas sobre nossa conexão com a natureza:

> As montanhas, as ondas e os céus não são parte / de mim e da minha alma, assim como eu sou parte deles?
>
> — Lord Byron, poeta

> Não inventamos nada, de fato. Pegamos emprestado e recriamos. Descobrimos e redescobrimos. Tudo já nos foi dado, como dizem os místicos. Só precisamos abrir nossos olhos e corações e nos tornarmos um com aquilo que já é.
>
> — Henry Miller, escritor

> Existem momentos sagrados na vida em que experimentamos, de maneira racional e muito direta, que a separação — o limite entre nós e os outros e entre nós e a Natureza — é uma ilusão. A unidade é a realidade. Podemos perceber que a estagnação é ilusória e que a realidade é fluxo e mudança contínua, tanto nos níveis mais sutis quanto nos mais evidentes da percepção.
>
> — Charlene Spretnak, escritora sobre mulheres e espiritualidade

33

A TERAPIA COMPORTAMENTAL DIALÉTICA (DBT) EM ENSAIOS CLÍNICOS

Para determinar se a terapia comportamental dialética (DBT, do inglês *dialectical behavior therapy*) era eficaz no auxílio a indivíduos com alto risco para suicídio, eu precisava de um ensaio clínico randomizado que comparasse os resultados da DBT com o "tratamento usual" oferecido na comunidade. Graças a Deus, nossos amigos do National Institute of Mental Health (NIMH) nos apoiaram integralmente, concedendo-me uma bolsa em 1980 para realizar o estudo.

Comecei com um grupo de cerca de 60 mulheres com idades entre 18 e 45 anos, todas atendendo a certos critérios diagnósticos para transtorno da personalidade *borderline* (TPB) e tendo tido pelo menos dois episódios de condutas autolesivas (com ou sem intencionalidade suicida) nos últimos cinco anos, sendo que pelo menos um dos episódios havia ocorrido nas últimas oito semanas. Fizemos diversas avaliações pré-tratamento, durante as quais algumas candidatas desistiram.

No final, ficamos com cerca de 50 mulheres, que foram distribuídas de maneira aleatória entre o grupo que receberia DBT e o grupo que passaria por terapia comportamental padrão. Esse é o componente "randomizado" do ensaio clínico randomizado. O estudo deveria durar um ano, com avaliações sobre o progresso dos pacientes nos meses 4, 8 e 12. (Isso foi muito mais longo do que as 12 semanas que eu havia planejado de forma otimista no início do projeto. O *feedback* dos especialistas do NIMH, além da minha experiência tentando aplicar o tratamento, promoveu essa mudança.)

É tentador imaginar que o estudo seguiu seu curso natural, os dados foram analisados, exclamamos em uníssono "É bom demais para ser verdade!", e abrimos o champanhe. Infelizmente, nada disso aconteceu. Minha aluna Heidi Heard foi incorporada ao estudo em 1989. Ela tinha enorme experiência na avaliação de resultados de pesquisas clínicas, então sua função era analisar os dados brutos do estudo. "Por um tempo, nem sabíamos se o estudo seria um sucesso", diz Heidi. "Nenhum de nós estava confiante de que teria um resultado positivo. Parecia que sim, mas há muitos estudos que pareciam promissores e, no final, não deram em nada."

Cientistas precisam ser muito cuidadosos com o perigo de enxergar um resultado positivo onde, na realidade, não há. A abordagem mais produtiva é manter-se imparcial, examinar os dados de forma objetiva e ouvir o que eles têm a dizer. Se os dados revelam algo inesperado, devemos ser gratos, pois aprendemos algo novo. Existe um ditado que ilustra essa ideia: "Eu não teria visto se não tivesse acreditado". Entende o que quero dizer?

Mas, no fim, o resultado foi muito positivo — pelo menos na maior parte. Assim redigimos parte de nossa conclusão:

> Primeiro, encontramos uma redução significativa na frequência e na gravidade médica dos episódios de condutas autolesivas (com ou sem intencionalidade suicida) entre os pacientes que receberam DBT em comparação com os do grupo de controle. Os pacientes que receberam DBT tiveram média de 1,5 episódio de condutas autolesivas (com ou sem intencionalidade suicida) por ano, enquanto aqueles do grupo de controle tiveram média de 9 episódios por ano. Segundo, a DBT demonstrou maior retenção dos pacientes na terapia. A taxa de desistência em um ano foi de apenas 4 entre 24 pacientes (16,67%), sendo que um deles faleceu por suicídio. No grupo de controle, 50% dos pacientes abandonaram a terapia. Terceiro, os dias de internação psiquiátrica foram menores para os pacientes que receberam DBT. Os que passaram por essa terapia tiveram média de 8,46 dias de internação psiquiátrica por ano, enquanto os do grupo de controle tiveram 38,86 dias de internação por ano.

Em outras palavras, o estudo demonstrou que os pacientes que recebem DBT têm probabilidade muito menor de se machucarem do que aqueles que passam por terapia convencional e são muito mais propensos a permanecer na terapia. No entanto, observamos que essas diferenças ocorreram mesmo que as pessoas dos dois grupos relatassem níveis semelhantes de depressão, desesperança, pensamentos suicidas e ausência de motivos para viver. Isso nos surpreendeu, mas depois percebi que desenvolver uma vida que vale a pena ser vivida leva mais tempo do que apenas reduzir as autolesões.

Por que a DBT é eficaz, enquanto outras terapias convencionais falham com pessoas com comportamento suicida? É uma boa pergunta. A DBT é incomum porque combina um toque humano (relação genuína e próxima entre terapeuta e paciente) com habilidades práticas que ajudam o paciente a navegar por todos os aspectos de sua vida. A DBT enfatiza muito o tratamento dos pacientes como iguais, sem vê-los como pessoas frágeis que precisam ser mimadas ou superprotegidas — o que chamo de "fragilizá-los". Os pacientes são validados por quem são. À medida que dominam habilidades práticas que os ajudam a resolver problemas, sentem mais controle sobre suas vidas e, provavelmente, começam a se sentir melhor consigo mesmos. Você poderia dizer que as habilidades práticas são o coração da eficácia da DBT.

Pessoas às vezes me perguntam (não de forma brincalhona) se há uma "mágica" na DBT. A melhor resposta para isso vem daqueles que passaram pela terapia. Um paciente descreveu a experiência da seguinte forma:

> A resposta é "sim e não". A parte do "não" é que muitas habilidades são simples e práticas, ajudando você a passar por um dia de cada vez. Um dia, depois outro dia, depois outro dia. A parte do "sim" é que realmente funciona. Não existe outra terapia como essa. Ela é escrita de forma clara, fácil de entender. Muda sua forma de pensar. Os acrônimos ajudam a lembrar das habilidades. É perfeita para mim. E consigo ver como funcionaria para outras pessoas. Não é assustadora. Não é entediante. Ela realmente se aplica à minha vida. Ajudou-me a encontrar uma vida que vale a pena ser vivida.

Quando alguns cientistas escrevem seus resultados, tendem a omitir as falhas. Eu queria incluir todos os erros para que as pessoas pudessem ver o quadro completo e talvez aprender com meus erros. Elaboramos o artigo com todas as falhas e começamos a decidir onde publicá-lo. Submeti o artigo ao *Archives of General Psychiatry*, um periódico de psiquiatria de grande circulação. Esse era o público que eu precisava convencer da eficácia de nossa nova terapia. Recebi uma resposta muito rápida.

Uma rejeição categórica. Isso foi em meados de 1990.

Eu não ia aceitar um "não" como resposta. Liguei para o editor e disse: "Bem, eu sei que vocês rejeitaram o artigo, mas eu gostaria de enviá-lo de novo". Seguiu-se uma conversa de meia hora, cujo tom foi — como dizer? — combativo. Vou parafrasear: "Não temos a menor intenção de aceitar nada vindo de você", ele disse. "Você obviamente não sabe escrever." Eles tinham uma opinião. Então eu disse: "Bem, isso pode ser verdade, mas acho que a pesquisa é importante, e os psiquiatras gostariam de ouvi-la". Ele não concordou. "Não, isso é um lixo, não vamos perder nosso tempo com sua pesquisa. Você é só uma perda de tempo."

Crescer com dois irmãos mais velhos é um ótimo treinamento para os percalços da vida. Aprendi com John e Earl que, quando eles me derrubavam — ou quando qualquer coisa me derrubava —, eu deveria me levantar de volta como um João Bobo.

"Ok, então a escrita não está boa", persisti. "Que tal fazermos o seguinte? Eu reescrevo, mas não quero desperdiçar seu tempo, então encontrarei alguns revisores, farei a revisão antes de enviá-lo novamente, e o artigo estará todo reformulado. Ficará muito bom. Aí você poderá olhar, e mal tomará seu tempo. O que acha?" Continuei insistindo nessa linha por um tempo. Em certo momento, ele cedeu, talvez para se livrar de mim ao telefone.

Recrutei muita ajuda para reescrever o artigo, incluindo Mark Williams, psicólogo de Cambridge, na Inglaterra, com quem passei um tempo durante um período sabático. "Ah, Marsha", ele disse, "você não pode contar a eles todos os erros da sua pesquisa. Apenas apresente a pesquisa". Segui o conselho dele, cortei muitos detalhes desnecessários e submeti o artigo uma segunda vez, no início de 1991.

Foi rejeitado novamente.

Outra conversa com o editor, mais curta desta vez. Outra promessa de reenvio, uma versão ainda melhor.

Menos de uma semana depois que enviei a terceira versão, recebi uma nota dizendo que o artigo havia sido aceito. Era 4 de abril de 1991. O artigo estava programado para publicação na edição de dezembro.

"O episódio todo foi um bom exemplo da tenacidade de Marsha", disse minha aluna Heidi. "Se fosse eu, teria desistido..., mas ela seguiu em frente. Ela sempre segue."

DBT EM JULGAMENTO PELOS PSIQUIATRAS

Otto Kernberg é uma das pessoas mais gentis que já conheci, como descobri quando passei alguns meses, em meados de 1991, no Weill Cornell Medical College, em White Plains, Nova York, onde ele trabalha. Kernberg é o autor da principal teoria psicanalítica do TPB. Um dia, durante minha estadia, ele olhou para mim com preocupação e disse: "Podemos conversar em particular, Marsha?".

Fomos ao seu escritório, ele fechou a porta e sentou-se em sua cadeira atrás da mesa. Peguei a cadeira de convidado. Então, ele disse, com uma voz cuidadosa: "Você já esteve em uma instituição psiquiátrica, Marsha?". Respondi que sim. Ele disse: "Imaginei pelas cicatrizes. Não conte a ninguém". E me deu conselhos sobre como lidar com isso.

Foi um momento de muita gentileza.

Kernberg administrava 13 programas de internação no Weill, e a unidade que tratava pacientes com TPB era o carro-chefe do hospital. Charlie Swenson havia dirigido essa unidade por alguns anos antes do meu período sabático lá, em 1991. É assim que ele descreve a unidade:

> Tudo era muito formal, muito eficiente, funcionava como um relógio suíço. As reuniões em grupo eram rígidas e seguiam uma fórmula estrita. Os pacientes deveriam seguir regras: como se comportar na unidade, como interagir com o terapeuta. Não deveriam ser amigáveis ou íntimos de forma alguma, nem fazer perguntas pessoais. Então, se um paciente perguntasse ao terapeuta onde ele planejava passar as férias naquele ano, ouviria: "Tudo bem você perguntar isso, mas conhece as regras; precisamos manter uma distância definida entre a equipe e os pacientes. Isso não é algo que podemos compartilhar".
>
> O terapeuta deveria manter uma atitude neutra em relação ao paciente, sem ser positivo nem negativo. Você não podia sugerir formas práticas para o paciente lidar com sua raiva, como fazer exercícios vigorosos em uma bicicleta ergométrica ou desenhar o objeto de sua raiva e depois rasgá-lo. Nada disso. Ser amigável ou demonstrar cuidado de qualquer forma era proibido. [A raiva estava no cerne do modelo de Kernberg para o TPB.] A ideia era que, se você se aproximasse do paciente, ele não conseguiria descarregar seus sentimentos negativos em você, e o tratamento, então, não funcionaria.

RESULTADO INESPERADO DE UM ENCONTRO CASUAL

Provavelmente, você está pensando: "O quê? Você perdeu a cabeça, Marsha? O que Charlie Swenson descreve é o antônimo absoluto de tudo o que você acredita sobre terapia. Mesmo assim, você foi para lá durante um período sabático. Por que você faria algo assim?". É uma boa pergunta. Aqui está o que aconteceu.

Alguns anos antes, ocorreu um encontro casual entre Charlie e um psiquiatra proeminente, Allen Frances, na unidade para pacientes com TPB do Weill. Novamente, deixarei que Charlie conte a história.

> Havia uma reunião naquele dia no hospital, e um famoso psiquiatra, Allen Frances, por acaso estava visitando. Ele fazia parte do corpo docente de Cornell, mas trabalhava na Payne Whitney Clinic, no Upper East Side de Manhattan. Era especialista em transtornos da personalidade e havia ajudado a redigir o *DSM-IV*,* que definiu os critérios para o TPB. Ele é muito mente aberta, disposto a desafiar qualquer um, e um crítico feroz da polêmica edição mais recente do DSM. Ele também conhecia o trabalho de Marsha.
>
> Em determinado momento da reunião, saí por um instante e encontrei Al no corredor. Eu disse a ele: "Al, posso falar com você um minuto? Posso ter uma consulta rápida sobre um paciente específico? Não sabemos como sair da confusão em que estamos. É uma luta constante. Estamos fazendo tudo o que podemos, mas não está funcionando. Você se interessa?". Ele disse: "Sim. Estou de saco cheio desta reunião. Podemos ir até sua unidade? Quero conhecer o paciente".
>
> O paciente estava na sala de isolamento há um tempo. Ele era famoso em todo o hospital. Eu o achava muito interessante. Era inteligente, engraçado e tinha uma energia sofrida. Era visto como um encrenqueiro. Quando Al e eu chegamos à sala de isolamento, o paciente estava sentado no chão. Al sentou-se ao lado dele e conversou por um tempo.

---

* A quarta edição do *Manual diagnóstico e estatístico de transtornos mentais* (Washington, DC: American Psychiatric Association, 1994).

Depois de cerca de 20 minutos, Al disse algo ao paciente que mudou minha carreira: "Sabe, tenho uma recomendação para você. Vai parecer loucura, porque você está praticamente sob segurança máxima. Você tem dinheiro?". O paciente respondeu: "Não, não tenho nada". Al disse: "Acho que você deveria sair deste hospital o mais rápido possível e pegar carona até Seattle para procurar uma mulher, uma psicóloga chamada Marsha Linehan, e entrar no programa de tratamento dela. É disso que você precisa. E se não puder fazer isso, eu colocarei você na minha clínica em Manhattan, se você realmente quiser melhorar".

O que Al disse ao paciente causou um grande impacto em mim, do tipo: "Hmm, se Al acha que essa Marsha Linehan tem uma abordagem boa e diferente para tratar o TPB, acho que devo conferir por mim mesmo".

O paciente acabou saindo da unidade do Weill, mas nunca veio até mim. Al havia reconhecido que o tratamento recebido pelo paciente, o modelo de Kernberg (centrado na raiva), era contraproducente e prejudicial para ele. Aquilo trazia à tona o pior do paciente, e ele trazia à tona o pior do hospital. Então, Al o transferiu para a unidade de Manhattan de Cornell e organizou uma psicoterapia muito mais humanizada, sob sua supervisão.

Eu, no entanto, recebi uma visita diferente da unidade para pacientes com TPB de Kernberg. Era Charlie Swenson.

Depois de sua conversa com Al Frances, Charlie conseguiu um exemplar do meu artigo de 1987 sobre DBT, que havia sido publicado em um pequeno periódico antes de nosso ensaio clínico randomizado. (Eu achava que ninguém tinha lido aquele artigo, mas, aparentemente, pelo menos uma pessoa leu.) Embora toda a formação de Charlie tivesse sido psicanalítica, ele tinha o que descrevia como "um interesse latente pelo comportamentalismo". Ele me ligou e disse: "Sou psiquiatra e chefio um programa em Nova York para TPB. Conheci seu trabalho por meio de Allen Frances. Posso visitar você?".

Charlie veio para a University of Washington no início de 1988 com sua esposa, que também é terapeuta, e passou cerca de uma semana conosco. Lembro-me claramente da reação inicial de Charlie depois de assistirmos a centenas de horas de vídeos de sessões de DBT. "Uau, esse paciente está com raiva de você. Meu Deus, ela está tão brava!" E eu disse: "Onde? Onde? Não vi. O que ela fez? O que ela fez?". Eu não conseguia enxergar o que ele estava vendo. "Ela não está falando com você. Isso é um ataque contra você." Eu disse: "Não acho que seja. Você não acha que talvez seja mais provável que ela esteja com medo?". "Não, é um ataque! Não está vendo?" Ficamos indo e voltando nessa discussão por um bom tempo.

"Toda a minha formação com Kernberg me treinou para procurar e enxergar expressões de raiva, e isso podia ser gritar e berrar ou ignorar completamente", lembra Charlie. Naquela primeira visita a Seattle, Charlie me perguntou: "Na DBT, como você lida com alguém que é agressivo, mas está reprimindo, e essa agressividade se manifesta de maneira passivo-agressiva, e você não mencionou nada sobre isso? No nosso modelo, eu teria abordado o assunto imediatamente. Eu teria dito ao paciente: 'Do jeito que você falou agora, está claro que você estava me ridicularizando'".

Eu simplesmente não via dessa forma, então disse a Charlie que via alguém tentando se controlar, alguém altamente reativo. A resposta dele foi: "Então você não parte da suposição primária de que isso surgiu da raiva, raiva oculta?". Respondi: "Mais do que qualquer outra coisa, Charlie, minha impressão foi que ela sentia medo e vergonha, não raiva".

Pouco a pouco, Charlie começou a perceber que rotular todo comportamento como uma expressão de raiva provavelmente não era útil. Não era uma interpretação da realidade. Ele se lembra de uma reunião em grupo com novos pacientes, que gerou um grande impacto em sua visão.

> Marsha tinha seis mulheres sentadas ao redor de uma mesa. Ela dizia de maneira muito amigável: "Estou tão feliz por vocês estarem aqui. Vocês devem estar apavoradas, mas não se preocupem, vai ficar tudo bem". Ela estava sendo como uma anfitriã normal em um encontro social normal. Essas eram pacientes na primeira sessão, aterrorizadas, com as mãos sob a mesa, arrancando as cutículas, parecendo que iam explodir. "Estou simplesmente feliz por ter todas vocês aqui." Era como se estivesse recebendo convidados para um chá de domingo à tarde em Tulsa, Oklahoma, com pessoas distintas. Ela começa a ensinar o modelo geral, depois pergunta a alguém: "E você? Acha que isso pode ser útil para você?". Apenas começa a interagir com elas de maneira amigável e social.
>
> Mas era claro que ela não estava apenas organizando um chá. Ela era incrivelmente perspicaz sobre tudo o que estava acontecendo. Percebia tudo. Às vezes comentava, às vezes não. Não deixava

escapar nada, absorvia tudo, pensando no que fazer. Criava uma atmosfera de validação. Mantinha suas habilidades psicoterapêuticas no grupo. Observando Marsha, pude ver que seu modelo incorporava acompanhamento e psicoterapia no mais alto nível — cada um deles. O acompanhamento era informado pelo respaldo da abordagem comportamental baseada em evidências sobre o tratamento da ansiedade, da depressão e de hábitos. Nada disso acontecia na unidade para pacientes com TPB de Kernberg.

Charlie tornou-se um entusiasta da DBT e começou a treinar para se tornar um terapeuta dessa linha. Ele disse que a abordagem ressoava mais com sua verdadeira natureza. Charlie acabou estabelecendo uma unidade de DBT na Weill, a primeira fora de Seattle.

Quando eu disse a Charlie que passaria um período sabático em Cambridge, na Inglaterra, no início de 1991, escrevendo meu livro profissional sobre DBT, e que não tinha planos para o restante do ano, ele disse: "Por que você não vem para a Weill, Marsha, e faz o resto do seu período sabático aqui?".

Eu disse: "Por que não?".

UMA VISÃO DO OUTRO LADO

O *campus* da Weill Cornell Medical College foi projetado por Frederick Law Olmsted, o mesmo arquiteto que desenhou os jardins do Institute of Living (IOL), e havia certa semelhança entre os dois. (Olmsted também projetou o Central Park, em Nova York.) Charlie morava em uma casa no *campus* e havia uma casa vaga bem em frente à dele. Ele providenciou para que eu morasse lá por três meses, começando no final do verão de 1991.

O livro profissional que eu estava finalizando naquele ano descrevia a base teórica da DBT e detalhava os componentes da terapia. Eu ia torná-lo pessoal. Estava escrevendo na primeira pessoa, algo incomum para um manual de terapia. Descrevi cada componente da DBT em detalhes completos. Queria que os leitores entendessem a terapia por imersão, e não apenas recebessem um conjunto de diretrizes gerais. Novamente, isso era incomum para um manual de terapia. Jerry Davison foi meu modelo para essa abordagem.

Acredito que um dos motivos pelo qual o livro teve tanto sucesso é que foi escrito em um tom pessoal, não em uma voz acadêmica distante. Não se trata da minha vida; trata-se da DBT. As pessoas geralmente se referem à autora como "Marsha" — não "Marsha Linehan" ou "Linehan". É sempre "O que Marsha diria sobre isso?" ou "O que Marsha faria nessas circunstâncias?". Meus pacientes me conhecem como Marsha. Não conheço nenhum outro tratamento tão alinhado à pessoa que o desenvolveu quanto a DBT é comigo.

Além de terminar meu livro, eu tinha outro motivo para ir a Cornell: atuar como consultora da recém-estabelecida unidade de DBT de Charlie. Isso foi muito interessante e bastante divertido, mas também me deu a oportunidade de experimentar em primeira mão a abordagem de Kernberg para tratar pacientes com TPB. Os pacientes na unidade dele eram de internação prolongada — ficavam, em média, 18 meses. Eram, em sua maioria, mulheres de famílias proeminentes, assim como no IOL. Uma vez por semana, havia reuniões de revisão de casos. Os pacientes eram entrevistados na presença de um painel composto por Kernberg, seus colegas e às vezes uma enfermeira da unidade. Depois eram dispensados e tinham seus casos discutidos.

Imagine a cena. Uma sala grande, lustres pendurados, painéis de madeira escura, uma longa mesa de mogno com meia dúzia de pessoas sentadas de um lado — em sua maioria, homens muito formais, vestidos com ternos e gravatas, com blocos de anotações e canetas à frente. Bastante intimidador. De vez em quando, eu era a entrevistadora. Na primeira vez, a paciente era uma jovem. Eu estava sentada de costas para a mesa. Ela se sentou à minha frente, de frente para o painel que estava atrás de mim. Falou muito pouco, apenas respostas de uma palavra. Eu não estava conseguindo avançar, então disse: "Acho que parte do problema é que você está sentada aqui, tendo que encarar todas essas pessoas — deve ser difícil para você. Por que não trocamos de lugar?". Trocamos, e ela falou muito mais. Achei que tinha sido uma boa conversa.

Quando ela saiu, a primeira coisa que o painel disse foi: "Nossa, ela estava com raiva de você". "Hmm", pensei. "Onde foi que já ouvi isso antes?"

Alguém disse: "Olhe para ela, mal falou com você. Ela estava realmente com raiva". Respondi: "Não acho que ela estava com raiva. Acho que estava com medo. Por que vocês acham que ela estava com raiva?". "Por causa do que o pai dela fez com ela quando era jovem" ou alguma outra interpretação psicanalítica qualquer.

Eu disse: "Pensem bem. Todo o ambiente é intimidador. Qualquer um ficaria nervoso nessa situação". Foi então que Ed Shearin se manifestou:

"Sabe, se vocês observarem a paciente, todos os comportamentos dela são de medo. A expressão facial, o corpo curvado. Se ela estivesse com raiva e Marsha sugerisse trocar de lugar, talvez tivesse resmungado, mas ela não fez isso; apenas obedeceu imediatamente. Ela fez tudo o que Marsha pediu que fizesse".

Ninguém pareceu convencido.

Na semana seguinte, a configuração era a mesma, exceto que eu já havia trocado de posição para que a paciente não precisasse encarar o painel. Houve uma batida na porta no horário marcado. Uma jovem entrou e se sentou. Alguém perguntou: "Onde está a enfermeira?". A jovem respondeu: "A enfermeira não veio, então vim sozinha porque não queria me atrasar". Era uma nova paciente na unidade.

Quando saiu, alguém comentou: "Ela estava agindo de maneira desafiadora para causar problemas". Eu perguntei: "O que você quer dizer com 'agindo de maneira desafiadora'?". "Ela não esperou pela enfermeira. Os pacientes não devem ir a lugar algum sem uma enfermeira." Eu disse: "Mas o comportamento dela não faz sentido? Ela tinha um compromisso aqui conosco. A enfermeira não chegou a tempo, então ela tomou a decisão de vir por conta própria para não se atrasar para a consulta". "Absolutamente, não..."

Eu estava pensando: "Vocês só podem estar brincando". Foi como reviver tudo o que aconteceu comigo no IOL. Não importava o que a paciente fizesse, aquilo era interpretado como anormal. Seus motivos eram imputados com base no modelo do psiquiatra sobre como o mundo deveria ser. Parecia que, no modelo de Kernberg, se você diz a um paciente que ele está demonstrando agressividade e ele nega, você diz que é porque ele não está consciente disso, e logo esse paciente realmente *vai* ficar com raiva.

Então, você se recosta na cadeira e diz: "Está vendo? Eu tinha razão!".

TEORIAS CONFLITANTES SOBRE O TPB

Embora meu artigo sobre DBT só fosse publicado no inverno daquele ano, a notícia de sua existência já estava começando a se espalhar. Mas o artigo de 1987 já havia divulgado minha teoria sobre o TPB. Você não pode desenvolver uma terapia para um transtorno sem antes compreender sua base. Desenvolvi meu entendimento ouvindo atentamente meus pacientes enquanto falavam sobre suas vidas. Percebi que uma das coisas de que mais precisavam era validação, um entendimento sobre o porquê de se comportarem da maneira como se comportam. Vi que, muito provavelmente, meus pacientes haviam experimentado um ambiente invalidante por grande parte de suas vidas e, muitas vezes, um ambiente invalidante *traumático*.

A TEORIA BIOSSOCIAL DO TPB

Essa é uma parte da teoria. A outra parte é que um dos maiores desafios enfrentados por indivíduos com TPB é a regulação emocional. Eles respondem de maneira muito emocional em resposta a algum desencadeante ambiental e demoram muito para se acalmar. A desregulação emocional é conhecida por ter um forte componente biológico, provavelmente incluindo um fator genético. Cheguei à conclusão de que indivíduos com TPB apresentam desregulação emocional de base biológica e foram — muitas vezes ainda são — expostos a ambientes invalidantes. Pessoas com tendência à desregulação emocional terão problemas em ambientes invalidantes, mas se sairão muito bem em um ambiente validante. Chamo isso de teoria biossocial do TPB.

Muitas pessoas acreditam que Kernberg e eu temos teorias semelhantes, na medida em que ambos postulamos um componente biológico interagindo com um componente ambiental. Apenas discordamos sobre quais são esses componentes. Kernberg pressupõe que se trata de uma agressividade subjacente; eu, de uma desregulação emocional subjacente. Ambos pressupomos que se trata de ambientes difíceis.

A reação inicial à minha teoria foi, digamos, morna. Os comportamentalistas não se interessaram, e os psiquiatras a ignoraram.

Eu tinha um artigo no processo de publicação de um importante periódico científico de psiquiatria, afirmando que existia um tratamento efetivo para pessoas com alto risco de suicídio, bem como para indivíduos que atendiam aos critérios para TPB, tudo isso com terapia comportamental. A resposta foi algo como:

"Quem ela pensa que é?"

"Como ela está conseguindo esse impacto?"

"Ela deve estar errada."

"Estamos nisso há 50 anos. Sabemos o que estamos fazendo. Ela não sabe."

Eu estava prestes a me tornar alvo de críticas por parte dos psiquiatras por muitos anos, e ainda sou em alguns círculos.

TIRO AO ALVO, E EU SOU O ALVO

Tudo começou para valer enquanto eu estava no Weill. Fui convidada para fazer uma apresentação importante — os chamados *grand rounds* — sobre DBT no Payne Whitney, em Manhattan. Al Frances me convidou. O chefe de psiquiatria, Bob Michels, estava na primeira fila. Kernberg estava lá, assim como muitas outras pessoas que poderiam ser descritas, com segurança, como não simpatizantes da DBT. Charlie Swenson estava presente — eu tinha pelo menos um rosto amigável na plateia. Vou deixar que ele conte o que aconteceu.

> Os *grand rounds* são importantes, mas nada agradáveis. É como um tiro ao alvo, e você é o alvo. Se você se sair mal, eles serão gentis com você. Se fizer um bom trabalho, prepare-se: vão massacrar você, porque você representa uma ameaça para eles. Marsha fez sua apresentação. Alguém fez uma pergunta sobre dialética e ela respondeu como se tivesse inventado o conceito, como se não houvesse Marx, Engels e companhia. Acontece que havia um especialista em dialética na plateia, e ele a atacou, dizendo: "Isso já existia antes de você, Dra. Linehan". Ele foi extremamente rude. Marsha foi muito educada e respondeu: "Eu sei disso". Bob Michels, então, disse: "Veja o quanto você está extraindo de dados tão limitados". Marsha rebateu imediatamente: "E quantos dados existem sobre os tratamentos psicanalíticos para pacientes até este momento?".
>
> Eles encontraram falhas na teoria biossocial, dizendo que era simplificada demais. Disseram: "Você não leva em conta o mundo interno, que todos sabemos que existe. A psicanálise é o ego, o superego e o id, então o que há de novo sob o sol?". Eles a trataram dessa forma porque perceberam que ela era boa. Você não recebe esse tipo de reação a menos que eles se sintam desafiados.
>
> Fui almoçar com Marsha depois e perguntei: "Como foi para você? Eles não pararam de atacar". Marsha respondeu: "Ah, foi ótimo! Você nunca melhora seu modelo se as pessoas não o desafiarem constantemente. Você precisa de céticos. Aquele cara, Bob Michels, é muito inteligente. Suas falas me farão refletir. Você quer que as

pessoas ataquem seu modelo com todo o intelecto que detêm. Então, me senti muito bem lá em cima. O segredo é saber receber as críticas e aproveitá-las". Marsha é assim também quando recebe dados de pesquisa que não confirmam seu modelo. Ela é a única no laboratório que fica feliz nesses momentos. Quando a pesquisa sugere que talvez ela não esteja certa, sua reação é: "Ótimo, temos uma chance de melhorá-lo".

A EVOLUÇÃO DAS CRÍTICAS

As críticas evoluíram ao longo do tempo. A primeira foi a de que eu era apenas uma professora. Logo após meu artigo ser publicado, fui a um encontro sobre terapia psicodinâmica na França, onde me pediram para fazer uma apresentação. Durante o primeiro intervalo, alguém se aproximou de mim e disse: "Sabe, todo mundo está comentando sobre seu trabalho. Eles estão dizendo que você é apenas... como uma professora". Minha resposta foi algo como: "Ah, é mesmo? Obrigada". Tomei como um elogio. Eu amo ensinar meus alunos. Amo ensinar habilidades a meus pacientes, ensiná-los a deixar de lado todas as emoções negativas e autodestrutivas e ajudá-los a se enxergarem como realmente são: pessoas boas, capazes de receber e dar amor.

Essa pessoa balançou a cabeça e disse: "Não, Marsha. Você não entende. Isso não é um elogio; é um insulto. Eles estão dizendo que você não está tratando o transtorno. Você está apenas ensinando habilidades". De certo modo, isso é verdade: nunca tive interesse no TPB como um "transtorno" em si. Nunca direcionei meu foco para isso. Meu foco sempre foi o comportamento suicida, os comportamentos fora de controle. Não me vejo tratando um transtorno. Eu trato um conjunto de comportamentos que outras pessoas acabam transformando em um transtorno.

Os dados do artigo de 1991, e de um segundo artigo publicado dois anos depois, eram suficientemente sólidos para demonstrar que, o que quer que eu estivesse fazendo, meus pacientes estavam se beneficiando. Isso era inegável. Então, a linha de crítica mudou para: "Ok, aceitamos que você obtém bons resultados com seus pacientes, mas isso acontece porque você é uma ótima terapeuta — porque você é carismática —, não porque a DBT seja uma boa terapia".

Eu sabia que era uma boa terapeuta e que era carismática, mas também sabia que a DBT era uma boa terapia. Então minha equipe fez outro estudo, no qual eu não estava diretamente envolvida na terapia. O resultado foi o mesmo. Isso os convenceria, pensei. Mas não convenceu. Eles sugeriram que, de alguma forma, eu devia ter influenciado o estudo — com meu carisma, claro! — simplesmente por estar no mesmo prédio.

Meu próximo passo foi um dos mais sábios da minha carreira de pesquisadora. Convidei todos os pesquisadores do mundo que tivessem qualquer interesse na DBT para formar o que viria a se chamar DBT Strategic Planning Group. Nossa reunião ocorre uma vez por ano em Seattle, na University of Washington, para compartilhar o que aprendemos no ano anterior, o que ainda não sabemos e o que precisamos descobrir, além de traçarmos estratégias para futuras pesquisas. Uma parte essencial do trabalho do grupo é garantir que pesquisadores em outros laboratórios e países testem a efetividade da DBT, da mesma forma que minha equipe e eu fizemos. Se a DBT só funcionasse em minhas mãos porque sou uma boa terapeuta, então outros pesquisadores não conseguiriam obter os mesmos resultados positivos.

Até agora, já foram realizados 16 ensaios clínicos randomizados e independentes sobre a DBT, todos com os mesmos resultados que o nosso primeiro estudo. Você poderia argumentar, talvez, que esses 16 estudos só funcionaram porque os terapeutas envolvidos eram, por acaso, ótimos profissionais, mas acho que concordamos que esse argumento é um pouco forçado.

Na verdade, havia duas batalhas acontecendo ao mesmo tempo. Uma era a batalha em torno do TPB — suas causas e o tratamento adequado. A outra era sobre o suicídio — suas causas e o tratamento adequado. Os psiquiatras pensaram que tinham me encurralado quando começaram a alegar que o suicídio era um transtorno biológico. Claro, isso é verdade, não existe nada em um ser humano que não tenha uma base biológica. No entanto, sua ideia era que, se fosse biológico, o tratamento deveria ser feito com medicamentos, eletroconvulsoterapia ou algo do tipo — não com terapia comportamental.

Frequentemente, eu era convidada para participar de painéis com três psiquiatras e eu. "O suicídio é biológico", eles proclamavam. Então, desfiavam uma série de argumentos para provar que a terapia comportamental era irrelevante. Eles se sentavam, convencidos de que tinham vencido o debate. Eu adorava esses encontros. Eu me levantava e dizia: "Entendo como o suicídio deve ser biológico. Tenho uma intervenção biológica para isso, e posso dizer qual é agora mesmo. É a DBT, claro. Ela muda a biologia. Se o problema é biológico e eu consigo mudá-lo, como poderia estar fazendo isso sem mudar a biologia?".

É importante lembrar que essa era a área dos psiquiatras. Eles têm uma longa história com o suicídio, diferente dos psicólogos.

O argumento seguinte foi: "Ok, seu tratamento funciona, mas você está apenas tratando os sintomas". Essa crítica aparecia nos encontros científicos e em artigos da psiquiatria. Para eles, tratar a DBT como algo válido seria como tratar uma infecção bacteriana apenas com compressas frias para reduzir a febre, em vez de atacar a origem do problema com antibióticos. Os psiquiatras tinham a convicção de que havia uma doença subjacente a esses comportamentos disfuncionais, e que o correto seria tratar a doença, não apenas mitigar os sintomas.

Então, eu disse: "Tudo bem, me deem uma medida de algo que não seja um sintoma, mas que vocês consideram fundamental para a condição. Eu testarei se a DBT consegue mudar essa medida. Se melhorar, vocês terão de concordar que meu tratamento é eficaz e parar de dizer que estou apenas tratando sintomas. Aceitarei qualquer medida que escolherem — qualquer uma. Escolham".

A INTROJEÇÃO

Isso provocou um completo silêncio. Finalmente, John Clarkin, colega de Kernberg, me sugeriu uma medida que era central para a perspectiva psicanalítica do TPB. Ela se chama "introjeção", que, essencialmente, é uma medida da autoestima de um indivíduo, ou do seu relacionamento consigo mesmo. Você não precisa se preocupar em entender esse termo, basta saber que, se descobríssemos que a DBT melhorava a introjeção em pacientes com TPB, teríamos demonstrado que a DBT realmente estava tratando a causa da condição, não apenas os sintomas. Nossa hipótese era que a DBT, de fato, melhoraria a introjeção.

Jamie Bedics, que agora está na California Lutheran University, e dois colegas do meu departamento, David Atkins e Katherine Comtois, juntaram-se a mim em um estudo em 2009 para testar essa hipótese. Dessa vez, tivemos um grupo de 100 mulheres, novamente com idades entre 18 e 45 anos, que atendiam aos critérios para TPB. Metade delas recebeu tratamento com DBT, e a outra metade recebeu terapia comportamental convencional. Nós as avaliamos ao final de um ano e fizemos uma nova avaliação um ano depois. Este foi nosso resultado:

> Pacientes que receberam DBT relataram o desenvolvimento de introjeção mais positiva, incluindo aumento significativo na autoafirmação, no amor-próprio e na autoproteção, além de redução da autodepreciação ao longo do tratamento e no acompanhamento de um ano, em comparação com o tratamento comunitário conduzido por especialistas.*

Também demonstramos que os pacientes que receberam DBT tinham relacionamento mais forte com seus terapeutas do que aqueles do grupo de controle. Essa descoberta rebatia outra crítica irritante à DBT — o argumento de que terapeutas comportamentais se preocupavam mais com suas ferramentas técnicas do que com o desenvolvimento de um bom relacionamento com seus pacientes. Mas estabelecer uma relação de cuidado com os pacientes é uma das prioridades no início da DBT.

Nosso manuscrito sobre a medida de introjeção foi submetido para publicação em 2011 e inicialmente rejeitado. As justificativas foram nesta linha: "Essa é uma questão irrelevante", "Nós já sabemos que a DBT funciona. Você só está tentando se gabar" e "Essa pesquisa não é importante". Persistimos, é claro, e o artigo foi publicado no *Journal of Consulting and Clinical Psychology* em fevereiro de 2012.

Nossa primeira apresentação pública desses resultados, antes da publicação do artigo, foi no McLean Hospital, nos arredores de Boston, onde trabalhava John Gunderson, um dos grandes especialistas em TPB. Fiquei diante de uma plateia muito grande, em sua maioria psiquiatras, e descrevi nossos métodos, nossas medidas e os resultados — seguindo o formato usual de uma apresentação.

---

* J. J. D. Bedics, D. C. Atkins, K. A. Comtois, and M. M. Linehan, "Treatment Differences in the Therapeutic Relationship and Introject During a 2-Year Randomized Controlled Trial of Dialectical Behavior Therapy Versus Nonbehavioral Psychotherapy Experts for Borderline Personality Disorder", *Journal of Consulting and Clinical Psychology* 80, no. 1 (February 2012): 66–77.

Terminei. Olhei para a plateia, fiz uma pausa e disse: "Acho que fui bastante clara ao expor minhas ideias". Todos se levantaram e aplaudiram.

E quanto a Otto Kernberg? Disse-me que sou a única pessoa que ele conheceu cujo tratamento realmente corresponde à teoria na qual se baseia. Essa foi uma afirmação maravilhosa de se ouvir de uma figura tão renomada no campo da psiquiatria.

PARTE IV

34

O CICLO SE COMPLETA

A Ilha Camano fica a cerca de uma hora de carro ao norte de Seattle. Em um dia claro, é possível ver o monte Baker ao longe. É uma das montanhas mais altas da região norte das Cascades e um dos lugares mais nevados do mundo. Sua magnificência é de roubar o fôlego.

Ao sair da rodovia em direção à ilha Camano, a estrada é ladeada por imponentes abetos, formando uma espécie de túnel. Sente-se de imediato a serenidade que aguarda adiante, enquanto a pressão da vida urbana vai se dissipando. No início de 1992, comprei uma casa em Camano com o dinheiro que meu pai havia deixado. É a única ilha da região que não exige travessia de balsa. O acesso é feito pela ponte Camano Gateway, que hoje é adornada com esculturas metálicas de águias, salmões e garças. Apenas 45 minutos ao norte de Camano, no continente, fica o vale de Skagit, famoso por centenas de acres de campos de tulipas que atraem 1 milhão de visitantes todos os anos no mês de abril. É um espetáculo indescritível.

A casa fica no lado oeste da ilha, no alto de uma falésia sobre a água. "Casa" talvez seja um termo grandioso demais para descrevê-la. É pequena, com dois quartos e uma área de convivência aberta, dividida ao meio — uma parte dedicada à cozinha e à sala de jantar e a outra para se sentar diante do fogão a lenha nas noites mais frescas. Chamamos de "o chalé".

Mas a magia realmente está no mundo fora do chalé. Construí um enorme deque que se estende quase até a beira da falésia. Não sei quantas horas já passei ali, olhando para o oeste sobre a passagem Saratoga e a ilha Whidbey, maravilhando-me (em dias claros) com os picos da península Olímpica ao longe, ou observando as águias em busca de presas. Elas fazem ninho no grande pinheiro à esquerda do deque. Há garças-azuis-grandes pescando à beira da água. Os pores do sol são espetaculares.

Sempre tenho a intenção de explorar a ilha e fazer passeios. Mas, assim que chego ao meu chalé, abro portas e janelas, coloco uma música alta, sirvo uma taça de vinho branco gelado, sento-me no deque e respiro fundo. É um lugar de paz e conexão com a natureza, de simplesmente ser, em vez de fazer. O máximo de atividade que realizo são longas caminhadas pelas praias de seixos, que são ótimas para contemplação.

Costumava ir à casa com minha amiga Marge, sobretudo quando tínhamos pedidos de financiamento para avaliar. Eu me sentava em uma poltrona confortável no deque, enquanto Marge ficava na banheira de hidromassagem. Ela brincava que conseguia julgar a qualidade de uma proposta de financiamento pelo estado do papel: quando o projeto era ruim, sua atenção se dispersava, ela escorregava para dentro da banheira, e o papel acabava molhado.

Todo verão, organizo uma festa no chalé para toda a minha equipe de pesquisa, estudantes de pós-graduação e amigos. Encorajo as pessoas a trazerem seus filhos. No final, entrego a cada estudante uma cópia emoldurada da citação de Rainer Maria Rilke que alguns colegas e eu, bolsistas de Stony Brook, oferecemos a Jerry Davison quando nos formamos. Já mencionei essa citação antes, mas ela é tão relevante para a vida dos terapeutas (e, na verdade, para qualquer pessoa) que vale a pena repeti-la aqui:

> Não acredite que aquele que busca confortá-lo vive sem problemas entre as palavras simples e calmas que às vezes fazem bem a você. Sua vida tem muita dificuldade e tristeza... Se fosse diferente, ele nunca teria sido capaz de encontrar essas palavras.

UM ANIVERSÁRIO E UM MOMENTO DE REFLEXÃO

No dia 4 de maio de 1993, véspera do meu aniversário de 50 anos, dirigi até a casa em Camano. Eu havia decidido passar essa data sozinha lá, como um momento para refletir sobre minha vida, além de aproveitar a beleza do lugar.

No dia seguinte, caminhei por horas ao longo da praia e depois voltei para casa. Esperava que meu livro sobre terapia comportamental dialética (DBT, do inglês *dialectical behavior therapy*) tivesse chegado a tempo para o meu aniversário. O editor insistiu que o título deveria incluir a frase "terapia cognitivo-comportamental". Respondi: "De jeito nenhum. Não estamos fazendo terapia cognitivo-comportamental; DBT é algo diferente. Ninguém vai comprar se vocês chamarem assim".

No fim, chegamos a uma decisão, e o livro foi intitulado *Terapia cognitivo-comportamental para transtorno da personalidade borderline*. A essa altura, eu estava menos preocupada com o título e mais com o fato de que a obra ainda não havia sido lançada. Disse ao editor que eu precisava receber o livro até meu aniversário de 50 anos porque, segundo expliquei, ninguém escreve nada realmente bom depois dessa idade. (De onde tirei essa ideia, eu não sei.) Disseram que tentariam.

Ainda estava claro quando cheguei à minha casa em Seattle. Vi uma grande caixa nos degraus dos fundos, carreguei-a para dentro, peguei uma faca, cortei os selos e a abri. Era o meu livro — uma dúzia de cópias. Fiquei radiante!

Enquanto fazia isso, ouvi uma mensagem de Deus. Foi como uma voz dizendo:

Você cumpriu sua promessa.

Fiquei chocada. Então pensei: "Ok, agora posso morrer". Pensei: "Certo, acabou". Não estou brincando. Fiquei esperando que uma tragédia qualquer acontecesse e que aquilo fosse o meu fim. Eu não sabia o que seria, mas estava pronta para isso.

Depois de mais ou menos um mês, percebi que não iria morrer. Perguntei-me: "E agora, o que vou fazer?". E respondi para mim mesma: "Bem, por que não continuar fazendo o que você já está fazendo, Marsha?".

E foi exatamente isso que fiz.

35

ENFIM, UMA FAMÍLIA

No início de 1992, publiquei um anúncio procurando uma assistente residente. Veronica, estudante da University of Washington, respondeu ao anúncio. Nossa conexão foi imediata, e ela se mudou para o quarto de hóspedes. Veronica e eu nos tornamos muito próximas, nossa amizade floresceu rapidamente. Alguns anos depois, ela conheceu Preston, uma pessoa maravilhosa que eu também adoro. Os dois tinham um relacionamento volátil, mas, no fim das contas, casaram-se e mudaram-se para alguns cômodos que estavam vagos no porão de minha casa.

Depois de alguns anos, decidiram que queriam comprar uma casa, mas não tinham dinheiro para a entrada. Concordei em emprestar o valor a eles. A casa ao lado foi colocada à venda, eles compraram e, com isso, formamos uma pequena comunidade. Derrubamos a cerca entre as duas casas e construímos uma pequena pérgola no quintal, para que tudo fluísse como um só espaço.

Veronica e Preston tinham uma rede de amigos hispânicos e sabiam como dar festas. Era sempre divertido. Fui envolvida por sua vibrante vida social; seus amigos se tornaram meus amigos. Passamos vários Natais juntos, comemoramos aniversários e até viajamos juntos. Em certo momento, Veronica engravidou, com o parto previsto para junho de 1996. Todos nós ficamos radiantes. Éramos como uma família.

MINHA IRMÃ E EU NOS ENCONTRAMOS — PELA PRIMEIRA VEZ EM ANOS

Não muito antes disso, mais de uma década de afastamento entre minha irmã Aline e eu havia chegado ao fim. Aline me visitou em Seattle por volta do meu aniversário de 50 anos, em 1993. Começamos a conversar — nada premeditado; simplesmente fluiu. É assim que Aline se lembra daquele momento:

> Estávamos de pé na pia da cozinha conversando, e eu desabei em lágrimas, dizendo o quanto sentia por nunca ter estado lá para ajudá-la quando Marsha era mais jovem e sofria tanto com a pressão de nossos pais, além da desaprovação de todos ao redor. Eu havia seguido o caminho oposto e a tinha rejeitado. Supliquei pelo seu perdão e contei o quanto me sentia culpada por não ter ajudado quando ela precisava de uma amiga. Eu não estive lá para Marsha em momento algum. Na verdade, fiz de tudo para me manter afastada. Minha mãe sempre me dizia, por alguma razão, para "ficar longe da Marsha". Era como se algo que ela dissesse pudesse me influenciar da maneira errada. E eu fiquei longe.
>
> Enquanto eu chorava e pedia perdão naquele dia de maio, Marsha foi, como sempre, uma pessoa maravilhosa e acolhedora. Nós nos abraçamos, ela disse que entendia e questionou como eu poderia ter sido diferente, já que estava sob a forte influência da mamãe, etc., etc. Senti um verdadeiro alívio depois daquela conversa.

Pela primeira vez, cada uma de nós realmente viu a outra. Agora, conversamos todos os dias. Somos muito próximas. Em algum momento, eu disse para Aline: "Para demonstrar o quanto amo você, Aline, estou disposta a deixar você morrer primeiro". Ela entendeu o que eu quis dizer. Somos tão ligadas que sabemos que, quando esse dia chegar, quem ficar para trás estará completamente devastada. Somos péssimas ao dizer "adeus" depois de qualquer visita. Sabemos que é bobo, mas foi assim que nos tornamos.

Assim, com essa linda reaproximação com Aline, senti-me abençoada por ter essa família em minha vida — tanto a família na qual nasci quanto a família que escolhi.

Isabella, a filha de Veronica, nasceu no verão de 1996. Veronica e Preston me convidaram para ser sua madrinha. Você pode imaginar o quanto isso significou para mim.

UMA FAMÍLIA DESFEITA

Eu valorizava muito os Natais que passei com Veronica e Preston, como a família que nunca tive, e aquele ano seria ainda mais especial, com o nascimento da bebê. Eu esperava ansiosamente para celebrarmos juntos.

Porém, de repente, um abismo intransponível se abriu entre Veronica, Preston e eu. As razões são complexas e não quero entrar em detalhes, mas as consequências imediatas foram que a família que eu tanto estimava se desfez.

A pérgola que havíamos construído juntos entre nossas duas casas — um símbolo da nossa união como família — foi removida, e a cerca foi reconstruída. O período de felicidade que veio do amor e do acolhimento familiar chegou ao fim, e até hoje isso me entristece muito.

No entanto, uma nova e mais permanente família logo começou a florescer em minha vida.

O ACIDENTE QUE RESULTOU EM UM LAR DEFINITIVO

Geraldine chegou a Seattle em fevereiro de 1994 com o objetivo de estudar nos Estados Unidos. Ela era filha do chefe do pai de Veronica, um alto oficial do exército peruano. A ideia inicial era que, até ingressar na faculdade, Geri ficaria com Veronica e Preston, quando ainda moravam no porão de minha casa.

Veronica e Preston, no entanto, não tinham espaço suficiente, por isso me pediram para recebê-la. Disseram ao pai de Geraldine para não se preocupar — ela estaria segura comigo. Mas o que eu sabia sobre adolescentes? Nada.

Geraldine era uma garota independente e determinada de 16 anos. Crescendo no Peru, em uma família financeiramente confortável, esperava-se que, ao completar 15 anos, ela celebrasse sua transição para a vida adulta com uma grande festa, a *quinceañera*. Depois disso, seria esperado que se casasse, permanecesse próxima dos pais, tivesse filhos e fosse uma boa esposa. Geraldine não aceitava isso. Ela queria uma carreira profissional, uma decisão ousada que teve total apoio de sua mãe.

"Quando eu era menina, disse ao meu pai: 'Não quero uma festa de *quinceañera*. Quero viajar para o exterior'", relembra Geraldine. "'Quero ir para Paris, estudar na Sorbonne'. Meu pai e eu falávamos francês. Ele concordou que eu poderia fazer isso. Mas quando estava prestes a completar 15 anos, disse a ele: 'Lembra da sua promessa? Bem, eu não quero mais ir para a França. Quero ir para os Estados Unidos'. Eu tinha percebido que falar inglês provavelmente seria mais útil para minha carreira do que falar francês. Ele disse: 'Tudo bem'."

No início, Geraldine queria estudar na Boston University. "Soava bem para mim", disse ela. "Acho que ouvi falar dessa universidade na televisão ou algo assim." Ela se candidatou para a Boston University, apenas para descobrir que era jovem demais para ser aceita. Viajar para Seattle foi um plano B. "Eu não sabia onde ficava Seattle, nem mesmo como pronunciar o nome da cidade", ela disse. "Pensei: 'Quando fizer 18 anos, vou me transferir para Boston'."

APRENDENDO RAPIDAMENTE A SER MÃE

Preston buscou Geraldine no aeroporto, em um voo muito tarde da noite. Eu já estava dormindo quando chegaram, então Preston mostrou a ela o quarto que eu havia preparado. Na manhã seguinte, espreitei pela porta. Geraldine estava invisível sob um amontoado de 20 ou 30 bichos de pelúcia, a maioria ursos. "Hmm, isso é estranho para uma garota que está prestes a entrar na faculdade", pensei.

Ela havia chegado com duas malinhas: uma com alguns pares de *jeans*, algumas camisas, roupas íntimas e não muito mais, e a outra transbordando com seu zoológico de bichos de pelúcia. Ela falava pouco inglês e era muito mais nova do que eu imaginava. "Dezesseis!", pensei quando descobri. "O que eu vou fazer?" Eu estava acostumada a lidar com calouros universitários, mas há uma enorme diferença entre 16 e 18 anos. Eu me sentia como qualquer mãe de primeira viagem, tendo uma grande responsabilidade jogada no meu colo sem absolutamente nenhum preparo. Até mesmo quando, naquela primeira manhã, ela me perguntou: "Onde está a pessoa que vai arrumar meu quarto e fazer minha cama?". (Bem, seu pai era um general de alta patente, afinal.) Eu disse a ela que não havia nenhuma babá para ajudá-la.

Reorganizei minha rotina no mesmo dia. Passei a fazer o café da manhã todas as manhãs e voltava para casa às 17h para cozinhar o jantar. Dentro do possível, começamos a nos conhecer. Eu falava apenas inglês; ela, apenas espanhol. Levou muito tempo para conseguirmos ter uma conversa tranquila. Eu queria ouvir sua história de vida, e ela estava disposta a me contar em espanhol, com um pouco do seu novo inglês.

Quando Geraldine era bebê, precisou ficar com sua tia enquanto a família correu para Lima para salvar a vida de seu irmão mais velho. Ele tinha apenas 2 anos e havia desenvolvido uma doença renal. Seus pais não conseguiam cuidar dos três filhos ao mesmo tempo, então Geraldine ficou com a tia. Mais tarde, conheci essa tia, uma pessoa muito afetuosa. Entendi como Geri se tornou uma pessoa tão amorosa.

À noite, eu ia em seu quarto checar como ela estava. Muitas vezes, a encontrava meio para fora da janela, olhando para a lua. Preocupava-se com Geri — sabia tão pouco sobre o que estava acontecendo. Eu sabia que ela tinha um namorado no Peru e me preocupava que a perda dele fosse um problema.

REGRAS DE CONVIVÊNCIA

Precisava me familiarizar com essa coisa de ser responsável por uma adolescente. Os pais dela não me ligavam, e eu não tinha como contatá-los. Geri ligava com frequência para o pai, que, por sua vez, a apoiava financeiramente sem restrições. Pouco depois de sua chegada, disse a ela: "Sabe, Geraldine, acho que deveríamos estabelecer algumas regras de comportamento". Ela respondeu: "Ah, sim, deveríamos". Continuei: "Bem, como você acha que elas deveriam ser?". Fui muito ingênua, pois pensei que ela fosse me sugerir um bom conjunto de regras; em vez disso, ela disse: "Você é quem deve inventá-las, Marsha".

Criei três regras básicas. Regra nº 1: *Se for ter relações sexuais, use um método contraceptivo*. Regra nº 2: *Se estiver em um carro, a pessoa dirigindo não pode ter ingerido álcool*. Regra nº 3: *Se for chegar mais tarde do que o combinado, você deve me ligar*. A terceira regra, eu sei que ela seguiu, já as outras... bem, nenhum responsável pode ter certeza.

Logo, Geri começou a fazer amizades na escola onde estava aprendendo inglês. Às vezes, esses amigos a levavam para casa depois das aulas. Fiquei em choque quando percebi que esses jovens, muitos deles ricos, costumavam dirigir carros muito caros e em alta velocidade. Mas pensei que seria importante que ela pudesse convidar os amigos para virem à nossa casa, então permiti.

O problema era que eu não tinha ideia do que deveria fazer. Os amigos dela vinham, muitas vezes em seus carros velozes, e eu subia correndo as escadas para ligar para um amigo: "Eles estão lá embaixo e eu estou aqui em cima, o que eu faço?". Meu amigo tentava me acalmar e explicava que eu deveria descer e agir naturalmente. Então, desci e, para minha surpresa, percebi que muitos amigos de Geraldine eram bem mais velhos — pareciam estar na casa dos 20 ou 30 anos. Comecei a perguntar para cada um deles: "Quantos anos você tem? Se não tiver 21, não pode beber álcool na minha casa". "Quantos anos você tem…?" E assim por diante. Até hoje me envergonha lembrar desse momento.

UM LAR PARA NÓS DUAS

Geraldine concluiu seu curso de inglês e foi aceita na Seattle University para estudar administração de empresas. No segundo ano, decidiu que queria ter uma experiência autêntica de morar no alojamento da universidade. Isso foi dois anos depois de sua chegada, que eu inicialmente esperava que durasse apenas alguns dias. Geraldine, filha de um general, nunca aprendeu a arrumar a cama, limpar a cozinha ou cozinhar arroz sem queimar as panelas.

Mesmo morando no alojamento, minha casa havia se tornado um lar para nós duas. Ficava evidente que Geraldine não seguiria com seu plano de se mudar para Boston, mas eu ainda não tinha certeza de como seria nosso relacionamento em longo prazo.

Ela costumava voltar para casa nos fins de semana e feriados. Ligava com frequência para pedir conselhos ou apenas para conversar. Íamos à igreja juntas. Tornei-me sua madrinha de Crisma. Éramos próximas, mas não era nada parecido com o relacionamento eletrizante e, às vezes, tumultuado que tive com Veronica. Com Geraldine, havia calma, certa distância, leveza. Ela dizia que eu era como sua mãe de república. "Não uma guardiã, mas alguém para quem você pode ligar se estiver com problemas", é como ela descreve aqueles dias agora. Uma vez, ligou pedindo que eu fosse buscar a ela e a suas amigas em uma festa. Estava exausta, então enviei um serviço de carro, como o que uso para ir ao aeroporto. Depois, me senti culpada por não ter sido uma boa mãe que vai pessoalmente buscar a filha, mas Geraldine me tranquilizou: "Marsha, nós adoramos. Foi tão especial andar de limusine".

Organizei uma grande festa para sua formatura, em 1998. Seus pais vieram. A mãe era muito reservada, mas o pai era uma presença marcante, e eu gostei muito dele. Ele adorava a filha, e senti que apreciava o papel que eu agora desempenhava em sua vida. Eu já o havia conhecido dois anos antes, quando fui ao Peru. Ele me levou a Machu Picchu e passamos um tempo maravilhoso, apesar de eu não falar espanhol e ele não falar inglês. Existe uma conexão que, às vezes, acontece entre duas pessoas, e a linguagem não importa.

TRANSFORMANDO-ME EM UMA MÃE AMERICANA

Geraldine acabou se mudando de volta para casa, primeiro para o quarto de hóspedes, depois para o antigo quarto dela e, por fim, para o porão. Eu percebia nosso vínculo se aprofundando aos poucos. Geraldine também. "Eu estava me abrindo mais com Marsha", ela relembra. "Ficamos cada vez mais próximas. Antes, eu não dizia a ela para onde estava indo porque sentia necessidade de ser independente, mas passei a inseri-la mais na minha vida." Geri conseguiu um emprego em um banco e se saiu muito bem. Depois, passou a trabalhar em uma empresa de investimentos, onde ficou por quase 10 anos.

O ponto de virada veio quando Geraldine começou a namorar Nate, um colega de trabalho de quem já era muito amiga. Eu gostava muito dele. Aos poucos, o relacionamento ficou mais sério. Isso foi por volta de 2001.

É claro que eu esperava que eles se casassem. Tive a certeza de que isso aconteceria quando, um dia, enquanto esperávamos na fila para uma balsa, olhei para trás e vi Geri usando um curvador de cílios nos cílios de Nate. Ele, feliz da vida, apenas deixando Geri fazer o que quisesse.

Geraldine e Nate se casaram em julho de 2005. Ofereci uma festa de noivado. Geraldine explica:

Meus pais, minha irmã e um dos meus irmãos vieram. Havia tantas emoções naquela noite. Senti o quanto minha mãe e meu pai amavam Marsha. Minha mãe é muito reservada. "Eu mostro que amo você, não preciso dizer isso também." Esse é o jeito dela. Aquela noite, porém, foi muito emocionante para os dois. Meus pais não poderiam estar mais agradecidos a Marsha. Foi nesse momento que senti que Marsha era minha mãe também. Era impossível para mim não colocar o nome dela no meu convite de casamento. Perguntei se poderia, e ela disse que sim. Então, meu convite de casamento dizia:

> GENERAL DE DIVISÃO HOWARD RODRÍGUEZ MÁLAGA
> MAGDA TORRES DE RODRÍGUEZ
> MARSHA M. LINEHAN
> CONVIDAM PARA O CASAMENTO DE SUA FILHA...

Como isso foi maravilhoso para mim.

Naquele mesmo ano, vendi nossa pequena casa na avenida Brooklyn. Nate, Geraldine e eu procuramos uma casa muito maior, em um bairro melhor, onde nós três pudéssemos morar. A casa que comprei, onde vivemos agora, ficava quatro quarteirões acima da colina e vários quarteirões ao sul, na 18ª Avenida. Reformamos o terceiro andar e o transformamos em um apartamento independente para o casal.

Geri foi um "acidente" em minha vida, e quem dera que todos pudessem ser abençoados com um acidente tão feliz. Vou deixar que ela coloque isso em suas próprias palavras:

> Cresci em um ambiente onde morar com os pais aos 30 anos é mais a regra do que a exceção. Tenho orgulho e me sinto abençoada por poder continuar essa tradição, que talvez até [nossa filha] Catalina siga um dia. Perguntei a Nate sobre isso, que concordou. Ele prepara nosso jantar todas as noites, e assistimos ao noticiário juntos. Eu sabia que não poderia deixá-la. Vou morar com Marsha até o fim.
>
> E o mais importante é que Marsha está em paz, vivendo com uma família que a ama e que valoriza cada momento que ela pode nos dar. É minha mãe americana, minha mãe, e eu sei o quanto sou afortunada.

36

INDO A PÚBLICO PARA CONTAR MINHA HISTÓRIA:
as verdadeiras origens da terapia comportamental dialética (DBT)

Sempre achei que um dia "tornaria público" meu passado. "Você é uma de nós?" foi a pergunta que ouvi muitas vezes, de várias formas. As cicatrizes e marcas de queimaduras nos braços nem sempre ficam completamente escondidas, então não é surpreendente que algumas pessoas fiquem curiosas, ainda mais aquelas que conhecem bem a assinatura da angústia na carne.

Em certo momento, contei minha história a alguns pacientes. Em uma ocasião, na primavera de 2009, escolhi não ser direta. "Você quer dizer se eu sofri?", perguntei à jovem que me olhava com intensidade. "Não, Marsha", ela respondeu. "Quero dizer se você é uma de nós. Como nós. Porque se você fosse, isso nos daria muita esperança."

Tornei pública minha história exatamente pela razão que essa jovem tocou: poderia ser uma mensagem de esperança para outras pessoas que se encontram na situação em que já me encontrei. Já tinha cogitado a ideia na casa dos 30 anos, quando concorri à presidência da Association for Advancement of Behavior Therapy. Imaginei-me fazendo o discurso presidencial, dizendo, em essência: "Olhem para mim. Eu já estive lá. Eu sei como é e sei como ajudar". Teria sido muito dramático. Quando contei ao meu mentor, Jerry Davison, o que estava pensando, ele me aconselhou fortemente a não o fazer, dizendo que poderia prejudicar minha carreira ainda jovem. Otto Kernberg disse quase o mesmo duas décadas depois, aconselhando-me a não contar a ninguém.

Quando minha paciente me fez aquela pergunta simples — "Você é uma de nós?" —, que era, na verdade, um apelo, percebi que talvez tivesse chegado o momento de agir de acordo com minha intenção. Outra motivação veio de uma conversa com Aline nessa mesma época. Minha irmã está sempre procurando maneiras de fazer a diferença para aqueles que precisam. Eu tinha me envolvido recentemente com a National Alliance on Mental Illness (NAMI), um grupo de defesa cujo objetivo é aumentar a conscientização pública sobre as deficiências do sistema de saúde mental dos Estados Unidos. Achei que Aline poderia fazer uma contribuição valiosa e perguntei se ela também gostaria de se envolver.

UMA NEGAÇÃO INICIAL

Devo voltar um pouco para descrever como foi o primeiro encontro da NAMI de que participei. A reunião foi em Washington, D.C., e incluía pacientes. Havia profissionais de saúde mental de diversas áreas e membros da equipe da NAMI também. O presidente da reunião abriu o encontro e pediu que fôssemos nos apresentando, um por um, ao redor da mesa. Havia cerca de 20 pessoas sentadas em torno daquela grande mesa oval, então levaria alguns minutos até chegar a minha vez. Alguns disseram: "Sou fulano de tal. Tive transtorno da personalidade *borderline* (TPB)". "Sou sicrano e já fui hospitalizado." "Sou beltrano. Sou pai, e minha filha se envolveu em comportamentos suicidas várias vezes." "Sou tal pessoa, e sou especialista em esquizofrenia." E assim por diante.

Ouvi aquelas breves apresentações com um crescente desconforto, pensando: "Quem sou eu?" e "O que vou dizer quando chegar a minha vez?". Ponderei se deveria me revelar ali mesmo. Afinal, não poderia haver uma plateia mais simpática. Como não tinha preparado o que diria, decidi que aquele não era o momento certo. "Sou Marsha Linehan. Estou na University of Washington e sou clínica e pesquisadora que trabalha com indivíduos com alto risco para suicídio." O momento passou, mas o abismo entre minha persona pública e minha identidade privada me atingiu com força.

Quando fiz minha sugestão para Aline sobre se juntar ao grupo, ela disse: "Não posso trabalhar para a NAMI, Marsha. Não posso trabalhar na área da saúde mental, pois nunca poderia dizer a ninguém por que estou fazendo isso. Não posso contar a ninguém sobre você, Marsha".

A percepção veio como uma enxurrada: tudo o que eu vinha fazendo com Aline ao longo dos anos, mas que eu mesma não conseguia enxergar. Ela tinha passado por todo esse trauma como minha única irmã, sentindo culpa por ser eu, não ela. Já conversei com muitas irmãs de pessoas com TPB e sei que o trauma de ser a irmã pode ser muito pesado. Ninguém presta atenção à dor delas. Alguém deveria escrever um livro sobre isso.

SEM MAIS NEGAÇÃO

Decidi que havia chegado a hora de contar minha história. Eu não queria morrer como uma covarde.

As reações dos meus irmãos foram bastante variadas. Marston foi categórico: "Você não é uma covarde, Marsha", ele repetia. Marston é muito apaixonado e protetor com relação a mim, e eu apreciava isso nele. Meu irmão mais novo, Mike, adotou uma postura completamente diferente. "Escuta, Marsha, se você vai fazer isso, precisa garantir que seja em grande escala", disse. "A pior coisa que pode acontecer é você tornar sua história pública e…"

Terminei a frase por ele: "…ninguém notar?". Sim, isso seria doloroso. Aline apenas disse: "Marsha, cabe a você. Você deve fazer o que acha certo".

DE VOLTA AO INSTITUTE OF LIVING

A única questão era onde e como eu deveria contar minha história. O local perfeito seria o Institute of Living (IOL), a instituição psiquiátrica onde passei dois anos da minha juventude, onde o inferno me encontrou.

Seria um fechamento.

Visitei o IOL alguns anos antes para dar uma palestra — meu discurso habitual sobre terapia comportamental dialética (DBT, do *inglês dialectical behavior therapy*). Em uma dessas ocasiões, tivemos tempo de sobra, então pedi à pessoa que organizava minha visita para me mostrar a unidade de DBT. Ele, é claro, não fazia ideia da minha história e dos meus verdadeiros motivos. "Fica no prédio Thompson", ele informou. (O prédio Thompson, se você se lembra, foi onde passei a maior parte do tempo no instituto.)

Minha amiga Sebern Fisher, dos meus dias de internação, estava comigo na visita. Lá estávamos nós, as duas prestes a fazer um *tour* pela mesma ala onde havíamos enfrentado o inferno tantos anos atrás. Eu não sabia como reagiria. Será que acharia a experiência emocionalmente devastadora? Será que me sentiria indiferente?

Meu relacionamento com meu passado é como se fosse outra pessoa que viveu aquele terrível momento, e eu sinto muita tristeza por ela. É tão triste que alguém tenha passado pelo que passei. Sou uma pessoa muito diferente agora.

A SALA DE ISOLAMENTO — DE NOVO

Minha experiência durante a visita foi surreal, como se estivesse em um filme — não eu mesma, mas alguém assistindo de fora. Em certo momento, estávamos perto do que costumava ser a sala de isolamento no Thompson Two. Olhei para dentro. Tantas vezes eu estivera naquela pequena sala, com a cadeira e a mesa, e uma enfermeira muitas vezes me vigiando. Estar ali era, em teoria, um castigo, mas para mim era um refúgio seguro contra mim mesma, embora tenha conseguido me lançar da mesa e bater com a cabeça no chão muitas e muitas vezes.

Estava de pé onde Sebern costumava ficar quando eu me sentava na pequena cama e ela conversava comigo, às vezes soprando fumaça de cigarro na minha boca. Era uma lembrança factual, não emocional. Pedi para tirar fotos — bizarro, eu sei, mas, na verdade, foi divertido. A sala de isolamento foi transformada em um pequeno escritório. Suas janelas foram ampliadas, tornando o espaço muito mais iluminado do que antes.

ENCONTRO COM ANTIGOS PACIENTES DE DBT

No início de 2011, enviei um *e-mail* para David Tolin, diretor do Anxiety Disorders Center do instituto, dizendo que gostaria de fazer uma grande apresentação sobre a história da DBT. "Isso seria possível?", perguntei. Ele respondeu que sim — na verdade, foi mais um *"Sim, por favor!"*.

Havia uma pequena sala de conferências usada, em geral, para apresentações acadêmicas, mas era muito pequena para o que eu tinha em mente. Perguntei a David se poderia dar minha palestra no auditório maior. (Se essa história parece familiar a você, é porque mencionei parte dela no primeiro capítulo.) Ele me ligou de volta e disse: "Bem, adoraríamos que você ocupasse o auditório maior, mas preciso saber o motivo, pois isso não é algo que fazemos normalmente. Qual seria a razão?". Expliquei que iria tornar pública minha história e que planejava uma grande audiência. Fiz David prometer que não contaria a ninguém.

David ligou mais uma vez e disse: "Infelizmente, tenho de contar ao chefe do departamento, visto que é um pedido incomum. Preciso explicar por que você quer essa sala. Tenho sua permissão para isso?". Respondi: "Ok, você pode contar, mas ele deve prometer sigilo absoluto. Ninguém mais pode saber. Isso é muito, muito importante para mim".

Minha palestra foi marcada para 18 de junho de 2011. O título seria "A história pessoal do desenvolvimento da DBT". Holly Smith e Elaine Franks, minhas assistentes, ficaram responsáveis por organizar a lista de convidados. Pedi que convidassem pessoas próximas a mim — ex-alunos, colegas, amigos. Também pedi: "Não me digam quem comparecerá. Não quero saber". Estava muito hesitante em convidar meus irmãos, temia que alguns não estivessem, o que seria humilhante e doloroso. Aline, no entanto, decidiu convidá-los de qualquer maneira.

Foi angustiante tentar comprimir minha história de vida em 90 minutos. O que incluir? O que deixar de fora? Será que poderia ferir alguém, mesmo sem querer?

Minha apresentação principal seria à tarde, mas pedi uma oportunidade de conversar com um grupo de ex-pacientes do IOL que haviam passado pelo programa de DBT, seja como internados ou como pacientes externos. Queria compartilhar com eles minha história de esperança, apenas nós, em um encontro íntimo. Essa reunião foi marcada para a manhã, pouco antes do almoço.

Havia cerca de 30 pessoas em uma sala pequena e bem iluminada, com flores em vasos de cada lado de mim. "Vocês podem estar se perguntando por que estou aqui hoje", comecei. "Estou no IOL para dar uma grande palestra às 13h. Vocês estão convidados para essa palestra, mas eu não queria que ouvissem o que tenho a dizer pela primeira vez lá. Queria contar a vocês agora, pessoalmente."

Ninguém se mexeu. Senti a expectativa no ar, quase elétrica. "Quando desenvolvi esse tratamento, foi para cumprir um voto que fiz quando era muito jovem", continuei. "O lugar onde fiz esse voto foi no IOL porque fui paciente — sempre na unidade mais baixa, sempre na ala trancada. Raramente saía da ala trancada. Deveria ficar na internação apenas algumas semanas, mas acabei ficando por dois anos e um mês. Fiquei presa por um tempo muito longo. Estive exatamente onde vocês estão agora. E aqui está onde estou hoje. Vocês também podem vencer cada um seu inferno. Vocês podem chegar onde estou. Quero dizer isso a vocês porque quero que percebam o quanto há esperança e o quanto é importante não desistir."

Foi um momento de completo espanto coletivo. Cabeças balançavam em descrença. Uma ex-paciente do instituto, que estava na plateia e havia passado pelo programa de DBT após uma série de episódios de comportamentos suicidas, lembra desse momento da seguinte forma:

> Eu não havia voltado ao instituto há alguns meses, desde que meu programa semanal terminou. Estar lá expôs todos os tipos de emoções — tristeza, culpa, medo, tudo veio à tona dentro de mim. Acho que para os outros também. Havia um forte senso de conexão entre todos nós, apenas por estarmos juntos, cada um tendo passado pelo programa. Era muito emocionante estar lá porque íamos conhecer a mulher que todos tínhamos visto nos vídeos de treinamento de DBT, a mulher que começou tudo. Finalmente, veríamos como ela era.
>
> Quando ela chegou ao momento da revelação, fiquei pasma, incrédula. Todos ficamos. Nunca me passou pela cabeça que ela fosse uma de nós; nenhum de nós imaginava isso. A história dela era tão triste, porque acho que ela teve um tempo ainda mais difícil do que eu e porque manteve isso em segredo por tanto tempo, porque teria arruinado sua carreira se tivesse falado sobre o assunto. Muito triste, mas também, como ela disse, uma mensagem de esperança — para todos nós. O momento mais comovente foi quando dançamos juntos...

Eu já havia contado sobre a dança que aprendi com Beatrice Grimm em minhas visitas à Alemanha. Há alguns anos, desenvolvi uma nova dança, feita ao som de uma música linda chamada *Nada Te Turbe*, que também conheci na Alemanha. O título significa "que nada te perturbe", de um poema da mística espanhola Santa Teresa de Ávila, do século XVI. Acho essa canção tocante e cheia de significado, assim como as pessoas que dançam comigo. Dançar em círculo, como fazemos, é uma forma de unir as pessoas, um componente importante da DBT.

Aqui estão as palavras do poema. Acho que você entenderá o que quero dizer:

Que nada te perturbe,
que nada te espante,
tudo passa:
Deus não muda.
A paciência tudo alcança.
Quem a Deus tem,
nada lhe falta;
só Deus basta.

Quando comecei a desenvolver essa dança, pratiquei sozinha em casa. Pobre Nate; eu o obrigava a praticar comigo sempre que ele estava por perto. Queria acertar os movimentos para poder ensiná-los a qualquer pessoa.

Um dia, quando não tinha ninguém para dançar comigo, decidi convidar todos os pacientes psiquiátricos do mundo para dançarem. Isso mesmo. Fiquei surpresa ao perceber o quanto isso era comovente, minhas mãos estendidas à frente, imaginando-os dançando comigo, convidando-os a virem junto. Eu estava proporcionando a eles uma experiência que não estavam tendo, mas agora estavam, comigo.

Faço essa dança no final de todos os meus *workshops* de DBT. Digo às pessoas que podem convidar quem quiserem para se juntar a elas — amigos, entes queridos, pessoas que já faleceram e que fazem muita falta. E digo, acredite, quando a dança termina, quase todos estão em lágrimas. Acaba sendo uma experiência muito poderosa.

Foi assim que terminei o encontro com os ex-pacientes de DBT no IOL. Todos nós em círculo, um passo para a esquerda, dois para a direita, movendo-se com lentidão, corpos balançando suavemente, lágrimas escorrendo em muitos rostos.

Inclusive no meu.

A PALESTRA

Após o almoço, David Tolin me levou à sala de palestras. Ele fez uma breve introdução. Depois, seguiu-se outra apresentação, mais pessoal, feita pelo meu amigo e colega Martin Bohus.

Subi ao palco mais nervosa do que havia estado em anos. Meus irmãos John, Earl, Marston e Mike estavam sentados juntos na primeira fila, ao lado da minha irmã Aline. Sorri para eles e comecei.

"Meu maior medo é não conseguir terminar esta palestra." Ao dizer essas palavras, havia uma possibilidade muito real de que eu chorasse, o que teria sido embaraçoso.

No momento, lembrei-me de uma pequena história sobre mim e minha mãe e decidi contá-la ao público. "Mamãe chorava o tempo todo quando estava chateada", disse eu, exagerando só um pouco. "Mas ela também chorava às vezes quando estava feliz. Em um dos meus anos de extrema pobreza, dei a ela uma cebola de presente de aniversário. Eu disse: 'Sei que quando está feliz, você chora, e sei que isso vai fazer você chorar, então é o que estou oferecendo'. Ela começou a chorar."

Felizmente, naquele dia de junho, no palco, eu não chorei.

Logo entrei no "modo palestrante" após meu início hesitante, mas continuei emocionada. Estava prestes a revelar ao público algo que havia permanecido privado por cinco décadas. Olhei para a plateia por alguns segundos, para aquela maravilhosa reunião de amigos, colegas, alunos e ex-alunos. E família. Agradeci a todos por estarem ali e a Linda Dimeff, Holly Smith e Elaine Franks por organizarem o evento. "Quero agradecer especialmente aos meus irmãos por terem vindo", disse. "Caramba", pensei comigo mesma, "será que vou chorar *agora*?". Antes que me desse conta, já havia contado à minha incrível plateia a minha história, a mesma que você acompanhou neste livro.

* * *

Depois que terminei e que a sessão de perguntas e respostas chegou ao fim, Geraldine se levantou de seu assento e caminhou até o palco. Então, ela me disse:

> Você é uma estrela na minha vida, Marsha. Você sempre me dá luz. Obrigada por me amar, e eu a amo muito. Tenho muito orgulho de você.

> Nos abraçamos por um longo tempo.
> Foi um dos momentos mais doces daquele dia. E para sempre.

Finalmente, em casa.

EPÍLOGO

O que aconteceu desde o dia da palestra?

    Minha família continua crescendo. Agora sou avó de Catalina, a criança mais inteligente que já conheci e a menininha mais linda que se pode imaginar. Você pode estar se perguntando o quão inteligente ela é. Bem, ela fala três idiomas — inglês, espanhol e mandarim —, enquanto eu falo apenas um, e isso em um bom dia. Também adotamos um cão resgatado, Toby Choclo Boyz, um *terrier* mestiço.

    Os pais de Nate nos visitam com frequência. Para mim, é maravilhoso quando estão aqui. Muitas vezes me pergunto como Nate consegue sobreviver morando com três mulheres — Geri, Catalina e eu. Ele prepara jantares fabulosos para nós todas as noites. Nate cuida de Toby, nosso cachorrinho maravilhoso — às vezes um pouco agitado, mas nós o amamos.

    Em casa, Geraldine e eu decidimos construir um cômodo inteiramente novo para Nate no que costumava ser um porão escuro e triste. Aquele passou a ser um belo espaço, uma verdadeira "caverna masculina".

    Recentemente, voltei a frequentar a igreja com regularidade, como fazia antes. Você deve se lembrar do meu desencanto com a Igreja Católica e de como me afastei da instituição, embora não de suas crenças. Por um tempo, frequentei uma igreja episcopal local, que gostei por sua inclusão de diferentes formas de pensamento. Em um domingo, meus amigos Ron e Marcia me convidaram para ir com eles à Igreja Luterana do bairro. Imediatamente me apaixonei pela música, pela comida, pelas pessoas. Adoro as palestras que fazem, conectando o evangelho com problemas do cotidiano e oferecendo orientação sobre como viver no dia a dia. Para completar, um dos meus ex-alunos é o pastor da igreja, o que torna toda a experiência ainda mais enriquecedora. Você pode imaginar o choque que foi para mim descobrir isso sobre um ex-aluno. Por último, mas não menos importante, a Igreja Luterana convida todos para a comunhão, o que, infelizmente, a Igreja Católica não faz. Do meu ponto de vista, frequentar a Igreja Luterana não significa que eu tenha deixado de ser católica. Penso que Deus me ama da mesma forma, qualquer que seja a igreja frequentada.

Vivi a espiritualidade durante toda a minha vida, de diferentes maneiras. Agora, tenho amigos com quem vou à igreja e uma maravilhosa comunidade de fé. É uma combinação de amizade e amor a Deus que alimenta minha espiritualidade. Amo Deus e amo rezar, e sou feliz com tudo isso. Ao pensar nisso, percebo que, claro, tenho essa fé porque minha mãe me influenciou desde o início. Ela sempre disse que eu poderia abandoná-la, mas, uma vez que a tivesse, não iria querer deixá-la. Não consigo imaginar minha vida sem fé. O presente mais importante que minha mãe me deu foi a fé.

Profissionalmente, acho que posso dizer que cumpri a promessa que fiz a Deus enquanto estava no Institute of Living (IOL), tantos anos atrás. Mas não parei; não desisti. Quero garantir que possamos melhorar o que precisa ser melhorado. Quero ter certeza de que há terapeutas suficientes treinados em terapia comportamental dialética (DBT, do inglês *dialectical behavior therapy*) para que esse tratamento que desenvolvi possa continuar sem mim.

E isto também é muito importante para mim: quero encontrar maneiras de levar a DBT e suas habilidades a todas as pessoas que precisem delas. Eu e minha filha Geraldine temos trabalhado para utilizar a tecnologia na disseminação das habilidades da DBT por meio do aprendizado digital. O treinamento e a certificação de terapeutas também são fundamentais, e, por meio do DBT-Linehan Board of Certification, estamos garantindo que os pacientes tenham acesso a terapeutas e instituições qualificadas e certificadas.

Um dos meus objetivos é criar um fundo de bolsas para pacientes que precisem de apoio financeiro para cursar a faculdade. Tenho certeza de que minha filha me ajudará a tornar isso realidade.

Você pode estar se perguntando como, afinal, consegui convencer Geri a me ajudar nisso. Acontece que ela se preocupa com as pessoas tanto quanto eu. Meu próximo objetivo é fazer com que Geraldine envolva Catalina também.

A inclusão da DBT nos currículos escolares será extremamente impactante, ajudando não apenas crianças em necessidade a lidar com seus problemas, mas todas as crianças, de modo geral. Regulação emocional, *mindfulness*, efetividade interpessoal — todas são habilidades com as quais cada um de nós pode se beneficiar. Começar desde cedo é essencial.

A DBT atravessou as fronteiras dos Estados Unidos, tornando-se amplamente estabelecida na América Latina, na Europa, na Ásia e no Oriente Médio. Sabemos, também, que o tratamento é eficaz para pessoas com dependência química, depressão, transtorno de estresse pós-traumático e transtornos alimentares. Sem dúvida, haverá mais aplicações com o passar do tempo. Já estamos trabalhando na adaptação das habilidades da DBT para pessoas com câncer, por exemplo.

Como você pode ver, o impacto da DBT hoje ultrapassa o problema para o qual a desenvolvi: aliviar o sofrimento de pessoas com comportamento suicida.

Então, minha última mensagem para você é que espero que desenvolva as habilidades de que precisa e que também ajude outras pessoas a desenvolvê-las para experimentar uma vida que vale a pena ser vivida — se eu consegui, você também consegue.

Amém.

APÊNDICE

INVENTÁRIO DE MOTIVOS PARA VIVER*
Crenças de sobrevivência e enfrentamento

1. Eu me importo o suficiente comigo mesmo para viver.
2. Acredito que posso encontrar outras soluções para resolver meus problemas.
3. Ainda tenho muito a fazer.
4. Tenho esperança de que tudo vai melhorar e o futuro será mais feliz.
5. Tenho coragem para enfrentar a vida.
6. Quero experimentar tudo o que a vida tem a oferecer e ainda há muitas experiências que desejo viver.
7. Acredito que tudo tem uma maneira de se resolver para o melhor.
8. Acredito que posso encontrar um propósito na vida, uma razão para viver.
9. Tenho amor pela vida.
10. Por pior que eu me sinta, sei que isso não durará para sempre.

---

* Tabela 1, em M. M. Linehan, J. L. Goodstein, S. L. Nielsen, e J. A. Chiles, "Reasons for Staying Alive When You Are Thinking of Killing Yourself: The Reasons for Living Inventory," *Journal of Consulting and Clinical Psychology*, 51, nº 2 (1983): 276–86.

11. A vida é muito bela e preciosa para ser encerrada.
12. Estou feliz e satisfeito com minha vida.
13. Tenho curiosidade sobre o que acontecerá no futuro.
14. Não vejo razão para apressar a morte.
15. Acredito que posso aprender a me ajustar ou lidar com meus problemas.
16. Acredito que tirar minha própria vida não resolveria ou realizaria nada de fato.
17. Tenho vontade de viver.
18. Sou estável demais para me envolver em comportamento suicida.
19. Tenho planos para o futuro e estou ansioso para dar seguimento a cada um.
20. Não acredito que a situação possa ficar tão miserável ou desesperadora a ponto de eu preferir estar morto.
21. Não quero morrer.
22. A vida é tudo o que temos e é melhor do que nada.
23. Acredito que tenho controle sobre minha vida e meu destino.

Responsabilidade para com a família

24. Tirar minha própria vida machucaria muito minha família.
25. Não gostaria que minha família se sentisse culpada depois.
26. Não gostaria que minha família pensasse que fui egoísta ou covarde.
27. Minha família depende e precisa de mim.
28. Amo e aprecio muito minha família para deixá-los.
29. Minha família poderia acreditar que eu não os amava.
30. Tenho responsabilidade e compromisso com minha família.

Preocupações relacionadas a filhos

31. O impacto sobre meus filhos seria prejudicial.
32. Não seria justo deixar meus filhos para outras pessoas cuidarem deles.
33. Quero ver meus filhos crescerem.

Medo do suicídio

34. Tenho medo do ato em si (dor, sangue, violência).
35. Sou covarde e não tenho coragem para atentar contra minha vida.
36. Sou tão incompetente que meu método não funcionaria.
37. Tenho medo de que meu método falhe.
38. Tenho medo do desconhecido.
39. Tenho medo da morte.
40. Não conseguiria decidir onde, quando ou como realizar o comportamento suicida.

Medo da desaprovação social

41. Outras pessoas achariam que sou fraco e egoísta.
42. Não gostaria que as pessoas pensassem que eu não tinha controle sobre minha vida.
43. Preocupo-me com o que os outros pensariam de mim.

Objeções morais

44. Minhas crenças religiosas proíbem o suicídio.
45. Acredito que apenas Deus tem o direito de terminar a vida de alguém.
46. Considero o suicídio moralmente errado.
47. Tenho medo de ir para o inferno.

ÍNDICE

n indica nota

A

Abadia de Münsterschwarzach, Alemanha, 245-247
Ação oposta, 138-139, 192-193, 227-228
Aceitação radical, 151-152, 227-228, 234-239, 248
Acompanhamento telefônico, 8-9, 162
Acordo de Consistência, 212*n*
Acordo de Consultoria ao Paciente, 212*n*
Acordo de Falibilidade, 212
Acordo de Observação de Limites, 212*n*
Acordo Dialético, 212*n*
Acordo Fenomenológico, 212*n*
Acumulando emoções positivas, 175
Addis, Michael, 181
Ágata da Sicília, Santa, 46-47
"A história pessoal do desenvolvimento da DBT" (Linehan), 308-309
Alcance clínico, 120-121

American Foundation for Suicide Prevention, 182
American University, 155-156
Antecipação, 178-180
Aramburu, Beatriz, 208, 209
Archives of General Psychiatry (periódico), 275-277
Aristóteles, 139
"Assessment and Treatment of Parasuicide Patients", 184
Associação livre, 110-111
Association for Advancement of Behavior Therapy, 125, 155, 208, 305
Association for Behavioral and Cognitive Therapies, 125
Atkins, David, 288-289, 289*n*
Autolesão, 18-21, 23-25, 33-35, 46, 53-54, 63-64, 80-83, 120-121, 130-131, 184, 215-216, 275

B

Bandura, Albert, 111-113, 121-122, 125-126

Bar-Ilan University, Israel, 128-129
Basílica do Santuário Nacional da Imaculada Conceição, 133
Beaulieu, Rita, 172-173
Beck, Aaron "Tim", xx
Bedics, Jamie, 288-289, 289*n*
Benediktushof (Casa de Bento), Alemanha, 242-256
Bernanos, Georges, 39
Blessed Sacrament Church, Seattle, 188-189
Bohus, Martin, 60-61, 244-245, 311-312
Borchert, Bruno, 47-48, 100-101
Brockopp, Gene, 119
Byron, Lord, 272

C

Calvert, Brooke, 57, 58
Campanha pelos pobres, 142
Canções de Taizé, 249-250
Capela do Cenáculo, Chicago, 97-99, 190-191, 218, 230, 251-253
Cartas a um jovem poeta (Rilke), 132
Catholic University of America, Washington, D.C., 55, 133-134, 137-138, 141-143, 156-158, 179-180, 183, 186-187
Chicago, Illinois, 74-75, 79
Chicago Institute for Psychoanalysis, 100-101
Chiles, J. A., 317*n*
Clarkin, John, 183, 288-289
Cleary, Allanah, 142-145, 155, 157-158
Clemente I, São, 46-47
Clinical Behavior Therapy (Davison e Goldfried), 125-126
Competência aparente, 37-38
Comtois, Katherine, 288-289, 289*n*

Condutas autolesivas (com ou sem intencionalidade suicida), 273, 274
Cook County Insane Asylum, Chicago, 80-83
Corpo, poder do, 193-194
Crivolio, Gus, 106-109
Cronograma de reforço intermitente, 149-150

D

Dalai Lama, 9-10, 39
Dançar, 249-250, 259, 310-312
Dark Night of the Soul (São João da Cruz), 173-174
Davison, Gerald C. (Jerry), 125*n*, 125-133, 155, 157-158, 262, 281, 294, 305
DBT (*ver* Terapia comportamental dialética)
De Mello, Anthony, 234-235
DEAR MAN [descrever, expressar, ser assertivo, reforçar, manter-se em *mindfulness*, aparentar confiança, negociar], 135-138, 163
Dependência de substâncias, 315
Depressão, 46, 58-61, 66-67, 91, 108-109, 175, 315
Desregulação comportamental, 162
Desregulação emocional, 162, 283-284
Dialética, 284-285
    definição, 213, 214
Dimeff, Linda, 312
Disposição, 191–193, 195-196, 214, 218, 238-239
DSM-IV (*Manual diagnóstico e estatístico de transtornos mentais*), 277-279
Duncan, Irmã Rosemary, 98-99
DX Oil Company, 23-24

E

Edwards, Allen, 198-199
Edwards, Tilden, 186-187
Egan, James, 173-174
Egan, Joel, 173-174
Egan, Kelly, 173-175, 198-199
Endorfinas, 18-19
Engels, Friedrich, 284-285
Equipe de consultoria de terapeutas, 8-9
Equipes de terapeutas, 211-212
Escala de Unidades Subjetivas de Mal-estar, 179-180
Escola Monte Cassino, Tulsa, Oklahoma, 13, 20-21, 54-55, 57, 61
Exercício intenso, 146-147, 193, 205-206
Experimento com João Bobo, 111-113
Experimento do *marshmallow*, 111-112

F

Falta de disposição, 192-193, 195
Family Connections, 45
Fisher, Sebern, 19-20, 23-24, 30-37, 40, 61, 307-308
Foa, Edna, 233, 234
Fobia social, 120-121
Frances, Allen, xix-xxi, 277-280, 284-285
Franks, Elaine, 308-309, 312
Freud, Sigmund, 93, 110-111

G

George Washington University, 142
Goldfried, Marvin R., 125*n*, 125-126, 128-129, 155
Goodstein, J. L., 317*n*
Gordon, Judith, 219

Grand rounds, 284-286
Grande Depressão, 23-24, 51-52
Grimm, Beatrice, 249, 310-311
Guerra do Vietnã, 109-110
Gunderson, John, 289-290

H

Habilidades (*ver* Terapia comportamental dialética)
Habilidades de aceitação, 6-7, 85-86, 134, 146-147, 163, 204-205, 207-208, 211-212, 217-218, 224-227, 233, 248
Habilidades de assertividade, 134-138, 163
Habilidades de efetividade interpessoal, 163, 164, 168-169
Habilidades de *mindfulness*, 7-8, 10-11, 151-152, 163, 164, 227-228, 255, 257, 263-272
Habilidades de mudança, 134, 138, 163, 207-208, 212
Habilidades de regulação emocional, 163, 164, 227-228
Habilidades de tolerância ao mal-estar, 145-147, 163, 164, 194, 204-206, 208, 227-228
Habilidades para a vida, 8-11, 227-228
Habilidades STOP, 205-208, 227-228
Habilidades TIP (*ver* Habilidades de tolerância ao mal-estar)
Harborview Medical Center, Seattle, Washington, 262
Harrington, Mary, 142-146
Hawk, Pat, 257-258
Heard, Heidi, 274, 276-277
Hendrix, Jimi, 169-170
História de uma alma (Santa Teresinha do Menino Jesus), 46-47

Hoon, Peter, 128-129

I

"I Am Woman", 199-200
Igreja de Nossa Senhora do Deserto, Arizona, 257
Ilha Camano, Washington, 293-295
Ilha Whidbey, 293-294
"I'll Be Seeing You", 58
Indiana Oil Purchasing Company, 64-65
Inês de Roma, Santa, 46-47
Institute of Living, Hartford, Connecticut, 3-6, 17-43, 63, 69-70, 87-88, 98-99, 103, 108-109, 114, 130-132, 156, 182, 281-283, 306-312, 314
Intervenções familiares, 8-9, 162
Invalidação traumática, 53-54
Inventário de motivos para viver, 120
Irmãs do Cenáculo, 97-99
Irmãs Missionárias de Nossa Senhora da África (Irmãs Brancas), 142-143
Irreverência, 209-211, 231
Isaac Jogues, Santo, 46
"Is That God Talking?" (Luhrmann), 142n
Ivanoff, André, 180-181, 198, 250-251

J

Jäger, Willigis, 91, 195-196, 218, 231, 241-259, 262, 263, 268-269
Jesuítas, 109-110
Jiyu-Kennett, Roshi Houn, 218, 222-224
João da Cruz, São, 173-174
Journal of Consulting and Clinical Psychology, 289-290

K

Kabat-Zinn, Jon, 271
Kairos House of Prayer, Spokane, Washington, 171-173, 218, 223-224
Kernberg, Otto, 276-285, 288-290, 306
Kipper, David, 128-129
Knox, Frank, 18-19, 32-33, 59-60
Koans, 189-190, 244-248
Koerner, Kelly, 180-181
Kohlenberg, Bob, 197-200, 262
Koons, Cedar, 258
Korslund, Katie, 268-269
Kovacs, Maria, 184-185
Krasner, Leonard, 125-126, 125n

L

Lago Washington, 157-158, 168-169
Langer, Ellen, 271
Laughlin, Patrick, 94-96, 104-106
Lazarus, Arnold, 125-126
Leone, Irmã Florence, 171-173
Leventhal, Allan, 155-158
Leventhal, Carol, 157-158
Linehan, Aline, 4-6, 14-16, 22-23, 29-31, 55, 58-60, 63, 74, 89-90, 116-117, 145-146, 149, 157-158, 167-168, 170-171, 249, 306, 309-312
   casamento de, 113
   irmã Marsha, relacionamento com, 10-11, 14, 45, 151-152, 298, 306-307
   mãe, relacionamento com, 50-55, 63-64
Linehan, Brendon, 50-51
Linehan, Darielle, 74, 81-82, 89-90

Linehan, Earl, 5-6, 14-16, 29, 42-43, 46, 50-51, 54-55, 59-60, 74, 81-84, 89-90, 108-109, 150, 275-276, 309-312

Linehan, Ella Marie (Tita), 14-18, 23-24, 40, 48-58, 60-61, 63-69, 74, 79, 106-107, 113, 116-117, 167-168, 175-177, 215-216, 229-230, 243, 252-254, 298, 311-312
    filha Marsha, relacionamento com, 15-18, 22-23, 29-30, 49-55, 57, 63-67, 176-177, 215-216, 229-230, 253-254
    passado de, 51-52

Linehan, John Marston, 40, 51-54, 56, 63-64, 68-69, 74, 79, 83-86, 113, 167-168, 175, 293, 298
    caráter de, 13, 49-50
    filha Marsha, relacionamento com, 13, 23-24, 48-49, 74-75, 109-110
    passado de, 13, 14, 23-24

Linehan, John, 5-6, 14-16, 48-49, 54-55, 59-60, 275-276, 309-312

Linehan, Julia, 56, 60-61, 79

Linehan, Marsha
    abandona sua casa, 63-64
    aparência física de, 14-16, 26-27, 29-31, 57, 59-60
    autolesão e, 18-21, 23-25, 33-35, 46, 63-64, 80-83, 130-131
    Cleary, Allanah, e, 142-145
    comportamento suicida e/ou episódio de comportamento suicida de, 66-69, 108-109
    críticas de, 284-290
    Crivolio, Gus, e, 106-109
    Davison, Gerald C., e, 125-131, 262
    drogas e, 18-19, 29, 39, 61, 66-67
    educação de, 4-6, 13, 16-17, 42-43, 55, 57-58, 69-71, 73, 79, 80, 85-88, 93-96, 98-100, 103-114, 116, 120-123, 137-132
    em Benediktushof (Casa de Bento), 242-256
    em Cook County Insane Asylum, 80-84
    em sororidade, 57-59
    espiritualidade de, 10-11, 46-48, 88-90, 98-100, 117-118, 171-174, 186-192, 195-196, 218-231, 255, 313-314
    estabilidade acadêmica e, 197-200, 250-251
    experiências de iluminação de, 98-14, 101, 108-109, 190-192, 218, 230, 237-238, 251-253
    família de, 13-17, 48-56
    finanças de, 65-66, 85-88
    Fisher, Sebern, e, 19-20, 23-24, 30-37, 40, 61, 307-308
    Freud, Sigmund, e, 93, 110-111
    fumar e, 31-32, 85-86, 176-178
    Harrington, Mary, e, 144-146
    Hawk, Pat, e, 258
    infância e juventude de, 14-16, 46-49, 54-61
    irmã Aline, relacionamento com, 10-11, 14, 45, 151-152, 298, 306-307
    irmão Earl e, 81-84
    Irmãozinhos e, 91-92
    Jäger, Willigis, e, 241-242, 247-249, 253-259, 268-269
    leitura de, 46-47

Leventhal, Allan, e, 155-158
Lisman, Steve, e, 128-132
mãe, relacionamento com, 15-18, 22-23, 29-30, 49-55, 57, 63-67, 176-177, 215-216, 229-230, 253-254
mudança para Chicago, 79
mudança para Seattle, 167-172
música e, 27-28, 48-49
na Catholic University, 55, 133-134, 137-138, 141-143, 156-158, 179-180, 183, 186-187
na Kairos House of Prayer, 171-173, 218, 223-224
na Shasta Abbey, 218-231, 242, 246-248, 251-252, 263
na State University of New York at Stony Brook, 137-132, 137-138, 210-211
na University of Washington, 156-158, 161, 179-180, 183, 197-200, 213
na Weill Cornell Medical College, 276-278, 281, 284-285
namorados e, 73-74, 79, 116-118, 123, 131-132, 149-153, 190-191, 230
natureza e, 167-168, 293-294
no Centro de Retiros do Cenáculo, 97-99, 190-191, 218
no Institute of Living, Hartford, Connecticut, 5-6, 17-43, 45, 60-61, 63, 69-70, 98-99, 103, 108-109, 114, 130-132, 156, 282-283, 306-310, 314
no Newman Catholic Student Center, 142-146
no Shalem Institute for Spiritual Formation, 186-191, 218
no Suicide Prevention and Crisis Service, Buffalo, 119-123
O'Brien, John, e, 21-27, 30-33, 36-43, 65-69, 70-71
pai, relacionamento com, 13, 23-24, 48-49, 74-75, 109-110
palestra no Institute of Living de, 3-6, 10-11, 308-312
pensamento circular e, 93-94
pensamentos e comportamento suicidas, trabalhando em, 69-71, 120-123, 129-134, 161, 179-186, 201-212, 215-217, 273-275, 287-289
perda de memória de, 29, 55, 63, 86-87, 111-112
pesquisas pagas pelo NIMH e, 4-5, 184-186, 201, 273
poema de, 22-23
religião e, 22, 27-28, 46-48, 58-59, 89-91, 98-100, 108-109, 141-142, 188-189, 191-192, 313-314
Romb, Aselm, e, 87-91, 99-100, 108-109, 186-187, 247-248, 255, 256
Swenson, Charles, e, 209-210, 277-281
Terapia cognitivo-comportamental para transtorno da personalidade borderline, 36n, 38n, 281-282, 295
terapia comportamental dialética (DBT) e (*ver* Terapia comportamental dialética)
transtorno da personalidade *borderline* (TPB) e, 45-46, 185-186, 195, 280-290
uso de álcool e, 64-66

Vierra, Ted, e, 80, 89-91, 99-100, 108-109, 255, 256
zen e, 6-8, 10-11, 100-101, 217-231, 241-249, 251-255, 257-262
Linehan, Marston, 5-6, 14, 54-55, 59-60, 68-69, 306-312
Linehan, Mike, 5-6, 14, 54-55, 59-60, 68-69, 306-307, 309-312
Linehan, Tracey, 16-17
Lisman, Steve, 128-132
Little Brothers of the Poor, 91-92
Loyola University, Chicago, 42-43, 79, 80, 85-88, 93-100, 103-111, 113, 114, 116, 122-123, 247-248
Luhrmann, Tanya Marie, 141-142
Lungu, Anita, 209

M
Madre Teresa, 92
Maláui, 142-144
Mãos dispostas, 194-195
Marx, Karl, 284-285
May, Gerald, 186-187, 191-193, 195, 218, 238-239
May, Rollo, 186-187
McLean Hospital, Massachusetts, 289-290
Medida de introjeção, 288-290
Medidas de desfecho, 201, 202
Meditação (*zazen*), 243-244, 246-248, 251-252, 262-263, 270-271
Meio-sorriso, 194-195
Mente de principiante, 259-259
Mente emocional, 266-267
Mente racional, 266-267
Mente sábia
    origem da, 266-269
    prática da, 269-271
    reconhecimento da, 268-270
Merseth, Catalina, 313, 315
Merseth, Nate, 5-6, 303-304, 311-313
Michels, Bob, 284-286
Midwestern Psychological Association, 95-96
Miller, Henry, 272
Mindfulness (Langer), 271
Mischel, Walter, 111-112, 121-122, 125-126
Modificação da temperatura, 146-147, 205-206
Montanhas olímpicas, 168-169
Monte Baker, 293
Monte Shasta, 222
Movimento contra a guerra, 142
Movimento do povo, 142
Movimento pela paz, 142
Movimento pelos direitos civis, 94-95, 169-170
Mudança contínua, 216-217
Mysticism: Its History and Challenge (Borchert), 47-48, 100-101

N
"Nada Te Turbe", 249-250, 310-311
Nancy, Cousin, 16-17, 47-49, 56, 57, 60-61, 151-153
National Alliance on Mental Illness (NAMI), 306-307
National Defense Education Act, 105-106
National Institute of Mental Health, 4-5, 134-134, 184-186, 273
Negação adaptativa, 85-86, 177-179
Neurofeedback in the Treatment of Developmental Trauma (Fisher), 36n
New England Educational Institute, 61, 151-152

New York Times, The, xix, 45, 98-99
Newman Catholic Student Center, Washington, D.C., 142-146
Nielsen, S. L., 317*n*
Nixon, Richard M., 109-110

O

O fenômeno humano (Teilhard de Chardin), 99-100
O milagre da atenção plena (Thich Nhat Hanh), 270-271
O'Brien, John, 21-27, 30-33, 36-43, 65-71, 182
Old Saint Mary's, Chicago, 80, 89-90
Olmsted, Frederick Law, 281

P

Parque Nacional Saguaro West, 257
Passagem Saratoga, 293
Payne Whitney, Nova York, 284-285
Pensamentos e comportamentos suicidas, 6-9, 22-23, 26-27, 32-33, 40-42, 46, 53-54, 66-69, 103, 120-123, 129-132, 273-275, 287-289
Personality and Assessment (Mischel), 111-112
Pielsticker, Margie, 48-49, 58, 60-61
Ponto Ômega, 99-100
Pontuação do Graduate Record Examination, 104-105
"Postdoctoral Program in Behavioral Modification, A: Theory and Practice" (Davison, Goldfried e Krasner), 125*n*, 126, 128-129
Povo Hohokam, 257
Presley, Elvis, 167
Principles of Behavior Modification (Bandura), 111-112
Proctor, Dr., 66-67, 70-71
Psicanálise, 110-111, 120-122
Psicodrama, 128-129
Psicoterapia, 7-11, 111-112, 161
Psiquiatria, 120-122
Puget Sound, 157-158, 168-169

Q

Quatro Grandes Votos do Bodhisattva, 259
Quintiano, Senador, 46-47

R

Raciocínio circular, 93-94
Raiva, 8-9, 193-195, 277-281, 282-283
Ratzinger, Joseph (Papa Bento XVI), 241
"Reasons for Staying Alive When You Are Thinking of Killing Yourself: The Reasons for Living Inventory" (Linehan, Goodstein, Nielsen e Chiles), 317
Reddy, Helen, 199-200
Redemptorist Renewal Center, Tucson, Arizona, 257
Redução do Estresse Baseado em *Mindfulness,* 271
Relaxamento muscular pareado, 146-147, 205-206
Reserve Insurance Company, 79, 85
Respiração, 146-147, 262-263
Respiração compassada, 146-147, 193, 205-206
Rilke, Rainer Maria, 132, 294
Rio Connecticut, 34-36
Rodriguez, Geraldine, 5-6, 299-304, 312-315
Rogers, Carl, 115, 203-204
Romb, Anselm, 87-91, 99-100, 108-109, 186-187, 247-248, 255, 256
Rutgers University, 128-129

S

Sala de isolamento, 30-33, 40
Santa Teresinha do Menino Jesus, 46-47, 58-59, 170-172
Seattle, Washington, 168-171
Sesshins, 243-245, 247-248
Shalem Institute for Spiritual Formation, Washington, D.C., 186-191, 218, 219, 242
Shasta Abbey, Califórnia, 218-231, 242, 246-248, 251-252, 262, 263
Shearin, Ed, 198, 282-283
"Shepherd's Song, The", 249-250
Sherry, Jane, 56
Siegfried, Diane, 46, 57, 58, 59-60
Sinal de segurança, 178-179
Sistema nervoso parassimpático, 147
Sistema nervoso simpático, 147
Skagit Valley, 293
Smith, Holly, 308-309, 312
Soto School of Japan, 222
Spretnak, Charlene, 272
Staats, Arthur, 137-138, 183
Stanford University, 125-126
State University of New York em Stony Brook, 125-132, 134, 137-138, 155-156, 210-211, 262, 294
Stolz, Stephanie, 134
Strupp, Hans, 184-185
Suicide Prevention and Crisis Service, Buffalo, Nova York, 119-123
Sunoco, 13, 23-24
Swenson, Charles, 209-210, 276-281, 284-286

T

Tante (tia) Aline (Vovó), 23-24, 51-52, 60-61, 176-177, 215-216
Teilhard de Chardin, Pierre, 99-101
Teoria biossocial do transtorno da personalidade *borderline* (TPB), 283-286
Teoria da aprendizagem social, 111-113, 121-122
Teoria do comportamentalismo social, 137-138, 183
Terapia baseada na fala, 120-121
Terapia cognitivo-comportamental para transtorno da personalidade borderline (Linehan), 36*n*, 38*n*, 281-282, 295
Terapia com compressas frias, 25-26, 31-32
Terapia comportamental, 7-9, 121-123, 125-130, 134, 155-157, 183, 185-186, 201-203, 208, 262, 273, 287-288 (*ver também* Terapia comportamental dialética)
Terapia comportamental dialética (DBT), 52-53, 132, 143-144, 207-208
  ação oposta, 138-139, 192-193, 227-228
  antecipação, 178-180
  benefícios da, 7-8
  caráter único da, 6-8, 162, 208
  DBT Strategic Planning Group, 286-287
  DBT-Linehan Board of Certification, 314
  definição, 161-162
  desafio para o terapeuta, 164-166
  desenvolvimento da, xx, 3-5, 41-42
  disseminação da, 314-315
  ensaios clínicos da, 166, 273-275, 287-288
  habilidades de aceitação, 6-7, 85-86, 134, 146-147, 163, 204-205, 207-208, 211-212, 217-218, 224-227, 233, 248

habilidades de assertividade, 134-138, 163
habilidades de *mindfulness*, 7-8, 10-11, 151-152, 163, 164, 227-228, 255, 257, 263-272
habilidades de mudança, 134, 138, 163, 207-208, 212
habilidades de regulação emocional, 163, 164, 227-228
habilidades de tolerância ao mal-estar, 145-147, 163, 164, 192-194, 204-206, 208, 227-228
habilidades para a vida e, 8-11, 227-228
habilidades STOP, 205-208, 227-228
início da, 5-7
invalidação traumática, 53-54
irreverência, 209-211, 231
negação adaptativa, 85-86, 177-179
nome da, 213, 214
objetivo geral da, 64-65
origem das habilidades, 165-166
quatro categorias de habilidades, 163-164
terapeutas e, 208-209, 211-212
vivendo uma vida avessa à depressão, 174-175
zen e, 261-263
Terapia de suporte, 203-204
Terapia eletroconvulsiva, 21, 27-29, 63
Terapia psicodinâmica, 9-10, 134, 164-165
Teresa de Ávila, Santa, 310-311
T-group (grupo de sensibilidade/encontro), 115

The Cloud of Unknowing (anônimo), 173-174, 188
The Diary of a Country Priest (Bernanos), 39n
Thérèse Couderc, Irmã, 97, 98-101
Thich Nhat Hanh, 194, 270-271
Tolin, David, 4-5, 308-309, 311-312
Tradição da Meditação de Reflexão Serena (Soto Zen), 222
Transação, 214-215
Transtorno da personalidade *borderline* (TPB), 4-5, 8-9, 45-46, 60-61, 131-132, 185-186, 273, 276-290
Transtorno de estresse pós-traumático, 120-121, 315
Transtorno obsessivo-compulsivo, 120-121
Transtornos alimentares, 120-121, 315
Transtornos da personalidade, 120-121
Treinamentos em grupo, 8-9, 162
Trias, Elizabeth, 213, 214
Tulsa, Oklahoma, 13, 14

U

University of Chicago, 105-106
University of Illinois, 104-105
University of Tulsa, 69-70
University of Washington, 39, 55, 135-136, 179-180, 183, 197-200, 213, 262, 286-287

V

Valeška, Adolfas, 98
Vierra, Ted, 80, 89-91, 99-100, 108-109, 255, 256
Viés implícito, 94-95
Violação de limites, 198

Virar a mente, 237-239

W
Wagner, Amy, 174-175
Wake, Ann, 145-146
Walker, Ron, 104-106
Weill Cornell Medical College, White Plains, Nova York, 183, 276-279, 281-282
Weisstein, Naomi, 93-96
Wells, Sunder, 228-229
Will and Spirit: A Contemplative Psychology (G. May), 186-187, 195

Williams, Mark, 275-276
Wilson, Terry, 208
Windermyer, Jack, 142
Wolfe, Barry, 184-185

Y
Yale University, 104-105

Z
Zen, 6-8, 10-11, 100-101, 189-192, 217-218, 241-249, 251-255, 257-262
Zielinski, Victor, 21, 100-101
Zimbardo, Philip, 271